대칭과 몬스터

현대 수학의 가장 위대한 탐구

대칭과 몬스터

마크 로난 지음 | 마대건 옮김

승산

저자 서문

최근 몇 년간 수학적 난제를 흥미롭게 다룬 책들이 여럿 출간되었다. 이 책에서는 보석처럼 빛나지만 수학사에 있어서 가장 험난했던 탐구 중 하나를 소개하는데, 바로 모든 유한군을 발견하고 분류하는 문제이다. 전문 용어를 사용하지 않고 관련 내용을 설명하려는 시도에 대해 회의적인 시선을 보낸 수학자도 있었지만, 많은 분들이 격려를 해주었다. 이 자리를 빌려 그 분들에게 감사를 전한다. 특히 내 원고의 전부 또는 상당 부분을 읽어 주었던 존 알페린, 존 콘웨이, 베른트 피셔, 빌 캔터, 리처드 바이스에게 감사를 드린다. 또한 언제나 좋은 결과가 나올 것이라고 믿어준 아들과 딸에게도 감사를 전하며, 마지막으로 언제나 적절한 비판으로 도움을 준 편집자 라사 메논에게도 감사를 드린다.

마크 로난

2006년 2월

목차

그레이스 반델(Grace Varndell; 1909~2006) 선생님을 추모하며,

내 초등학교 교장선생님이셨던 그 분은,

내가 교실 어느 자리에 앉든 언제나 정확히 기억하셨다.

프롤로그

우리가 아는 것은 많지 않다. 우리가 알지 못하는 것은 끝이
없다.

피에르 시몽 라플라스(1749~1827)가 남긴 마지막 말

1978년 11월, 영국 출신의 수학자 존 맥케이(John McKay; 1939~)는
캐나다 몬트리올 자택에서 논문 한 편을 읽고 있었다. 맥케이의 주
연구 분야는 군론으로, 군론은 대칭을 연구하는 방법을 다룬다.
최근 이 분야에서는 여러 '차원'들에서 규칙을 벗어나는 예외적인
군이 발견되고 있었는데, 맥케이가 읽고 있던 논문은 정수론 분야의
논문이었다. 군론과 정수론 사이에는 별다른 관계가 없을 것이라
생각했기 때문에 이것은 그에게 있어 휴식의 일환이었다.

예외적인 군 중에서 가장 크기가 큰 것에는 '**몬스터**'라는 이름이
붙여져 있었다. 아직 그 존재가 증명되지는 않았지만, 주의 깊은
논의로부터 만일 몬스터가 존재한다면 196,883차원에서 나타날

것이라는 것은 알려져 있던 상태였다. 그런데 기분전환 삼아 읽던 정수론 논문에서 맥케이는 196,884라는 수를 발견하고 깜짝 놀랐다. 완전히 다른 분야에서 등장한 이 숫자들에 무언가 연관성이 있을 것이라는 생각은 터무니없게만 보였지만, 그는 이 발견을 누군가에게 말해야만 한다고 느꼈고, 곧 군론의 권위자였던 존 그리그스 톰슨(John Griggs Thompson; 1932~)에게 편지를 썼다.

그 편지를 받은 사람이 다른 이였다면 두 숫자들이 비슷한 것은 단지 우연의 일치일 뿐, 근거도 없고 이해도 할 수 없다는 이유로 이 둘의 연관성을 무시하고 말았을 터이지만, 톰슨은 그러지 않았다. 냉철하고 이지적인 사람이었던 톰슨은 이 일치를 진지하게 받아들였다. 그는 몬스터에 연관된 (196,883보다 훨씬 큰) 다른 숫자들에도 혹 연관성이 있는지 맥케이가 읽었던 정수론 논문을 읽으며 비교해 보았다. 톰슨은 여러 종류의 연관성을 발견하였고, 보다 상세한 연구가 필요하다는 것을 알아챌 수 있었다.

12월에 영국의 케임브리지로 돌아간 톰슨은 – 맥케이가 편지를 보낼 때 톰슨은 미국 프린스턴 고등연구소(Institute for Advanced Study, IAS)를 방문 중이었으며 그곳에서 편지를 받았다. – 이 사실을 동료 교수인 존 호턴 콘웨이*(John Horton Conway; 1937~2020)에게 말했는데, 콘웨이는 예외적인 군을 여럿 발견한 경험이 있었다. 콘웨이는 몬스터에 관련한 방대한 데이터를 축적하고 있었고, 이로부터 흥미로운 수열을 만들어냈다. 콘웨이는 곧바로 도서관으로 가서

---

* 코로나-19로 2020년에 사망하였다. — 옮긴이

정수론 논문을 뒤졌고, 마침내 19세기에 발표된 논문들에서 정확히 같은 수열이 등장함을 발견하였다. 콘웨이는 젊은 수학자 사이먼 노턴(Simon Phillips Norton; 1952~2019)과 함께 이 사실에 기초한 계산으로부터 몬스터와 정수론 사이에는 비록 그 이유는 모르지만 분명한 연관성이 있음을 확신하였다.

콘웨이는 이 모든 것에 문샤인(Moonshine)이라는 이름을 붙였는데, 이것은 그가 이 발견에 의미가 없다고 생각했기 때문이 아니라*, "새롭게 발견한 사실이 논리적인 과정을 통해 얻은 결과가 아니라, 마치 춤추는 아일랜드 레프러콘 요정에게서 신비한 달빛이 비추는 것과 같은 느낌을 받았기 때문이며, 또한 문샤인에는 불법으로 증류된 술이란 뜻도 있는데, 이런 식의 연관성이 있다는 것이 금기를 어긴 것과도 같아 보였기 때문"이었다. 문샤인은 곧 유명해졌는데, 내가 이 단어를 처음 들었을 때 나는 마치 달과 같이 반사된 빛으로 밝게 빛나는 그 무엇을 뜻하는 것으로 받아들였다. 빛을 내는 근본적인 광원이 감추어진 채 발견되길 기다리고 있을 텐데, 이러한 점이 수학자들의 지대한 관심을 끌고 있는 이유이다. 우리가 이 주제에 대해 깊이 알아 갈수록 더욱 많은 것이 드러나는 것이다.

수학은 완전히 이해하는 것이 불가능한 학문이다. 언제나 놀라움을 간직한 채 더 깊이 감추어진 것이 있다. 수학의 역사에서

---

* 영어 단어 moonshine에는 '터무니없는 말, 헛소리'라는 뜻과 '밀주'라는 뜻이 있다. — 옮긴이

가장 위대한 수학자 중 한 명인 카를 프리드리히 가우스(Carl Friedrich Gauss; 1777~1855)는 수학을 '과학의 여왕'이라 불렀으며, 수학은 수학자들에게 창조성을 불러 일으켜 개개인의 능력을 넘어선 탐구로 이끌고 간다.

이 책을 통해 여러분들은 대칭과 관련된 모든 기본 개념들을 접하고, 최종적으로는 몬스터와 문샤인에 도달하게 될 것이다. 그 과정에서 우리는 대칭에 대해 상세히 살펴보고, 수학자들이 대칭을 이용하여 어떻게 심도 깊은 문제를 푸는지 알아볼 것이다. 본격적인 논의를 하기 전에 여러 분야에 박식했던 괴테(Johann Wolfgang von Goethe; 1749~1832)가 대칭에 대해 기술한 다음 문장을 살펴보는 것도 뜻깊을 것이다.

> 대칭이라는 말에서 … 사람들은 보통 전체를 구성하는
> 부분들 사이의 외적인 관계를 생각하는데, 예를 들면
> 가운데를 중심으로 각 부분들이 규칙적으로 배열된
> 상태를 가리키기 위해 대칭이란 단어를 사용한다.
> 하지만 우리는 … 연속해 나오는 이러한 부분들이 언제나
> 유사하지는 않으며, 아래에 있는 것을 위로 올리고, 약한
> 것에서 강한 것이 나오고, 평범한 것에서 아름다움이 나올
> 때에도 대칭을 발견하게 된다. [1]

대칭의 수학적 연구 방법에서부터 시작하여 몬스터에 이르기까지는 긴 이야기가 되겠지만, 그 결과를 짧게 요약하면 다음과

같다. 대부분의 유한 단순군은 몇 개의 집합족(familiy)에 속한다. 하지만 이들 집합족 어느 곳에도 속하지 않는 예외적인 경우는 26개가 있는데, 이 중 크기가 제일 큰 것이 바로 몬스터이다.

이들 집합족을 찾고, 예외적인 경우까지 찾는 이야기는 1830년의 프랑스에서부터 시작해서 제2차 세계대전 이후 30년이 지난 시점까지 이어진다. 우리가 찾은 것들이 완전하다는 것을 보이기 위해선 바로 얼마 전까지의 이야기를 언급해야 한다. 끝으로 몬스터가 수학의 다른 분야 및 물리학과 갖는 연관성을 밝혀내는 것은 미래의 이야기가 될 것이다.

추상의 세계를 탐험하는 수학이 현실 세계와 만나는 방식은 예측불가하다. 1983년, 몬스터가 처음 자신의 진실한 모습을 보여주었을 때, 프린스턴 고등연구소의 물리학자 프리먼 다이슨(Freeman John Dyson; 1923~2020)은 이런 글을 썼다. "나에겐 남몰래 품고 있는 희망이 하나 있습니다. 지금으로선 이 희망이 실현될 조짐이나 어떠한 근거는 없지만, 21세기 언젠가 물리학자들이 우주의 구조 속에 예상치 못한 방식으로 존재하고 있는 몬스터군을 우연히 발견하는 것입니다."[2] 이것은 현대 물리학에서 몬스터가 얼마나 중심에 위치하고 있는지 보여주는 말이다.

그로부터 15년 후, 영국의 케임브리지 대학교에 있던(현재는 미국 버클리 대학교 캘리포니아 캠퍼스에 재직 중) 리처드 보처즈(Richard Borcherds; 1959~)는 문샤인과 관련된 업적을 인정받아 1998년에 필즈상을 수상했다. 필즈상은 수학자들이 받는 노벨상 같은 것으로, 노벨상보다 희귀하고, 나이가 40세 이하인 사람만이 받을 수 있다.

보처즈는 콘웨이와 노턴이 수립한 문샤인 연관성이 물리학의 끈이론(string theory) 연구 결과와 잘 맞아떨어진다는 것을 보였다.

몬스터가 수학의 다른 분야들과 상관관계가 있다는 사실은 그 저변에 무언가 심오한 원리가 있다는 것을 뜻한다. 아직은 아무도 그것을 완전히 이해하지 못하고 있고, 입자 물리학과의 연결은 불가능한 것을 바라는 것만 같다. 문샤인 연결성이 등장한 이후 수학자와 수리 물리학자가 함께 모여 논의하는 학술회의가 곳곳에서 열리고 있다. 이제 대칭이란 무엇인지에 대한 것부터 알아보기로 하자. 우리의 이야기는 고대 그리스 시대의 연구에서 시작한다.

테아이테토스의 정이십면체

수학은 이해하는 것이 아니라 단지 익숙해지는 것이다.

존 폰 노이만(1903~1957)

기원전 369년, 아테네의 철학자 테아이테토스(Θεαίτητος; B.C.
417~ B.C. 369)는 코린트의 전투에서 부상을 입고 군대에서 이질에
전염되었다. 이후 고향인 아테네로 돌아가 같은 해 죽었다.
테아이테토스가 직접 쓴 저술은 남아 있지 않지만, 다른 사람들을
통해 그의 업적을 알 수 있는데, 특히 동시대에 살았던 플라톤은
두 개의 대화편에 테아이테토스를 주요 화자로 등장시키고 있어,
이를 통해 우리는 그가 어떤 사람이었는지 알 수 있다. 이 중
하나인 『테아이테토스』는 테아이테토스가 16세였던 기원전 399년에
일어난 일을 다루고 있는데, 이렇게 어린 나이의 인물을 주요
화자로 내세운 것은 플라톤의 작품으로서도 상당히 이례적이었다.

테아이테토스의 대표적인 수학적 업적은 지금은 '플라톤의 입체'라 불리는 다섯 개의 정다면체(polyhedral)를 분류한 것이다. 이들 입체는 3차원 공간에서의 대칭성을 잘 보여준다.

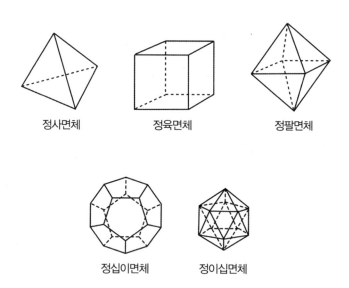

정사면체　　　　정육면체　　　　정팔면체

정십이면체　　　정이십면체

　　기원전 500년경 피타고라스에 의해 설립된 피타고라스 학파는 시간이 지나면서 신비주의자와 수학자의 공동체로 발전하였고, 정사면체(tetrahedron), 정육면체(cube), 정십이면체(dodecahedron)를 발견하였다. 다섯 개의 정다면체 중 나머지 두 개인 정팔면체(octahedron)와 정이십면체(icosahedron)는 테아이테토스가 발견하였다. 정육면체를 뜻하는 cube를 제외하고, 나머지 입체 도형의 이름은 면의 개수를 가리키는 그리스어에서 왔는데, *tetra*는 4를 뜻하고, *octa*는 8을, *dodeca*는 12를, *icosa*는 20을 뜻한다.

　　이들 플라톤 입체의 존재성은 단순히 그림을 그리거나 모형을 만들어 보는 식으로는 확신할 수 없다. 왜냐하면 아무리 잘 그리거나 만들더라도 완벽할 수는 없기 때문이다. 테아이테토스는 각 면이 정삼각형, 정사각형, 정오각형 중 하나로 모두 같고, 모든 입체각과 변의 길이도 같은 입체 도형을 이론적으로 만들어 내는 문제에 대해 고심하였다. 이것은 곧 대칭에 대한 문제로서 예를 들어 "정이십면체는 완벽한 대칭을 갖고 있는가?"와 같은 문제로 바꾸어 볼 수 있다. 이 질문에 대한 답은 전혀 자명하지 않은데, 우리는 나중에 복잡한 대칭 모형을 다루면서 같은 문제를 만나게 될 것이다. 다양한 부분 구조들이 알려져 있고, 이들을 한데 모으면 서로 잘 맞아 떨어져, 복잡한 무언가를 만들어 낼 수 있을 것 같지만, 그 존재성을 증명하는 것은 매우 어려운 일이 될 수도 있다. 이 책의 주제인 '**몬스터**'가 바로 그러한 경우에 해당한다.

이 책의 주제는 어마어마한 대칭성을 갖는 대상을 발견하고 그 비밀을 파헤쳐 나가는 것으로서, 플라톤의 입체들을 기억해두고 그 과정들에서 이를 떠올리면 이해하는 데 도움이 될 것이다. 어떤 대상의 대칭성은 수학적으로 기술할 수 있는데, 플라톤의 입체에 이를 어떻게 적용할 수 있는지 간략히 소개해보려 한다. 제일 먼저 살펴볼 것은 **거울 대칭**으로, 이것은 거울 밖의 모든 것들이 거울 안 속의 것들과 서로 교환한다(그러면서도 전체 모습은 변하지 않음을 의미한다. ― 옮긴이). 평면을 거울이라 생각하면, 이 평면이 공간을 두 부분으로 나누고, 나뉜 한 쪽의 공간이 거울에 비쳐 그 상이 반대쪽의 공간이 되는 것으로 생각할 수 있다. 이것은 마치 앨리스*가 거울 나라로 들어가면서 거울 반대편에 비친 자신의 모습과 서로 교환되는 것과 같다. 이것이 수학자들이 말하는 반사 대칭 또는 거울 대칭이다.

정육면체를 예로 들어 설명해 보자. 우선 정육면체의 중심을 지나는 가상의 평면을 잡는데, 각 꼭짓점들이 양편으로 나뉘어 한 편의 꼭짓점들이 반대편의 꼭짓점들과 정반대에 위치하도록 한다. 그런 다음 한 편에 위치한 모든 것(꼭짓점, 모서리, 면)을 다른 편의 것들과 교환한다. 이 경우 평면 위에 위치한 것들은 고정된 채로 있지만, 어느 한 편에 있던 각 점들은 반대편의 점들과 교환될 것이다.** 정육면체에는 정확히 두 종류의 거울 대칭이 있다. 하나는 거울면을 정육면체의 마주보는 두 면(대면)과 평행하도록 그 대면 사이에 위치시키는 것이고(19쪽 왼쪽 그림), 다른 하나는 거울면을 한 대면의 대각선들을 통과하도록 비스듬히 위치시키는 것이다(19쪽 오른쪽 그림).

---

* 『이상한 나라의 앨리스』의 속편인 『거울 나라의 앨리스』에는 앨리스가 벽난로 위에 있는 커다란 거울 속으로 들어가는 장면이 묘사되어 있다. ― 옮긴이

** 이러한 교환 후에도 원래 도형인 정육면체는 변하지 않고 원래 모습을 유지하게 되므로 정육면체는 거울 대칭의 성질을 갖는다. ― 옮긴이

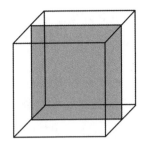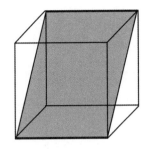

　정육면체는 거울 대칭 이외에 다른 종류의 대칭도 갖고 있는데, 몇 가지 종류의 **회전**도 가능하다. 예를 들어 마주 보는 두 면의 중심을 통과하는 축을 잡고 입체를 90도 또는 180도만큼 회전시킨다. 아니면 정 반대편의 두 꼭짓점을 통과하는 축을 잡고 120도 회전시키거나, 정 반대편에 있는 두 모서리의 중심을 통과하는 축을 잡고 이를 중심으로 180도 회전시키는 것도 대칭이 된다. 그리고 회전 대칭과 거울 대칭을 연이어 적용하는 방식으로 조합한 것 역시 대칭이 된다. 이런 식의 조합을 생각하면 정육면체에는 얼마나 많은 수의 대칭이 존재할까?

　정답은 총 48개로, 이들 대칭들은 이른바 정육면체의 '대칭군'*을 형성한다. 이 중 회전에 의한 것은 24개가 있는데, 이 역시 군을

---

* 이 책에서 대칭군이란 대칭들이 이루는 군(group of symmetries)을 뜻하는 것으로서 군론에서 사용되는 S_n과는 그 의미가 다르다. S_n은 $\{1, \cdots, n\}$에서 $\{1, \cdots, n\}$으로 가는 일대일대응들이 함수의 합성에 의해 형성한 군을 가리키며, 이 책에서는 S_n과 S_n의 부분군을 총칭하여 치환군이라고 부르고 있다. — 옮긴이

이룬다*. 이 '부분군'을 정육면체의 '회전군'이라고 부른다. '군'(群. group)이란 단어는 수학 용어로서 이 책의 핵심 개념 중 하나인데, 정확한 정의는 후에 내리겠다.

19세기의 수학자들은 하나의 군을 보다 단순한 군들로 분해하는 방법을 발견하였다. 이때 더 이상 분해**될 수 없는 군을 '단순군'이라고 부르는데***, 군의 세계에서는 마치 원자와 같은 역할을 한다. 20세기의 수학자들은 모든 단순군을 발견하고, 분류하고, 구성하는 작업을 수행하였는데, 그중에는 일반적인 규칙에서 벗어나는 예외적인 것들도 있었다. '몬스터'는 그러한 예외적인 단순군 중 크기가 가장 크다. 우리가 몬스터를 이해하려면 먼저 간단한 상황부터 살펴볼 필요가 있기 때문에, 플라톤의 입체에 대해 조금 더 논의를 진행해보도록 하자.

정육면체와 정팔면체를 함께 살펴보면 이 둘은 사실 매우 긴밀히 연결되어 있음을 알 수 있다. 정육면체에는 6개의 면과 8개의 꼭짓점이 있는 반면, 정팔면체에는 6개의 꼭짓점과 8개의 면이 있다. 이 두 입체도형은 모두 12개의 모서리가 있지만

---

* 24개의 회전 대칭이 있는 이유는 이렇다. 정육면체에는 6개의 면이 있고, 이들 중 어떠한 면이라도 바닥에 위치시킬 수 있다. 그리고 이 바닥면은 네 가지 방법으로 회전할 수 있다. 따라서, 6×4 = 24가지 방법이 있다.

** 군을 분해하기 위해서는 부분군 중 좀 더 특별한 성질을 갖고 있는 정규 부분군 (normal subgroup)이 필요하다. ― 옮긴이

*** 수학자들이 사용하는 '단순군'이라는 표현에서, '단순'이란 단어의 사용은 오해를 불러 일으킬 수 있다. 단순군 중에는 그보다 더욱 단순한 군들로 쪼개지지는 않지만 그 구조가 매우 복잡한 것도 있다.

면과 꼭짓점의 역할은 서로 뒤바뀐다. 이것은 단순히 숫자끼리 대응되는 것에 그치는 것이 아니라, 아래의 두 그림에서처럼 한 입체가 나머지 다른 입체의 내부에 포함될 수 있다는 것을 뜻한다. 정육면체에서 각 면의 중심에 점을 찍고 서로 이웃한 두 면의 중심끼리 선분으로 연결해보면 정팔면체를 얻게 된다. 거꾸로 정팔면체에서 같은 작업을 하게 되면 이번엔 정육면체를 얻게 된다. 이러한 현상을 수학자들은 '쌍대성'(雙對性, duality)이라고 표현한다. 즉, 정육면체와 정팔면체는 서로 '쌍대적'이다.

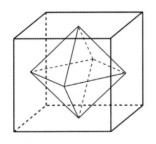 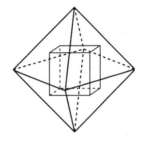

정육면체와 정팔면체에 존재하는 이러한 쌍대성은 한 도형의 대칭이 곧 다른 도형의 대칭이 되고, 결국 이 두 도형이 같은 대칭군을 갖게 됨을 의미한다. 정육면체와 정팔면체는 생긴 겉모습은 다르지만 대칭성이라는 추상화된 관점에서 볼 때 서로 같다. 추상화(抽象化)는 수학의 강력한 도구이다. 주어진 상황에서 어떤 핵심 성질에만 집중하고 다른 측면들은 무시함으로써 수학자들은 새로운 결과를 추구할 수 있는 자유가 생긴다. 물론 이때 무시된 측면들이 중요한 의미를 가질 수도 있지만, 그럴 경우에는 나중에 다시 고려해도 된다.

마찬가지로 정십이면체와 정이십면체는 서로 쌍대적이다. 정십이면체의 각 면의 중심에 점을 찍고 이웃한 두 면의 중심끼리 선분으로 연결하면 정이십면체를 얻게 된다. 거꾸로 정이십면체에서 같은 작업을 하면 정십이면체를 얻을 수 있다. 정십이면체가 갖는 12개의 면과 20개의 꼭짓점이 정이십면체가 갖는 12개의 꼭짓점과 20개의 면에 대응된다. 이 두 입체의 쌍대성은 정십이면체와 정이십면체가 같은 대칭군을 갖게 되고, 따라서 같은 회전군을 갖는다는 것을 의미한다. 이 회전군의 크기는 60인데*, 이 군은 사실 2차원 이상에서 나타나는 가장 작은 단순군이다. 우리는 3장에서 이 단순군이 놀랍게도 전혀 다른 방법으로 나타나는 모습을 볼 수 있을 것이다.

대칭을 의미하는 영어 단어인 symmetry의 그리스 어원을 살펴보면, '함께'를 뜻하는 *syn*과 '측정'을 뜻하는 *metry*를 합성한 것이다. 둘 이상의 것을 같은 기준으로 함께 측정한다는 이 아이디어는 분명히 유용한 것이지만, 우리는 프롤로그에서 대칭에 대한 괴테의 생각을 이미 확인하였다. "아래에 있는 것을 위로 올리고, 약한 것에서 강한 것이 나오고, 평범한 것에서 아름다움이 나온다."는 생각은 괴테가 살았던 시대의 수학에서는 볼 수 없었던

---

* 60개의 회전 대칭이 있는 이유는 앞에서 논의한 정육면체의 경우와 비슷하게 계산할 수 있다. 정십이면체에는 12개의 면이 있고, 이들 중 어떤 면이라도 바닥에 위치시킬 수 있다. 이 바닥면은 다섯 가지 방법으로 회전할 수 있다. 따라서, $12 \times 5 = 60$가지 회전 대칭이 있다. — 옮긴이

것이다. 괴테는 1832년에 죽었는데, 이 해는 괴테보다 62살이나 어렸던 에바리스트 갈루아란 수학자가 젊은 나이로 죽었던 해이기도 하다. 갈루아는 대칭을 이용하여 수학적 난제를 풀고 대칭이 수학의 한 분야로서 새로운 틀이 되게끔 만들었던 최초의 수학자였다. 다음 장에서 그를 만나보기로 하자.

2

갈루아 : 한 천재의 죽음

학생들이 부랑아 같은 맨발의 불경심으로 학문을 대하는 것이
중요하다. 그들은 알려진 것을 경배하러 대학에 오는 것이
아니라 그것에 의문을 던지러 오는 것이다.

제이콥 브로노우스키, 『인간 등정의 발자취(*The Ascent of Man*)』

1832년 5월 29일 저녁, 프랑스의 젊은 수학자 에바리스트
갈루아(Évariste Galois; 1811~1832)는 파리에서 자신의 생애 마지막이 될
편지를 썼다. 그 편지는 이렇게 끝을 맺는다.

이 편지에 기록한 정리들의 중요성에 대하여 야코비나

가우스*에게 그 의견을 공식적으로 물어주기 바랍니다.
명제가 참인지는 물을 필요 없습니다. 두서없이 썼지만
누군가 이 편지에서 유용한 것을 찾을 수 있기를
바랍니다.

애정어린 포옹과 함께,

É. 갈루아 씀.

1832년 5월 29일.

그러나 당대의 뛰어난 신진 수학자였던 카를 구스타프 야코프 야코비(Karl Gustav Jacob Jacobi; 1804~1851)도, 역사를 통틀어 가장 위대한 수학자 중 한 사람이었던 카를 프리드리히 가우스도 갈루아의 편지를 받았다는 얘기는 없었다.

이튿날인 1832년 5월 30일 수요일 아침, 해가 떴을 때 갈루아는 복부에 치명적인 총상을 입고 길 옆에 쓰러져 있었다. 지나가던 행인이 그를 병원으로 옮겼고, 병원에서는 신부를 불러왔지만 갈루아는 신부의 병자성사를 거부했다. 갈루아의 동생 알프레드가 병실로 달려왔고, 갈루아는 마지막으로 이렇게 말했다. "울지 마. 스무 살에 죽으려면 내 모든 용기를 다해야 하니까."

5월 31일, 그의 죽음은 파리의 모든 신문에 실렸다. 다음은

---

* 야코비와 가우스는 모두 독일의 수학자로, 갈루아는 르장드르와 코시로 대표되는 프랑스 수학계에 대한 실망을 이 편지에서 표현하고 있는 것으로 보인다. 갈루아가 제출했던 논문이 제대로 평가되었더라면, 갈루아 개인의 운명도 바뀌었을테니 안타깝기 그지없는 일이다. ― 옮긴이

리옹의 한 신문인 《선구자(*Le Précurseur*)》에 실린 기사를 발췌한 것이다.

> 개탄스럽게도 어제 있었던 결투로 인해 촉망받는 한 젊은 과학자가 우리 곁을 떠났다. 정치적으로는 이미 큰 명성을 얻고 있던 젊은 청년 에바리스트 갈루아는 … 그와 같은 '인민의 벗(*Société des Amis du Peuple*)' 소속인 오랜 동료와 결투를 했다. …
>
> 가까운 거리에서 두 사람은 권총을 골라 서로를 향해 방아쇠를 당겼다. 그중 한 자루의 총만이 장전되어 있었다.[3]

갈루아가 결투한 이유를 놓고 수학사가들 사이에서도 여전히 의견이 갈리는데, 한 여인에 대한 명예를 놓고 한 결투라고 보는 이도 있고, 경찰 관련자들에 의해 조작된 것으로 보는 이도 있으며, 영광된 최후를 위한 갈루아 자신의 자작극이라고 보는 이도 있다. 갈루아의 혁명가로서의 명성은 금방 잊혀졌지만, 그의 수학적 업적은 영원히 기억될 것이다. 갈루아 이론과 갈루아 군은 오늘날 수학에서 널리 이용되고 있다. 스무 살이라는 어린 나이에 그는 불멸의 지위를 얻은 것이다. 어떻게 이것이 가능했을까?

에바리스트 갈루아는 1811년 10월 25일 파리 남서부 변두리의 소도시인 부르라렌(Bourg-la-Reine)의 한 존경받는 가정에서 태어났다. 당시는 나폴레옹의 권력이 정점에 있었고, 프랑스는 국가 전체적으로 프랑스 대혁명의 여파로 심하게 부족했던 안정성을 되찾아가던 시기였다. 하지만 이러한 정치적 안정성은 얼마 안 있어 사라지고, 연이어 발생한 사건들은 갈루아의 삶에 치명적인 영향을 미치게 되었다.

충분히 행복한 유년 시절을 보낸 갈루아는 1823년, 열두 살의 나이에 파리의 기숙 학교인 리세 루이르그랑(Lycee Louis-le-Grand)에 들어갔다. 이 덕망 있는 기관은 1563년에 설립되었으며, 17세기에 루이 14세가 자신의 이름이었던 루이르그랑을 따서 개명하였다. 오늘날에도 생자크(Saint Jacques) 거리에 서 있는 칙칙해 보이는 건물은 최근에 처음으로 청소되었다. 학교는 엄격했다. 학생들은 오전 5시 30분에 기상하여, 조용히 나폴레옹이 직접 디자인한 교복을 입고, 한데 모여 조례와 기도를 하고 7시 30분까지 공부를 한 다음, 빵과 물로 아침 식사를 하였다. 갈루아는 이 엄격한 체제에 잘 적응하여 3학년이었던 1825~1826년에는 네 과목에서 우수한 성적을 거두었다.

1826년 9월, 교육에 대해 다소 좁은 시야를 가진 보수적인 신학 교사가 새 교장으로 임명되면서 상황이 바뀌었다. 이 교장은 갈루아의 뛰어난 학업 성적에도 불구하고 상급반으로의 진학을 거부하였다. 갈루아의 아버지는 격렬히 반대하였다. 갈루아는 새로운 반으로 진학하였으나 결국은 교장이 승리하였고 다시 원래 반으로 내려갔다.

갈루아의 아버지와 교장의 이러한 충돌은 사실 정치적 갈등의 일부였다. 갈루아의 아버지는 자유주의자였고 나폴레옹의 충실한 지지자였다. 에바리스트 갈루아가 네 살이었던 1815년, 나폴레옹은 유배에서 돌아와 이른바 백일천하*를 누렸고, 갈루아의 아버지는 자신이 살던 작은 도시에서 시장이 되었다. 갈루아의 아버지는 저명인사가 되었고 그해 군주제가 다시 수립될 때에도 그 지위를 유지하였다.

새로운 군주가 된 루이 18세는 자유주의자와 극단적인 군주제주의자들 사이에서 쉽지 않은 균형을 유지하였으나, 1824년 루이 18세가 죽고 그의 동생인 샤를 10세가 군주가 되자 체제가 극단주의자들에 의해 지배되었고, 교회의 보수파에 의해 지지를 받았다. 루이르그랑의 새 교장은 이 새로운 체제와 정치적 연결점이 있었으며, 갈루아의 아버지와는 정반대의 정치색을 띤 것이다.

갈루아의 아버지가 뜻했던 갈루아의 진급이 새 교장에 의해 막히자, 그 효과는 파괴적으로 나타났다. 갈루아가 수학을 제외한 모든 것을 거부하기 시작한 것이다. 다음 해까지 갈루아는 다른 과목들에 더 이상의 관심을 갖지 않았으며 15세에는 모든 노력을 수학에 기울여 가능한 한 빨리 학교에서 나가 그 당시 가장 명망 있는 대학이었던 파리의 에콜 폴리테크니크(École Polytechnique)에 진학하는 것을 목표로 삼았다. 갈루아는 1828년 6월, 부모와 상의도 없이 16세의 나이에 입학 시험을 보았다. 이것은 또래보다 1년 이상 빠른 것이었는데, 결국 시험에서 떨어졌다. 이 시험은

---

* 엘바 섬을 탈출한 후 돌아온 나폴레옹이 루이 18세 복위 전까지 겪은 사건 — 옮긴이

재시험 기회가 오직 한 번만 주어지기 때문에 이듬해 여름에 치르는 재시험이 더욱 중요해졌다.

그러던 중 가을에 새로이 수학 교사로 온 루이 폴 에밀 리샤르(Louis-Paul-Émile Richard)는 갈루아가 수학에 뛰어난 학생임을 즉시 알아차렸다. 리샤르는 갈루아에게 논문을 써서 《수학연보(*Annales de Mathématiques*)》에 제출토록 하였고 이 논문은 1829년 4월에 게재되었다. 최근의 연구 경향을 잘 챙겨두었던 리샤르는 갈루아에게 새로운 방향을 제시하여 이끌어 나갈 수 있었으며, 소년 갈루아는 빼어나고 훌륭한 아이디어를 보여주었고, 리샤르는 갈루아가 일반적인 입학 시험을 치루지 않고도 파리의 에콜 폴리테크니크에 입학할 수 있도록 추진하였다. 불행히도 이 시도는 실패하였지만, 갈루아가 쓴 두 편의 논문이 일반적인 투고 절차를 우회하여 프랑스 과학원에 제출할 수 있도록 도와주었다. 리샤르는 원고를 과학원 회원이었던 **오귀스탱 루이 코시**(Augustin-Louis Cauchy; 1789~1857)에게 직접 전달하였다. 코시는 매우 뛰어난 수학자로 거의 언제나 자신의 업적만을 과학원에서 발표했었는데, 5월 25일과 6월 1일에는 매우 이례적으로 갈루아의 연구 내용을 발표하였다. 이 논문을 보다 자세히 검토하기 위해 과학원 회원들은 코시가 원고를 집으로 가져가도록 허락했지만, 코시는 논문을 잃어버렸다.

열다섯 살의 에바리스트 갈루아, 학급 친구가 그린 그림.

갈루아의 연구 주제는 대수 방정식의 해에 대한 것이었다. 예를 들어 다음 방정식을 살펴보자.

$$x^2 - x - 2 = 0$$

이 방정식은 x에 대한 최고차항이 x^2으로 2차이기 때문에 2차 방정식이라고 부른다. 최고차항이 x^3이면 3차 방정식, x^4이면 4차 방정식, 이런 식으로 부른다.

대수 방정식의 주요 문제는 이 방정식을 만족하는 x의 값을 찾는 것이다. 하나씩 대입하여 찾기 보다는 수학자들은 모든 2차 방정식을 푸는 요리법과 같은 공식을 갖고 있다.* 이것을 근의 공식이라고 부른다(2차 방정식의 2차를 뜻하는 영어 단어인 'quadratic'은 정사각형을 뜻한다). 이 공식은 약 4,000년 전인 기원전 1800년경 바빌로니아인이 발견하였다. 물론 그 당시에는 공식을 기호화하여 적지 않고 말로 풀어 적었지만, 점토 판에 적힌 내용은 매우 간결하고 정확했다.

바빌로니아인은 일부 특수한 경우의 3차 방정식을 푸는 방법도 알고 있었지만, 모든 3차 방정식을 다루는 일반적인 해법은 약 3,000년이 지나 유명한 페르시아 수학자이자 천문학자였던 오마르 하이얌(Omar Khayyam: 1048~1131)이 기하학적 방법을 찾을 때까지 기다려야 했다. 하이얌은 루바이야트(Rubaiyat)라는 시집으로 더 유명하지만 뛰어난 수학자였던 그는 곡선과 직선 사이의 선분의

_____

* 2차 방정식 $ax^2 + bx + c = 0(a \neq 0)$은 두 개의 해를 가지며 이는 다음과 같다.

$$x = \frac{-b \pm \sqrt{b^2 - 4ac}}{2a}$$

여기서 '±' 기호는 + 또는 − 를 가리키고, $\sqrt{}$ 는 제곱근을 나타낸다. 예를 들어 $x^2 - x - 2 = 0$은 공식에 $a = 1$, $b = -1$, $c = -2$를 대입하면

$$x = \frac{1 \pm \sqrt{1+8}}{2} = \frac{1 \pm 3}{2}$$

이 되어 $x = 2$ 또는 $x = -1$이 해가 된다.

길이로서 3차 방정식의 해를 구했다.

오마르 하이얌은 대수적인 공식을 찾지 못한 것을 애석하게 여겼는데, 이 공식은 약 400년 후 이탈리아의 르네상스 시대에 발견되었다. 이 시기에는 현대의 인쇄 기술이 도입되기 시작하였고, 이로 인해 생각의 전파가 가속되었다. 1472년에서 1500년 사이에 200권 이상의 수학 관련 도서가 출간되었는데, 당시의 인구수와 문맹률을 고려하면 이는 대단히 많은 수이다. 이는 수학 분야의 갑작스러운 팽창을 야기하였고 16세기 초, 네 사람의 수학자(델 페로, 타르탈리아, 카르다노, 페라리)가 대수학 분야의 새로운 시대를 열었다.

스키피오네 델 페로(Scipione del Ferro; 1465~1526)는 볼로냐 대학교 수학과 교수로 처음으로 3차 방정식을 풀었다. 그러나 그는 자신의 방법을 절대로 공개하지 않았고 1526년 죽기 전에 제자 중 한 명에게 전수하였다. 이 학생은 다른 수학자들과 문제 풀이 대결을 벌여 지는 쪽이 저녁을 사는 내기를 즐겼는데, 많은 문제들이 3차 방정식을 다루었기 때문에 항상 이길 수 있었다. 그러나 그는 1535년 타르탈리아(Tartaglia; 1506~1557)와 겨루는 실수를 저질렀다(타르탈리아는 말더듬이를 뜻하는 별명이었고, 실제 이름은 니콜로 폰타나(Niccolo Fontana)였다). 타르탈리아는 사실 델 페로가 자신의 제자에게 3차 방정식의 해법을 전수하였다는 이야기를 듣고, 스스로 3차 방정식의 해법을 연구하기 시작하였다. 대결이 있기 며칠 전, 타르탈리아는 마침내 해법을 찾을 수 있었고 내기에서 이길 수 있게 됐다. 그는 내기에서 이긴 후 삼십 끼의 저녁 식사를 정중히 사양했다. 자신보다 못한 수학자에게 공짜 식사를 얻어먹는 것은 그의 품위를 손상시키는 것이라고 생각했고, 3차 방정식의 해법을 발견한 것 자체를 진정한 보상으로 여겼다!*

오래된 문제를 풀거나 새로운 무언가를 발견해내는 것은 수학의 커다란 즐거움 중에 하나이지만, 발견자가 자신이 발견한 것에 적절한 세부사항까지 연구를 진행시키고 공개할 준비가 될 때까지, 다른 사람이 그 발견 사실을 알 수 없도록 비밀로 해 두는 경우가 있다. 그렇지 않으면 아이디어를 누군가가 가져다가 상세한 연구를 진척시킨 뒤에 자신의 연구 성과로 발표할 수 있기 때문이다. 이러한 일이 타르탈리아에게도 일어났다. 타르탈리아가 3차 방정식의 해법을 얻었다는 사실은 지롤라모 카르다노(Girolamo Cardano; 1501~1576)의 귀에도 들어갔는데, 그는 약학, 점성학, 철학, 수학에서 자신의 연구 결과를 발표한 적이 있을 정도로 박학다식했다. 카르다노는 타르탈리아에게 3차 방정식의 공식을 가르쳐 달라고 했지만 타르탈리아는 거절했다. 4년 동안 쫓아다닌 끝에 카르다노는 허락을 받을 수 있었다. 카르다노는 타르탈리아에게 다음과 같이 맹세하였다.

나는 명예를 아는 진실한 사람으로서 신의 거룩한 복음에

---

* 타르탈리아와 델 페로의 제자가 겨루었던 사건은 많은 사람들의 관심을 끌었고, 이탈리아 전역으로 퍼져나갔다. 하지만 여러 사람의 입을 거치면서 세부적인 내용에 있어 서로 상이한 여러 버전이 생겨났다. 따라서 문헌에 따라 이 사건에 대한 내용도 조금씩 다르게 기록되어 있다. — 옮긴이

> 대고 당신이 내게 가르쳐 준 발견을 절대로 공개하지 않을
> 것임을 맹세합니다. 아울러 나는 진실한 기독교인으로서
> 그 내용을 암호화하여 기록함으로써 내 죽음 이후로
> 누구도 그것을 알 수 없도록 할 것을 약속하고
> 맹세합니다.[4]

카르다노의 설득과 충직한 정직을 담은 주장에 타르탈리아는 굴복했다. 그는 해법을 기억하기 위한 시구를 알려주었다(현대적인 표기법이 발달하기 전에는 공식들을 종종 말로 표현하거나 시의 형태로 기억되었다).

그러나 타르탈리아가 유클리드의 『원론(Elements)』을 이탈리아어로 번역하느라 한창 바쁠 때, 카르다노와 그의 학생이었던 로도비코 페라리(Ludovico Ferrari; 1522~1565)는 지속해서 연구를 수행하였다. 사실은 델 페로가 3차 방정식의 해법을 먼저 얻었다는 것을 알게 되고, 페라리가 4차 방정식의 근의 공식까지 발견하게 되자 카르다노는 3차 방정식의 해법도 공개하기로 결심하였다. 1545년에 그는 『아르스 마그나(Ars Magna, 위대한 기법)』라는 책을 출판하면서 3차 방정식의 해법을 포함시켰다. 카르다노는 이 영예를 타르탈리아와 델 페로에게 돌렸지만 타르탈리아는 분노했고, 다소 불공평하게 들릴지도 모르겠지만 역사는 카르다노의 공식으로 부른다.

카르다노는 공식의 최초 발견자가 델 페로라는 점을 들어 자신이 맹세를 저버린 이유를 정당화하였으며, 페라리는 카르다노가

『아르스 마그나』를 출간한 지 2년이 지난 1547년 4월에 다음과 같은
글을 썼다.

> 4년 전 카르다노가 피렌체에 갔을 때 나도 동행했는데,
> 우리는 볼로냐에서 한니발 델라 네이브라는 지혜롭고
> 인간적인 사람을 만났다. 그는 우리에게 자신의 장인인
> 스키피오네 델 페로가 오래전에 쓴 책이라면서 작은 책을
> 손에 들고 보여주었다. 거기에는 3차 방정식의 해법이
> 우아하고 학술적으로 적혀 있었다.[5]

그러나 이 시대를 되돌아보면 델 페로, 타르탈리아, 카르다노,
페라리 네 사람 모두 천재라 부를 만하며, 과학사가인 조지
사튼(George Sarton)은 이 네 사람에 대하여 과학의 전체 역사를 통틀어
가장 특이한 사람들이라고 말했다.[6]

3차 방정식과 4차 방정식의 해법을 찾은 이후로 발전이 멈췄다.
그 후로 거의 250년이 흐른 뒤 조셉-루이스 라그랑주(Joseph-
Louis Lagrange; 1736~1813)가 베를린에서 매우 영향력 있는 논문인
「방정식의 대수적 해법에 대한 고찰」을 썼는데, 대수학의 새로운
시대를 열었다. 그러나 아무도 5차 이상의 방정식을 푸는 해법을
발견하지 못했고, 이에 대해 1799년 가우스는 이렇게 적었다.
"많은 기하학자들이 일반적인 방정식의 해를 대수적으로 찾는 일에
희망을 포기하는 것에 비추어 볼 때, 해를 구하는 것은 불가능해

보이고 모순적이다."[7] 같은 해에, 모데나 대학교 임상의학 및 응용 수학과 교수로 있던 파올로 루피니(Paolo Ruffini; 1765~1822)는 라그랑주의 결과에 영감을 얻어 5차 이상의 방정식을 푸는 공식은 존재하지 않는다는 증명을 발표하였다. 이는 매우 놀라운 연구였지만 그의 증명은 책 두 권에 쪽수가 516쪽에 이를 정도로 매우 길었고, 이해하기도 매우 힘들었다. 아무도 이 증명에서 틀린 곳을 발견하진 못했지만 몇몇 수학자들은 그의 방법을 신뢰하지 않았고, 결과를 완전히 받아들인 사람은 아무도 없었다. 제대로 된 평가가 없는 것에 크게 실망했던 루피니는 1810년 같은 주제를 담은 새로운 논문을 프랑스 과학원에 제출하였다. 논문 심사 위원들은 시간 내에 검토하는 데 실패하였으며 루피니는 논문을 철회하였고, 담당 직원은 다음과 같이 정중히 답했다.

> 심사 위원들이 선생님의 증명을 인정하거나 논박하는 데 상당한 노력을 필요로 했습니다. 수학자들이 다른 사람의 연구 결과를 이해하기 위해 얼마나 많은 귀중한 시간을 들여야 하고, 또 스스로의 연구를 위해서도 많은 시간을 들여야 하는지 선생님도 잘 아실 거라 생각합니다. 이들의 적극적인 참여를 위해서는 배울 게 많거나 기법이 교묘하거나 하는 식으로 매우 강력한 동기가 필요합니다.[8]

불쌍하게도 루피니는 주요 문제를 풀었고, 분명히 제대로 된 방향으로 나아갔지만 그의 연구에는 중요한 틈이 있었다. 1824년 젊은 노르웨이 수학자인 닐스 헨리크 아벨(Niels Henrik Able; 1802~1829)은 독립적으로 증명을 찾아냄으로써 이 문제를 해결하였고, 2년 후에 논문이 출간되었다.

아벨은 논문을 통해 5차 방정식 중에는 해가 제곱근, 세제곱근, 네제곱근, 다섯제곱근 등을 이용해서는 표현할 수 없는 경우가 존재함을 보였다. 그러나 어떤 경우는 이렇게 표현하는 게 가능한데 예를 들어, 방정식 $x^5=2$는 2의 다섯제곱근을 취하면 풀린다. 문제는 어떤 방정식이 풀리고 어떤 방정식이 풀리지 않는지 판단하는 것이다. 아벨은 이 문제를 해결하는 방법을 연구하던 도중, 1829년 폐결핵에 걸려 스물여섯 살의 나이로 죽고 만다. 이제 에바리스트 갈루아가 무대에 등장할 차례가 되었다. 갈루아는 아벨뿐 아니라 위대한 수학자 그 누구보다도 젊은 나이에 죽었다. 갈루아는 스물한번 째 생일을 맞이하지 못했다.

갈루아는 주어진 방정식에 대한 여러 근들 사이에 존재하는 대칭성의 양을 측정하고, (이것은 루피니가 했던 작업과 유사한 측면이 있다) 이를 창의적이고 새로운 방법으로 사용하였다. 불행하게도 1829년 여름, 갈루아가 아직 열일곱에 불과했을 때 재앙이 닥쳤다. 그해 초에 새로운 예수회 수사가 갈루아의 고향인 부르라넨에 부임하였다. 편견을 가진 채 극단적 군주제 지지자 연맹에 가입되어 있었던 그는 지방 공무원과 함께 시장이었던 갈루아의 아버지를 쫓아내기로 결심하였다. 갈루아의 아버지는 재치있는 운율이 있는 글로 지방 의회 의원들에게 즐거움 주기를 즐겼는데, 교활한 수사는 시장의 이름으로 의회 의원을 조롱하는 악의적인 글을 썼다. 음모는 성공했다. 아버지는 시장직에서 물러나 가족을 데리고 파리로 이사했고, 얼마 뒤인 7월 2일 자살했다.

그달 말에 갈루아는 에콜 폴리테크니크에 입학 시험을 다시 한번 치러야 했다. 시험은 여러 명의 시험 감독관들 앞에서 구술로 진행되는 방식이었기 때문에 냉철한 머리가 필요했다. 하지만 갈루아는 겨우 열일곱에 불과했다. 아버지는 정치적 음모로 목숨을 잃었고 부르라렌에서 진행되었던 장례식이 폭동으로 변하는 것을 지켜봐야 했다. 직무를 시작한 수사는 모욕과 돌팔매질을 당해 머리에 큰 상처를 입었다. 갈루아의 아버지는 인기있는 시장이었고 마을 전체 주민들은 그를 기리는 커다란 명판을 제작했는데, 오늘날까지 그 자리에 있다. 이러한 환경에서 치른 갈루아의 시험 결과는 좋지 못했다. 시험관 중 한 명은 간단하면서도 도발적인 질문을 하는 재주가 있었다. 갈루아는 평정심을 잃고 칠판 지우개를 시험관에게 던졌고, 시험에서 떨어졌다. 이 학교는 입학 시험을 최대 두 번까지만 치를 수 있었기 때문에, 열여섯이었던 지난해에 이미 한 번 떨어졌던 갈루아에게는 이제 더 이상 시험을 치를 기회가 없었다.

이것은 갈루아에게 재앙이었다. 갈루아의 수학 선생님은 그가 줄 수 있는 최대한의 도움을 주었는데 지금은 에콜 노르말(파리 고등사범학교)이라고 알려진 2년제 대학에 늦은 지원서를 제출하였다. 이 과정은 수학 교사가 되기에는 좋은 기회였고, 비록 갈루아의 선택은 아니었지만 다른 대안은 없었다. 갈루아는 1830년 초부터 과정을 시작하였는데 향후 10년간 국가를 위해 봉사하겠다는 의무 서약을 하고서야 시작할 수 있었다.

그동안에 갈루아는 과학원에 제출했던 두 편의 논문에 답신이 오기를 간절히 기다리고 있었다. 코시는 갈루아의 논문을 집으로 가져갔으나 자신의 연구에 몰두한 나머지 제때 검토하지 못했으며, 같은 해 하반기에는 정치적 망명을 떠나야 했고 그 사이에 논문은 사라졌다. 그것만이 아니다. 이전 여름에 과학원에서 수학대상(大賞, *Grand Prix de Mathématiques*)이라는 경연대회를 개최하였다. 갈루아는 논문을 다시 써서 마감날인 3월 1일 직전에 제출하였다. 덕망 있는 수학자였던 푸리에((Jean Baptiste Joseph Fourier; 1768~1830) – 푸리에 급수와 해석학 분야의 다른 핵심 연구로 유명하다)는 갈루아의 논문을 집으로 가져갔으나 5월 16일 푸리에가 사망했다. 갈루아의 논문은 발견되지 않았고 그의 연구는 심사 대상에서 제외되었다.

대칭을 이용하는 갈루아의 아이디어들은 심오하고 앞으로 지대한 영향을 가져올 것이었으나 그 당시에는 아이디어 중 어느 것도 제대로 이해한 사람이 없었고, 정치적 사건으로 인해 갈루아의 연구는 과소평가되었다. 1829년 8월, 샤를 10세는 초극단적 군주주의자들로 구성된 새로운 내각을 임명하였다. 그는 1830년 3월까지 의회를 소집하는 데 실패하였고, 의회는 내각을 맹렬히 비난하는 투표를 하였고, 왕은 의회를 해산하는 것으로 응답하였다. 새로운 선거가 1830년 7월에 시행되었다. 이 선거의 결과로 거대 야당이 탄생했고, 왕과 각료는 이를 무효화하고 출판의 자유를 억압하는 법령을 준비하고 있었다.

이 새로운 법령은 7월 26일에 공표되었고, 그 다음 날 폭동이 일어났다. 총기상이 약탈당하고, 바리케이드가 설치되었지만 생자크 거리 에콜 노르말의 갈루아와 동료 학생들은 국가에 대한 그들의 맹세를 다짐받았다. 쇠창살이 가로지른 창문 뒤에서 에콜 폴리테크니크의 학생들이 행진하는 것을 갈루아는 좌절감을 가진 채 지켜볼 수밖에 없었는데, 한 해 전에 입학을 거부당했던 터라 더욱 낙심하였다.

며칠 동안 노동자와 학생으로 구성된 공화주의자들이 거리를 지배하였지만 응집력이 부족하였고, 그 사이 입헌군주제를 지지하는 사람들이 오를레앙 공작을 설득시켜 파리에 입성하고 새로운 왕이 되도록 하였다. 7월 31일 삼색기로 둘러싼 채 그는 군중으로부터 환호를 받으면서 섭정의 자리를 받아들였다. 이윽고 8월 9일 루이 필리프 왕으로 추대되었다.*

대부분의 공화주의자들은 신중한 상태를 견지했지만 갈루아는 가장 과격한 축에 속했다. 에콜 노르말에서 그는 선동가가 되었으며 곧이어 학교장을 상대로 자기 이익만 생각하는 정치적인 기회주의자로 공개적으로 비판하기 시작했다. 갈루아는 12월 9일 퇴학당했다. 1831년 1월 초, 갈루아는 정부 보조금을 박탈당했으며 먹고 살기 위해 수학을 가르쳐야 했다.

---

* 이 사건을 7월 혁명이라 부른다. 이 사건으로 상인들이 권력을 잡았으며 이후 일반 시민들의 삶은 이전보다 궁핍해지게 된다. 이 정황은 소설 『레 미제라블』에 잘 드러나 있다. 에콜 노르말의 교장은 학생들이 시민의 편에 서서 행진할 수 없도록 학교를 쇠창살로 막았으며, 이 사건을 계기로 갈루아를 퇴학 조치시킨다. 1909년 에콜 노르말의 교장이 부르라렌을 방문하여 학교 차원에서 예전의 일이 잘못되었음을 시인하는 연설을 하였다. — 옮긴이

1831년 5월 9일, 200명의 열렬한 공화주의자들이 모인 저녁 연회에서 갈루아는 한바탕 소란을 피웠다. 한 손에 잭나이프를 들고 위협적인 몸짓을 취하며 루이 필리프 왕의 죽음을 위한 건배를 제의하였다. 몇몇은 그의 행동을 따라했지만, 몇몇은 놀라 도망치듯 빠져나갔다. 예를 들어 유명한 작가였던 알렉상드르 뒤마*(Alexandre Dumas; 1802~1870)는 창문을 통해 빠져나갔다. 다음 날 갈루아는 체포되었고 6월 15일에 재판을 받았는데, 무언가 오해가 있었다고 주장하며 영리하게 자신을 변호하였다. 갈루아는 '루이 필리프를 위해 축배를. 만약 왕이 자신의 맹세를 저버린다면…'까지 말했는데, 소음으로 인해 끝부분이 잘 들리지 않아 오해가 생긴 것 같다고 했다. 갈루아의 말이 맞다고 하거나 시끄러워서 정확히 뭐라고 말했는지 듣지 못했다는 목격자들이 나타났다. 갈루아는 무죄 판결을 받았다.

그러나 갈루아가 또다시 체포되기까지는 그리 오래 걸리지 않았다. 프랑스 혁명 기념일인 1831년 7월 14일, 갈루아는 금지된 제복을 입고, 칼과 권총을 소지한 혐의로 체포되었다. 3개월의 예방구금 뒤에 열린 10월 23일의 재판에서 유죄 판결을 받았으며, 감옥으로 돌아가 9개월의 형량을 채워야 했다.

갈루아는 생트펠라지(Sainte Pélagie) 감옥에서 정치범으로 복역했다. 그곳엔 흥미로운 사람들이 함께 있었는데, 그중에 한

---

* 『몽테크리스토 백작』, 『삼총사』 등의 작품을 만든 소설가. 루이 필리프 왕의 지지자 였다. — 옮긴이

명은 프랑수아-뱅상 라스파이유(François-Vincent Raspail; 1794~1878)로 갈루아보다 열여덟 살이나 많았다. 특히 화학에 조예가 깊은 과학자였던 그는 후에 의학을 비롯한 과학의 대중화에 앞장섰으며, 학술지를 설립하고 정치적으로도 중요한 인물이 되는데, 1848년 2월 혁명 때 벨기에로 10년간 망명생활을 하기도 한다. 감옥에서 보낸 그의 편지에는 갈루아에 대해 다음과 같이 기록하고 있다.

> 이 날씬하고 품위 있는 소년은 어린 나이에 벌써 이마에 주름이 있지만, 단지 3년 동안 한 공부로 60년간 심오한 명상을 한 것보다 많은 지식을 가졌다. 그가 과학의 이름으로 과학을 위해 살 수 있도록 하라! 2년만 지나면 에바리스트 갈루아는 위대한 과학자가 되어 있을 것이다. 그러나 경찰은 이 역량 있고 괴팍한 과학자가 존재하기를 원하지 않는다.[9]

갈루아의 여동생이 자주 방문했지만 같이 복역한 죄수 중에는 갈루아를 경멸한 사람도 있었다. 라스파이유가 말하길 갈루아가 자살을 시도하였는데, 다른 죄수들이 갈루아를 붙잡고 무기를 빼앗아 저지시켰다고 한다. 1832년 봄, 파리에는 콜레라 전염병이 심각했다. 감염의 위험을 낮추기 위해 어리거나 건강이 안 좋은 죄수를 다른 곳으로 이감시켰는데, 3월 16일 갈루아는 감염되어 병원으로 갔다. 이곳에서 갈루아는 담당 의사의 딸인 스테파니를 보고 사랑에 빠졌다. 그녀 역시 처음에는 갈루아에게 호감을 느낀

듯하지만, 정열적인 애착에 부담을 느꼈고, 갈루아는 낙심했다. 학문적 성취가 거부당하고, 국가로부터 거부당하고, 사랑했던 아버지를 잃은 갈루아의 분노를 만족시킬 만한 것은 이제 오직 공화제에 대한 이상 밖에 남지 않았다. 갈루아는 죽기 한 달 전인 1832년 4월 29일 풀려났다.

갈루아가 치명적인 부상을 입은 결투가 어떤 이유로 인해 벌어졌는지 수학사가들마다 서로 다른 이야기를 하는데, 이렇게 젊은 나이에 결투로 죽은 천재가 갈루아만 있는 것은 아니다. 미하일 레르몬토프(Mikhail Lermontov; 1814~1841)는 인기 있는 러시아의 시인이자 작가로서 26세의 나이에 결투로 죽었으며, 역시나 러시아의 시인인 푸시킨(Aleksandr Sergeevich Pushkin; 1799~1837)도 37세에 결투로 죽었다. 이 두 사람은 강력한 연적이 있었으며, 결투가 상대를 신속히 해치울 수 있는 방법이었기 때문에 선택했지만, 갈루아의 경우 이 부분이 분명치 않다. 그는 매우 어렸고 어떤 이유가 있었는지 분명치 않다. 여러 이야기가 있지만 확실한 것은 이른 아침 그가 결투를 했고, 길가에 남겨졌으며, 이후 죽었다는 것이다. 이 결투의 원인을 설명하는 여러 버전의 이야기를 요약하는 내신, 라우라 토티 리가텔리(Laura Toti-Rigatelli)가 쓴 갈루아 전기의 내용을 소개하며 이번 절을 마친다. 혁명가로 살았던 갈루아를 느낄 수 있을 것이다.[10]

5월 7일, 갈루아는 인민의 벗에 참석했다. 이 단체는 최근 몇 달간은 회합을 갖지 않았지만 새로운 사건에 대응하기 위해 모임을 갖게 되었다. 전 왕비(샤를 10세의 아내를 가리키며 해외에서 살고 있었다)가 프랑스에 나타난 것이다. 12세인 그녀의 아들이 프라하에 살고 있었는데, 그를 가르치고 있던 사람은 구왕조의 열렬한 지지자였던 수학자 코시였다. 그는 바로 앞에서 갈루아의 첫 번째 논문과 관련되어 소개된 바로 그 사람이다. 전 왕비가 프랑스에 나타난 것은 왕당파에게는 혼란을 가져오고 공화주의자들에겐 행동을 할 기회를 제공한 것이었다. 폭동을 일으킬 명분이 필요했다. 갈루아는 '만약 시체가 필요하면 나의 몸을 사용해달라'고 말했다. 그는 동료였던 L. D.와 결투를 계획했다. 모든 사람이 갈루아의 계획에 동의한 것은 아니지만, 장례식을 이용하자는 데에는 동의한 채 다음 모임을 기약했다. 5월 29일, 갈루아는 L. D.와의 계획을 실행하기로 결심하고, 마지막 편지를 썼다.

6월 1일, 신문에 갈루아의 죽음이 보도된 날, 폭동을 준비하기 위함 모임을 가졌다. 6월 2일 정오, 약 3,000명의 사람들이 갈루아의 장례식을 위해 몽파르나스 공동묘지에 모습을 드러냈다. 그들은 무덤에 관을 내린 후에 경찰을 공격하며 폭동을 일으키기로 하였다.

경찰은 병력을 강화시켜 경계를 하고 있었는데, 인민의 벗 지도자들이 장례식을 치르는 도중 중요한 소식이 전해졌다. 나폴레옹 때 프랑스군의 원수로 임명되었던 라마르크 장군이 죽었다는 것이다. 며칠 후에 있을 그의 장례식에는 훨씬 더 많은 군중이 감정이 격해진 채 모일 것이다. 그날 폭동을 일으키는 것이 더욱 좋은 기회가 될 것이다. 결국 새로운 결정이 내려졌고 갈루아의 장례식은 사고 없이 마무리됐다. 스무 살의 죽음은 혁명과 무관해졌다. 그러나 수학에 있어서 그의 업적은 영원할 것이다.

갈루아가 태어나고, 그의 아버지가 시장을 지냈던 마을인 부르라렌의 묘지에는 갈루아 부자의 기념비가 세워져 있다. 혁명과 함께 했던 갈루아의 삶에 대한 이야기는 전혀 없고 단순하게 '에바리스트 갈루아, 수학자(1811~1832)'라고만 적혀 있다.

Symmetry and **3**
the Monster

무리수 해

탈레스에게 있어서 중요한 질문은 우리가 무엇을 아는가가
아니라, 어떻게 그것을 알게 되었는가였다.

아리스토텔레스

갈루아의 업적이 대단한 이유는 그 안에 포함된 대담하고
새로운 아이디어 때문이다. 비록 그가 죽을 때까지 아무도 그의
아이디어를 이해하지 못했지만, 다행스럽게도 결투 전날 밤에
쓴 편지는 출판될 수 있었고, 1846년 유명한 프랑스 수학자인
조제프 리우빌(Joseph Liouville; 1809~1882)이 주석을 붙여 재출판하였다.
갈루아의 아이디어를 설명하기 전에 2장에서 살펴봤던
방정식인 $x^2-x-2=0$을 다시 살펴보자. 이 방정식은 $(x-2)(x+1)=$
0으로 인수분해되므로, 이 방정식을 푸는 것은 $x-2=0$, $x+1=0$ 두
개의 방정식을 푸는 것으로 바뀐다.
　이런 식으로 인수분해를 통해 더 작은 차수의 (유리수 계수)

방정식으로 분해할 수 없는 방정식을 기약이라고 부른다. 황금비와 관계된 방정식을 예로 들어보자. 황금비는 인간의 눈에 심미적인 즐거움을 주는 최적의 비율로서 미술과 건축뿐 아니라 자연에서도 흔히 찾아볼 수 있다. 황금비에 대한 내용은 이미 기원전 300년경에 쓰인 유클리드의 『원론』 제6권($\Sigma\tau o\iota\chi\varepsilon\tilde{\iota}\alpha$, 스토이케이아)*에도 나오는데, 다양한 방법으로 정의할 수 있다. 유클리드는 정사각형 하나와 직사각형 하나를 이용하였는데, 우리는 이를 조금 변형시켜 소개하고자 한다. 직사각형 모양의 종이를 하나 생각하는데, 한쪽 끝을 정사각형 모양으로 잘라내자. 남은 직사각형의 가로, 세로 비율이 원래 직사각형의 세로, 가로 비율과 같은 경우 이 비율이 바로 황금비가 된다.

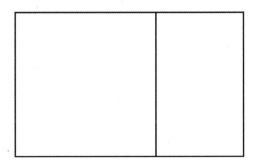

이탈리아의 초기 르네상스 시기에 루카 파치올리(Luca Pacioli; 1447~1517)라는 수학자는 자신이 쓴 책에서 이 비율을 '신성한

---

* 1~13권까지 이르는 책으로 제1권에서 제6권까지는 제5권을 제외하고 평면기하가 들어 있다. — 옮긴이

비율'이라고 불렀다. 이 책은 레오나르도 다 빈치(Leonardo da Vinci; 1452~1519), 알브레히트 뒤러(Albrecht Dürer)와 같은 동시대의 화가들뿐만 아니라, 조르주 쇠라(Georges Pierre Seruat), 폴 시냐크(Paul Signac)와 같은 신인상주의 화가들에 이르기까지 많은 예술가들의 작품에 영향을 미쳤다. 황금비는 두 정수의 비로는 표현할 수 없지만, 피사의 레오나르도(Leonardo of Pisa; 1170~1240-1250) 또는 레오나르도 피보나치(Leonardo Fibonacci)라고 알려진 중세 시대의 수학자가 발견한 수열에 의해 근삿값을 계산할 수 있다. 피보나치는 르네상스 시대보다 확실히 앞선 1200년경에 유럽에서 출판되는 최초의 독자적인 수학책을 썼다. 피보나치는 북아프리카에서 자라면서 아라비아 전통의 수학을 배웠다. 그는 이집트, 시리아, 그리스, 시칠리아, 프로방스를 방문하였고 후에 피사에 정착하였다. 그가 쓴 『산술책(*Liber abaci*)』에는 오늘날 사용하는 힌두-아라비아 숫자와 기수법(일, 십, 백, …)이 소개되어 있다. 이 책에서는 이윤, 환전, 무게 측정과 같은 실용적인 문제를 주로 다루었지만 다음과 같은 순수 수학적인 문제도 포함되어 있다.

> 사방이 벽으로 둘러싸인 곳에 한 쌍의 토끼가 놓여져 있다. 각 쌍의 토끼는 둘째 달부터 시작해서 매달 한 쌍의 토끼를 낳는다고 할 때, 1년 후에는 총 몇 쌍의 토끼가 있겠는가?

각 달마다 토끼 쌍의 개수는 처음 두 항을 제외하고 각 항이 이전

두 항의 합이 되는 수열을 이룬다.

$$1, 1, 2, 3, 5, 8, 13, 21, 34, 55, 89, \cdots$$

이 수열은 피보나치 수열이라 불리며 자연 현상에서 다양한 형태로 등장한다. 예를 들어 꽃잎의 개수는 피보나치 수열 중 하나가 되려는 경향이 있다. 많은 꽃들이 5장의 꽃잎을 갖고, 어떤 꽃은 3장, 어떤 꽃은 8장이나 13장의 꽃잎을 갖는다. 데이지는 종에 따라 21장이나 34장의 꽃잎을 갖고 해바라기는 55장의 꽃잎을 갖는다.

피보나치 수열에서 이웃한 두 항의 비율을 차례로 계산하면 13/8, 21/13, 34/21, 55/34, …, 이 되는데, 이 수는 황금비에 무한히 가까워진다. 덴마크 작곡가인 페르 뇌고르(Per Nørgård)는 이에 영감을 받아 〈황금 화면으로의 여행〉이라는 곡을 작곡하였다. 이 작품의 1악장에서 그는 황금비에 이르는 박자의 비율을 만들어 내기 위해 피보나치 수열의 수를 박자로 이용하였다. 2악장에서는 청자들이 '황금 화면'을 통과하여 현악기와 목관악기에 의해 연주되는 조화로운 선율을 듣게 된다.

황금비의 정확한 값은 다음 방정식을 이용하여 계산할 수 있는데, 이때 x가 황금비를 나타낸다(부록 1 참조).

$$x^2 - x - 1 = 0$$

이 방정식은 1차식으로 인수분해되지 않는다. 즉, 기약이고 두 근은 각각 $\frac{1+\sqrt{5}}{2}$와 $\frac{1-\sqrt{5}}{2}$이다. 여기서 제곱근 앞에 양의 부호가 붙은 것이 황금비로서 약 1.618의 값을 갖는다. 두 근 모두 정수의 비로 나타낼 수 없기 때문에 우리는 이러한 수를 무리수*라고 부른다. 무리수라는 말은 비합리적이거나 비논리적이라는 뜻이 아니라 단지 비율을 뜻하는 *ratio*에서 파생된 말이다. 두 정수의 비로 표현되는 수를 유리수라고 부른다.

무리수의 존재를 제일 처음 알아차린 이들은 피타고라스를 추종했던 사람들이 이탈리아 남부 크로토네에 살며 결성했던 피타고라스 학파였다. 그들은 우주의 모든 것은 정수와 유리수로 표현된다는 믿음이 있었는데, 정사각형의 한 변의 길이와 대각선의 길이의 비가 유리수가 될 수 없음을 알고 당혹스러웠다. 무리수의 발견은 음악적인 조화처럼 자연은 유리수에 기반해야 한다는 그들의 생각을 뒤엎어버렸다. 형제애는 흔들렸고 이 새로운 지식을 널리 알리려던 사람은 추방되어야 했다. 출처가 불분명한 이야기에 따르면 추방이 아니라 침묵을 위해 바다에 수장시켰다고도 한다. 하지만 결국 무리수의 존재는 널리 알려지게 된다.

위 방정식에서 두 근의 제곱근 앞의 부호를 바꾸면 두 근이

---

* 유리수는 영어로 rational number, 무리수는 영어로 irrational number라고 쓴다. 여기에서 rational이라는 단어는 비율을 뜻하는 ratio에서 파생된 것으로, "두 정수의 비율(ratio)로 표현될 수 있는"이라는 뜻을 갖는다. 고대 그리스 시대의 초기에는 모든 수가 유리수인 것으로 알고 있었기 때문에, rational이라는 단어가 '합리적인', '논리적인'이라는 뜻을 갖게 되었고, 그 반대말인 irrational이라는 단어는 '비합리적인', '비논리적인'이라는 뜻을 갖게 되었다. — 옮긴이

서로 뒤바뀌게 된다. 갈루아는 바로 이 '무리수 근을 서로 바꾸는 것'에 집중했는데, 서로 바꿀 수 있는 근들의 집합과 그 구조를 조사함으로써, 주어진 방정식의 근이 제곱근, 세제곱근 등으로 표현될 수 있는지 결정할 수 있었다. 이 내용은 잠시 후에 자세히 설명하도록 하겠다.

사물을 서로 바꾸는 것은 오래전부터 마술사들에게 사랑을 받아온 트릭이다. 내가 어렸을 때 아버지께서는 마술을 보여주시곤 하셨는데, 이 중 하나가 이 상황을 잘 설명해줄 수 있을 것 같다. 두 개의 나무 받침대가 있고, 그 위에 역시 나무로 만든 납작한 토끼 모형이 하나씩 올려져 있었는데, 하나는 흰색, 하나는 검은색으로 칠해져 있었다. 각각의 토끼 위에 녹색 보자기를 씌운 다음 마법의 주문을 외우면 토끼가 반대쪽으로 이동하는 마술이었다. 즉, 흰 토끼는 왼쪽에 있었는데, 오른쪽 보자기를 들어 올리자 그곳에 흰 토끼가 나타났고, 이번엔 왼쪽 보자기를 들어 올리자 그곳에 검은 토끼가 나타났다. 아버지는 여러 번 반복해서 이 마술을 보여주셨고, 그때마다 토끼는 계속해서 자리를 바꾸었다.

여러 번 반복하니 마술의 트릭을 알 것 같았다. 사실은 토끼가 자리를 바꾸는 것이 아니라 보자기 안에서 뒤집어 놓는 것이다. 각각의 토끼는 한 면은 검은색으로, 다른 면은 흰색으로 칠해져 있었던 것이다. 하지만 이것은 함정이었는데, 내가 이 트릭을 알아차렸다고 생각한 순간 갑자기 나는 바보가 되고 말았다. 마지막에 두 개의 보자기를 동시에 들어 올리자 노란 토끼와 빨간 토끼가 나타난 것이다!*

이 이야기를 갈루아 이론과 연결지어 설명하면, 검은 토끼와 흰 토끼는 각각 2차 방정식의 한 무리수 근에 대응한다. 한 근이 각각 $\frac{1+\sqrt{5}}{2}$ 이면 다른 근은 $\frac{1-\sqrt{5}}{2}$ 이어야만 한다. 이 둘은 마치 동전의 양면과 같이 함께 존재하는데, 방정식에 의해 숨겨져 보이지 않는다.

물론 갈루아는 근의 개수가 두 개보다 많은 높은 차수의 방정식도 연구하였다. 즉, 그는 흰색과 검은색 토끼뿐 아니라 빨간색과 노란색 및 기타 다른 색의 토끼를 다룬 것이다. 색깔이 많아지면 많아질수록 서로 바꿀 수 있는 가짓수도 많아지는데, 갈루아는 교환의 복잡도에 초점을 맞추었다. 결국 이렇게 증가하는 복잡도로 인해 5차 이상의 방정식에 대한 근의 공식을 구하는 게 불가능해진다.

갈루아는 기약방정식의 근은 무리수이어야 하고, 근의 개수는 방정식의 차수와 일치해야 함을 알았다. 2차 방정식은 두 개의 근을 갖고, 3차 방정식은 세 개의 근을 갖는 식이다. 이는 1815년에 가우스에 의해 증명된 '대수학의 기본 정리'에도 부합되는 결과였다.

무리수 근은 마치 양자 물리학의 쿼크처럼 여러 개가 짝을 이루어 나타나고, 이 짝을 이루는 근들 사이에는 대칭성이 존재한다. 갈루아의 천재성은 방정식의 근 자체보다는 이 대칭성을

---

* 나무판 밑에 빨간 토끼와 노란 토끼가 숨겨져 있었다. 마지막에 나무판과 토끼 전체를 뒤집어 희고 검은 토끼를 나무판 밑에 숨기고, 숨겨져 있던 토끼가 나타나게 한 것이다. — 옮긴이

분석함으로써 근들을 마치 토끼처럼 서로 바꿀 수 있는 대상으로 다루었다는 데 있다.

여러 물건을 서로 바꾸는 것을 치환(置換, permutation)이라고 한다. 치환은 구슬을 꿰어 만든 목걸이나 탁자 주위에 둘러 앉은 사람들과 같이, 대상을 재배열하는 것을 의미하는 수학 용어이다. 이 용어는 '끈 위에 구슬 세 알을 나열하는 것에는 여섯 가지 치환이 있다'와 같이 배열하는 경우의 수*를 가리킬 때도 있고, '그 치환은 나머지는 그대로 두고 끝에 두 개의 구슬을 서로 바꾼다'와 같이 재배열하는 행위 자체를 가리킬 때도 있다. 우리 책에서는 재배열하는 행위 또는 연산을 의미하는 것으로 사용한다.

예를 들어 탁자 주위에 앤서니, 베아트릭스, 찰스 이렇게 세 명이 시계 방향으로 앉아 있다고 가정하자.

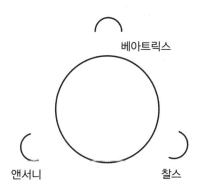

* 우리나라 고등학교 교육과정에서는 이러한 의미의 permutation을 '순열'이라고 부른다. 순열을 나타내는 기호 $_nP_r$에서 P는 permutation을 나타낸다. ─ 옮긴이

먼저 베아트릭스와 앤서니가 자리를 바꾸고 찰스는 그대로 앉아 있는다. 이것이 첫 번째 치환이다. 그 다음에 베아트릭스와 찰스가 자리를 바꾸고 앤서니는 그대로 앉아 있는다. 이것이 두 번째 치환이다. 이 두 개의 치환을 연달아 행한 결과는 원래 있던 자리에서 각 사람이 자신의 왼편으로 자리를 옮긴 것과 같다.

갈루아는 바로 이러한 치환들의 집합과 그 구조를 연구하였는데, 두 개의 치환을 연달아 시행하면 집합에 속하는 또 다른 치환이 된다. 그는 이러한 구조를 갖는 집합을 군(群, group)이라고 불렀다. 군은 어떤 고정된 패턴을 형성하는 부분들 사이의 치환을 생각할 때 자연적으로 발생한다. 만약 두 치환이 모두 해당 패턴을 보존하면 이 둘을 연이어 시행해도 해당 패턴은 보존될 것이다.

갈루아는 주어진 방정식에 대해 무리수 근을 교환하는 치환들의 군을 생각함으로써, 근을 구체적으로 표현하는 문제에 대한 기술적인 어려움을 피해갈 수 있었다. 무리수 근끼리 서로 바꾸는 치환의 가능성에 집중함으로써, 그는 매의 눈으로 바라볼 수 있었는데, 이러한 발상이 기술적 어려움을 피하고 핵심 문제에 집중할 수 있게 해주는 수학의 마술이다. 갈루아는 자신의 출간되지 못한 논문의 서문에 이렇게 적었다.

계산의 천재였던 오일러* 이후로 계산은 점점 더

---

* 오일러(Leonhard Euler; 1707~1783)는 웬만한 계산은 암산만으로 할 수 있었는데, 저녁 식사를 준비하는 동안 복잡한 계산이 포함된 논문 한 편을 완성했다고 전해진 다.

필요해졌지만 점점 더 힘들어졌다. … 따라서 우리는
여러 연산을 한꺼번에 포용할 필요가 있다는 것에 점점
더 확신을 갖게 된다. 우리의 마음이 세부적인 것을 보기
위해 멈춰 있어서는 안 되기 때문이다.

연산들을 그 형태와는 무관하고, 연산의 어려운
정도에 따라서만 분류하고 무리짓는 계산 작업에 감히
착수하려고 한다. 내 생각에 이것은 미래의 수학자들이
해결해야 할 임무이고, 이 논문에서 그 길의 시작을
제시하려고 한다.[11]

주어진 방정식에 대하여 갈루아는 가능한 치환들을 모두 묶어
군을 구성하였다. 지금은 이것을 갈루아 군이라고 부른다. 갈루아
군은 현대 수학의 핵심 이론이 되었으며, 대수 방정식의 근에 대한
논의를 넘어서서 정수론에서도 핵심적인 역할을 수행하고 있다.

갈루아 이론의 핵심은 하나의 군을 더 단순한 군들로 분해하는
아이디어에 있다. 이 과정을 반복하면 결국 더 이상 분해되지 않는
군들에 이른다. 이것을 우리 주변의 보다 친숙한 대상을 분해하는
것에 비유해보자. 예를 들어 차 한 대를 분해하면 굉장히 많은 수의
부품들이 나올 텐데, 이것을 정리한 부품 목록을 살펴보자. 어떤
부품은 볼트와 너트처럼 아주 단순할 것이다. 하지만 어떤 부품들은
피스톤, 엔진처럼 아주 복잡할 것이다. 치환군에 있어서 가장
단순한 역할을 하는 것은 소수 위수의 순환군이다.

회전이나 치환과 같은 연산을 하나 취한 다음, 모든 것이 처음 상태로 되돌아올 때까지 이 연산을 반복 수행하자. 이때 연산을 수행한 횟수를 이 연산의 위수(order)라고 부른다. 예를 들어 거울 대칭은 위수가 2이고, 90도 회전은 위수가 4이다. 하나의 연산에 의해 생성되는 군을 순환군(cyclic group)이라고 부르는데, 군의 크기는 이 연산의 위수와 같게 된다. 예를 들어 크기가 2인 순환군은 위수가 2인 연산에 의해 생성된다. 연산이 구체적으로 무엇이었는지는 중요하지 않고, 위수가 2인 연산은 거울 대칭, 180도 회전, 한 쌍의 대상을 교환하는 치환 등 여러 형태가 될 수 있다. 수학자들은 그 연산이 구체적으로 어떻게 표현되는지 신경쓰지 않고 추상적으로 다룬다. 여기에 군론(group theory)의 중요한 점이 있다. 군을 생각할 때에는 그것이 제일 처음 발생한 방법은 조용히 무시하는데 이는 그것이 다른 방법으로도 일어날 수 있기 때문이다. 군을 생성한 연산의 위수가 소수인 경우에는 이 군을 소수 순환군이라고 부른다.

군 중에서 순환군은 가장 기본적인 구조를 갖고 있지만, 소수 순환군은 그중에서도 더욱 기본적이다. 각각의 소수 $p(p = 2, 3, 5, 7, 11, \cdots)$마다 그 크기를 갖는 순환군이 정확히 하나 존재한다. 많은 군들이 소수 순환군으로 분해될 수 있지만 항상 그런 것은 아니다*. 어떤 군이 소수 순환군으로 분해될 수 있고 어떤 군이 불가능한지 구별하는 것은 갈루아 이론의 핵심이다. 갈루아는

---

* 하나의 군을 그보다 작은 군으로 분해하는 것은 군의 크기뿐만 아니라 그 구조에 의해서도 영향을 받는다. 같은 크기를 갖는 군이라도 어떤 군은 더 작은 군으로 분해가 되지만 어떤 군은 분해가 되지 않을 수 있다. ― 옮긴이

방정식으로부터 치환군을 얻은 다음 이를 가능한 한 더욱 단순한 부분군으로 분해하였다. 갈루아가 그 치명적인 결투가 있기 전날 밤에 쓴 편지에는 다음과 같이 적혀 있다. "만일 이들 각각의 군이 소수 개수의 치환을 갖는다면 그 방정식은 거듭제곱근을 이용하여 풀릴 수 있을 것이고, 그렇지 않으면 풀릴 수 없다."[12] 다시 말해서 주어진 방정식의 갈루아 군이 소수 순환군으로 분해 가능하면 방정식의 근은 제곱근, 세제곱근 등을 이용하여 표현할 수 있다.

여기에서 흥미로운 결론을 도출할 수 있다. 대수학의 기본정리에 따르면 모든 방정식은 근을 갖는다. 루피니와 아벨에 의하면 5차 방정식 중에는 근을 제곱근, 세제곱근 등을 이용해 나타낼 수 없는 경우가 있다. 따라서 다음과 같은 결론을 피할 수 없다. 방정식 중에는 갈루아 치환군이 소수 순환군으로 분해될 수 없는 것이 있다. 이로부터 소수 순환군이 아닌 단순군이 존재한다는 것을 알 수 있는데, 갈루아는 이에 대해 이렇게 적었다. "단순군 중 크기가 소수가 아니면서 제일 작은 것의 크기는 60이다."[13]

크기가 60인 이 군은 다섯 개의 원소를 갖는 집합에 대한 치환군 중 짝치환으로만 구성된 것으로, 앞으로 무한히 많이 등장할 비소수 단순군 중 첫 번째 위치를 차지하고 있다. 그런데 짝치환은 무엇이고, 그 반대말인 홀치환은 무엇일까?

짝치환과 홀치환을 구분하는 문제를 설명하기 위해 미국의 유명한 퍼즐 제작자였던 샘 로이드(Sam Loyd; 1841~1911)가 19세기에 발명했던 퍼즐을 하나 소개하고자 한다. 가로, 세로 각각 4칸, 16칸으로 구성된 사각 틀이 하나 있는데, 각 칸에는 옆으로 미끄러지는 15개의 타일이 있고, 한 칸은 빈칸으로 남겨져 있다. 이 타일에는 숫자나 문자 또는 그림이 그려져 있고, 각 타일은 무작위로 섞여 있다. 빈칸 옆의 타일을 움직여 빈칸과 위치를 서로 바꾼다.

로이드가 처음 제시한 퍼즐에는 각 타일에 1부터 15까지의 수가 적혀 있는데, 1부터 13까지는 제대로 된 순서대로 적혀 있고 14와 15만 서로 뒤바뀌어 적혀 있다. 이 퍼즐의 문제는 모든 수가 제대로 된 순서대로 적혀 있고, 빈칸은 오른쪽 아래 구석으로 가도록 만드는 것이다. 샘 로이드는 이 문제를 푸는 사람에게 상금으로 천 달러를 걸었는데, 요즘 시세로 환산하면 십만 달러(약 1억 천백만원)가 넘는 금액이다. 하지만 상금으로 이 돈이 지급되는 일은 없었다. 왜냐하면 이 문제를 푸는 것은 불가능하기 때문이다.

1	2	3	4
5	6	7	8
9	10	11	12
13	15	14	

이 문제를 푸는 것이 불가능한 이유가 바로 짝치환과 홀치환의 차이에 있다. 간단히 설명해보자. 퍼즐은 잠시 잊고 치환만을 생각해보자. 나머지는 그대로 놔 둔 채 두 개의 원소의 위치만을

맞바꾸는 것을 호환(互換, transposition)이라고 부른다. 예를 들어 탁자에 앉은 여섯 명의 사람들 중에서 나머지는 가만히 있고 두 명의 사람만 자리를 바꾸는 것이 호환이다. 적절한 순서의 호환을 연이어 수행하면 어떠한 치환이라도 얻을 수 있다.* 그런데 여기에는 놀라운 성질이 하나 있는데, 호환을 짝수 번 적용하여 얻는 치환은 홀수 번 적용해서는 절대로 얻을 수 없고 그 반대도 마찬가지란 점이다. 모든 치환은 짝치환이거나 홀치환이지만 이 둘이 동시에 될 수는 없다. 예를 들어 탁자 주위의 의자를 일곱 번의 호환을 적용하여 옮겼다면 홀치환을 수행한 것이다. 만일 누군가가 같은 배열을 여섯 번의 호환을 통해 만들 수 있다고 말한다면, 그것이 틀렸다는데 돈을 걸어도 좋다. 다섯 번의 호환을 통해 할 수는 있어도 여섯 번에는 절대로 불가능하다. 처음에 수행한 것이 홀치환이기 때문에 아무리 애를 써도 짝치환이 될 수는 없다.

이제 퍼즐로 되돌아 가보자. 14번 타일과 15번 타일을 교환하는 것은 한 번의 호환이고 따라서 홀치환이 된다. 하지만 빈칸이 오른쪽 밑 구석에 위치하게끔 하는 치환은 다음과 같은 이유에서

---

* 탁자 주위에 앉아 있는 사람들을 재배열하는 문제를 생각해보자. 현재 잘못된 자리에 앉아 있는 사람 중 한 사람을 A라고 하고, A가 옮겨갈 자리에 현재 앉아 있는 사람을 B라 하자. A와 B의 자리를 바꾸고 나머지 사람들은 그대로 있도록 하자. 처음에는 A, B 둘 모두 잘못된 자리에 앉아 있었지만, 이제 A는 제대로 된 자리를 찾았고, 따라서 자기 자리에 제대로 앉아 있는 사람의 수는 증가하였는데, 만약 B가 여전히 잘못된 자리에 앉아 있다면 1만큼 증가했을 것이고, B가 제대로 된 자리에 앉았다면 2만큼 증가했을 것이다. 이런 식으로 모든 사람들이 제대로 된 자리에 앉을 때까지 호환을 계속해 나간다. 예를 들어 여섯 명의 사람들이 탁자 주위에 앉아 있는 경우, 최대 다섯 번의 호환이면 어떠한 재배열도 가능하다.

짝치환일 수밖에 없다. 타일을 이동시킨다는 것은 빈칸과 이웃한 타일과의 호환을 의미한다. 퍼즐판의 16개 칸이 마치 체스판처럼 흰색과 검은색으로 칠해져 있다고 생각해보면, 한 번의 이동은 빈칸을 흰색에서 검은색 칸으로 옮기거나 검은색 칸에서 흰색 칸으로 옮기게 된다. 홀수 번 이동하면 빈칸이 차지하는 색깔이 바뀌어야만 하고, 따라서 빈칸이 처음과 같은 위치에 있다는 것은 짝수 번 이동시켰다는 뜻이다. 중간에 어떻게 움직이건 빈칸이 오른쪽 아래 구석에 위치해 있다는 것은 짝치환을 수행했다는 것이다. 따라서 나머지는 제 위치에 있고 두 개의 타일만 서로 바꾸는 것은 홀치환이기 때문에 불가능하다. 샘 로이드는 상금이 지급될 리 없다는 것을 알았던 것이다.

이 문제를 풀어본 사람이라면 누구나 마구잡이식으로는 해답을 얻을 수 없다는 걸 알게 된다. 이 퍼즐에는 10,461,394,944,000가지의 패턴이 있기 때문에 단순히 무작위로 타일을 옮겨서 원하는 배열을 찾기란 거의 불가능하다. 이것은 16개(15개의 타일과 빈칸)의 원소에 대한 짝치환의 개수와 일치한다.

이것은 16개의 원소에 대한 치환의 개수로부터 계산할 수 있다. 줄에 16개의 구슬이 꿰어져 있다고 생각하자. 사실 꼭 구슬일 필요는 없지만, 아무튼 구슬을 왼쪽부터 오른쪽까지 꿰는 가짓수를 세어 보자. 첫 번째 구슬을 선택하는 것에는 16가지 경우가 있고, 두 번째 구슬을 선택하는 것에는 15가지, 세 번째 구슬을 선택하는 것에는 14가지 경우가 있다. 이런 식으로 배열하는 전체 가짓수를 계산하면 $16 \times 15 \times 14 \times \cdots \times 2 \times 1 = 20,922,789,888,000$이 된다. 이것이 16개의 원소로 이루어진 집합에서의 치환의 가짓수이다. 이 중에 반은 짝치환이고, 나머지 반은 홀치환이기 때문에 짝치환의 가짓수를 구하기 위해 2로 나누면 $10,461,394,944,000$이 된다.

짝치환에 대해 반복해서 이야기하고 있는 이유는 원소가 다섯 개 이상인 집합에서의 짝치환들로 구성된 군이 단순군이기 때문이다. 5차 방정식은 다섯 개의 근을 갖는데, 많은 경우 이들 근의 치환군이 단순군으로서 한 덩이를 이루고 있기 때문에 소수 위수의 순환군으로 분해될 수 없다. 이는 방정식의 근이 제곱근, 세제곱근 등의 조합으로 표현될 수 없다는 뜻이고, 결국 5차 이상의 방정식에 대한 근의 공식이 존재하지 않음을 의미한다. 이것은 방정식의 근의 공식을 구하는 것이 불가능한 이유를 보여주는 우아한 방법으로서, 이번 장의 서두에 인용한 아리스토텔레스의 말처럼 무엇을 아느냐가 아니라 어떻게 아느냐를 보여주는 좋은 예라 할 수 있다.

다섯 개 이상의 원소에 대한 짝치환으로 구성된 군은 소수 순환군이 아닌 단순군으로서 더 이상 분해가 되지 않는다. 원소의 개수가 늘어남에 따라 이들 군의 크기는 급속도로 커지고 구조 역시 점점 더 복잡해진다. 다음 표에 원소의 개수에 따른 짝치환군의 크기가 표시되어 있다.

원소의 개수	5	6	7	8	9	10
짝치환군의 크기	60	360	2,520	20,160	181,440	1,814,400

이 책에서 우리는 단순군을 찾는 과정의 끝에 몬스터를 발견하고 모든 단순군을 분류해내는 이야기를 풀어낼 것이다. 사실 임의의 군을 포함하는 짝치환군이 존재하기 때문에 모든 단순군들은 짝치환군의 부분군으로 표현할 수 있다. 하지만 짝치환군은 너무 빨리 크기가 커진다. 이것은 마치 점점 더 거대해지는 세계 안에 아주 매력적인 대상을 포함하고 있는 것과도 같다. 지구에 비유를 하자면, 지구는 분해될 수 없고 여러 사물을 포함하고 있어서 가까이서 살펴보면 예를 들어 나무와 같은 흥미로운 대상을 포함하고 있다. 나무 역시 지구와 연결되어 있어 분해될 수 없고 나뭇잎과 같은 대상들을 포함하고 있다. 나뭇잎은 세포를 포함하고, 세포는 또 복잡한 분자들을 포함하고, 분자는 원자를 포함하고 있다.

이제 단순군에 대한 이야기를 해보자. 대부분의 단순군들은 몇 가지 유형 중 하나에 해당하지만, 유형에서 벗어나는 예외적인 단순군들이 발견될 때마다 수학자들을 놀라게 했다. 예를 들어 이 책의 후반부에는 100개의 원소에 대한 치환군으로부터 얻을 수 있는 예외적인 단순군 두 개가 소개되어 있다. 하나는 크기가 604,800이고, 다른 하나는 44,352,000이다. 이들의 크기가 커 보이지만 사실 이들 군이 살고 있는 세계와 비교해보면 무척이나 작은 편에 속한다. 이 두 개의 단순군을 부분군으로 갖는 짝치환군의 크기는 다음과 같다*.

---

* 이 값은 100!/2를 계산한 것이다. ─ 옮긴이

$$46,663,107,721,972,076,340,849,619,428,133,350,245,357,984,1$$

$$32,190,810,734,296,481,947,608,799,996,614,957,804,470,731,9$$

$$88,078,259,143,126,848,960,413,511,879,125,592,605,458,432,0$$

$$00,000,000,000,000,000,000,000$$

이 크기는 두 개의 부분군의 크기와 비교해보면 엄청나게 커서 크기가 44,352,000인 군보다 10^{150}배나 더 크다. 이 수가 너무나 커서 얼마나 큰지 가늠이 잘 안 되는 분은 이렇게 생각하면 좋을 것 같다. 이 비율은 현재 관측 가능한 우주의 크기와 원자 하나의 크기의 비율보다도 1조배에 1조배를 곱한 것보다도 더 큰 값이다.

그렇다면 이 거대한 치환의 우주 어딘가에 존재하는 이 불가사의한 단순군을 어떻게 찾아낼 수 있을까? 이들 단순군을 찾는 것은 건초 더미에서 바늘 찾기보다도 훨씬 더 어려운 문제인데, 그것은 이해의 영역을 벗어난 너무나 광대한 우주에서 전혀 알지도 못하는 대상을 찾는 것이기 때문이다.

우리는 지금 단순군을 찾고 있다는 것을 다시 한번 기억해두기 바란다. 단순군이 아닌 경우에는 마치 키트를 이용하여 부품을 조립하듯이 수학자들은 보다 단순한 군을 조합하여 해당 군을 만들어낼 수 있다. 이러한 조합 과정은 매우 교묘하다. 예를 들어 크기가 2인 군 4개를 조합하여 크기가 16인 군을 만드는 데에는 총 14가지 방법이 있다. 이것은 군의 크기에 비해 눈에 띄게 많은 개수의 서로 다른 군이 존재하는 경우에 해당하지만 단순군의

경우는 훨씬 희박하게 존재한다. 다음에 크기가 2,000보다 작은
단순군의 크기를 표시하였다*.

$$60 \quad 168 \quad 360 \quad 504 \quad 660 \quad 1,092$$

이 중 크기가 60인 것과 360인 것은 각각 원소가 다섯 개인
것과 여섯 개인 것의 짝치환군이다. 그 밖의 것은 마치 화학의
원소들처럼 '주기율표'에 속하는데, 이 부분은 나중에 다시
설명하겠다.

---

* 군의 크기가 소수이면 그 군은 반드시 소수 순환군이 되고 단순군이 된다. 하지만
이 경우는 그 구조가 너무 단순하기 때문에 수학자들의 관심을 끌지 못한다. 따
라서 수학자들이 단순군이라고 하면 소수 순환군을 제외하고 나머지 경우만을
일컫는 경우가 보통이다. — 옮긴이

Symmetry and the Monster

4 군

> 아름다움이 드러나는 주요 방식에는 질서, 대칭, 명료성이 있는데, 수학은 이 모든 것을 높은 수준으로 보여준다.
>
> **아리스토텔레스**

아직 군의 개념이 생소했던 19세기 중엽, 단순군을 찾기 위한 첫 번째 방법은 치환군을 살펴보는 것이었다. 이후 다양한 방법들이 고안되었지만 우리 역시 치환에서부터 시작하는 것이 좋을 것 같다. 이 방법의 핵심 아이디어는 치환을 여러 다양한 방법으로 제한하여 부분군을 얻는 것이다. 예를 들어보자.

네 명의 사람들이 사각 탁자에 둘러 앉아 카드 게임을 하고 있다. 이때 앉은 자리를 바꾸는데, 옆에 앉았던 사람이 (왼쪽이든 오른쪽이든 방향은 상관없이) 여전히 옆에 앉게 하는 경우는 몇 가지나 될까? 정답은 다음 그림과 같이 여덟 가지가 있다.

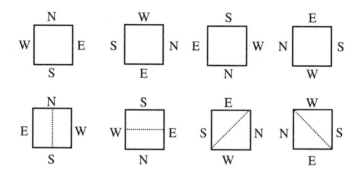

첫 번째 자리 배치를 회전시키거나(윗줄), 점선을 거울면으로 하여 위치를 교환하면(아랫줄), 조건을 만족하는 다른 배치를 얻을 수 있다. 이러한 자리 바꿈 '연산'들은 갈루아가 의미했던 군을 형성하는데, 두 연산을 연이어 적용한 결과가 다시 군에 포함되는 연산이 된다. 예를 들어 시계 방향으로 90도 회전시킨 다음 좌우를 바꾸면, 윗줄 첫 번째 배치가 윗줄 두 번째 배치로 바뀐 다음 아랫줄 네 번째 배치가 된다. 즉, 회전과 좌우 바꿈 연산을 합성하면 대각선 뒤집기 연산이 된다. 만약 연산을 적용하는 순서를 바꾸어, 좌우 바꿈을 먼저 하고 90도 회전을 나중에 하면 또 다른 대각선 뒤집기 연산(아랫줄 세 번째 배치로 자리 바꿈)이 된다. 이 예에서 두 연산을 적용하는 순서에 따라 결과가 달라짐을 알 수 있다.

네 사람이 서로 자리를 바꾸는 모든 치환으로 구성된 군은 크기가 24인데, 이 치환군으로부터 '이웃 관계'를 보존하도록 치환을 제한하면 크기가 8인 부분군을 얻는다. 여기서 8이 24의 약수라는 점을 주목하기 바란다. 이렇게 부분군의 크기가 원래 군의 크기의 약수가 되는 것은 우연이 아니라 일반적으로 성립하는 성질이다.

이것을 '라그랑주의 정리'라 부르는데, 라그랑주는 이미 앞에서 갈루아가 방정식 문제를 해결하는 데 큰 영향을 끼친 업적을 제공했던 사람으로 소개한 바 있다.

라그랑주의 본명은 주제페 로도비코 랑그랑기아(Giuseppe Lodovico Langrangia; 1736~1813)로 1736년 이탈리아 북부 토리노에서 태어나 그곳에서 자라났다. 토리노는 유서 깊은 도시로 1861년 이탈리아가 통일될 때 수도가 된다. 라그랑주가 살았을 때에는 사르디니아 왕국의 수도였는데, 사르디니아 왕국은 이탈리아 북부 일부와 사르디니아 섬을 영토로 포함하고 있었다.

라그랑주의 아버지는 재무부에서 일했으나 투기로 재산 대부분을 잃고 마는데, 이에 대해 라그랑주는 이렇게 말했다고 한다. '만일 내가 부자였더라면 수학에 일생을 바치지 못했을 것이다.' 어쨌거나 라그랑주는 가난했고, 수학에 전념했으며, 나이 서른이 되었을 때 프로이센 왕국의 프리드리히 대왕으로부터 베를린의 과학원 수학 의장직을 제안받는다. 프리드리히 대왕(볼테르는 그를 '철학의 왕'이라 불렀다)은 라그랑주에게 쓴 편지에서 '유럽에서 가장 위대한 왕'으로서 '유럽에서 가장 위대한 수학자'를 자신의 왕궁에 모시기를 원한다고 썼다. 그 자리는 최상의 근무 환경과 연봉을 보장했으며 라그랑주는 이에 매우 기뻐했다. 라그랑주는 결혼을 하고 곧바로 베를린으로 자리를 옮겼으며 거기서 그는 정수론에서부터 태양계의 안정성에 이르기까지 끊임없는 수학 논문을 작성하였다. 베를린에서 라그랑주가 쓴 대수 방정식에 대한 논문은 이후의 모든 후속 연구에 영감을 주었으며, 결국 갈루아의 연구로 끝을 맺게 된 것이다.

베를린에서 20여 년 동안 지낸 후 라그랑주는 프랑스로 자리를 옮기게 된다. 그의 아내도 죽고 후원자였던 프리드리히 대왕이 죽었던 시기에 프랑스의 루이 16세가 라그랑주를 파리로 초빙한 것이다. 1787년 파리로 자리를 옮긴 라그랑주는 루브르에 거처를 마련하고 곧이어 재혼하였는데, 상대는 저명한 천문학자의 딸로 아주 어렸다.

라그랑주가 파리에 도착한 지 2년이 안 돼 프랑스 대혁명이 발발하였지만, 그는 모든 파벌 싸움과 정치적 관계에서 벗어나, 베를린에서 했던 것처럼 연구에만 전념하였다. 이 덕분에 공포 정치 기간 동안에도 다른 사람들과는 달리 안전할 수 있었다. 위대한 화학자였던 앙투안 로랑 라부아지에가 단두대에 처형될 때 라그랑주는 이렇게 말했다고 한다. '그의 머리를 베는 것은 순간이지만, 그와 같은 화학자가 나오길 기다리는 데에는 100년의 시간도 부족할 것이다.' 라그랑주는 1813년 77세로 죽었는데, 그 당시 나폴레옹이 그를 상원 의원과 제국의 백작으로 임명한 상태였다.

치환에 대한 라그랑주의 연구는 그의 업적 중 매우 적은 부분에 불과했지만 그 정리는 매우 중요했다. 정리는 수학에 있어서 혈액과 같다고 할 수 있다. 정리란 참이라고 증명된 명제를 뜻하며, 정리 없이는 우리가 단단한 기초 위에 건물을 세운다는 확신을 할 수 없기 때문에 아무것도 얻을 수 없다. 만일 어떤 명제가 참인 것처럼 보여 그 위에 우리의 이론을 세웠는데, 나중에 그 명제가 거짓이라고 밝혀진다면 그 모든 체계가 무너지고 만다. 거짓된 명제를 참인 것으로 가정한 것에 기초하여 얻은 결과들은 모두 다시 증명해야만 한다. 수학자들은 이러한 부분에 매우 주의 깊게 행동한다. 중요한 결과, 즉 여러 곳에서 사용되는 결과는 모두가 만족할 정도로 증명되어야만 한다.

정리는 수학의 핵심이며 이것이 수학자들이 앞으로 나아가는 방식이다. 이러한 면에서 수학은 이론 물리학과는 다른 측면이 있다. 저명한 물리학자인 리처드 파인만(Richard Feynman; 1918~1988)은 이렇게 말했다. "물리학의 목적은 소수점 아래 숫자들을 정확히 계산해내는 데 있다. 이것 말고는 우리는 아무것도 한 게 없다."[14] 반면에 수학의 목적은 정리를 기술하고 증명하는 데 있다. 물론 몇몇 정리는 다른 정리보다 중요하고, 대부분의 정리는 구체화된 결과를 다루며 이들이 모여 수학의 풍경을 그려내고 있다. 이 풍경 중 일부는 수학자들의 관심에서 벗어나 대학 도서관 구석에서 먼지가 쌓이겠지만, 일부는 지속적인 관심을 얻는데 고대 그리스의 유클리드 기하학에 등장하는 많은 정리가 좋은 예가 될 것이다.

라그랑주의 정리로부터 흥미로운 질문이 제기된다. 예를 들어 크기가 60인 군이 주어져 있다고 가정하자. 그러면 15가 60의 약수이므로, 부분군 중 크기가 15인 것이 있을 가능성이 있다. 하지만 크기가 15인 부분군이 반드시 존재해야 할까? 일반적으로 군의 크기의 약수라고 해서 해당 크기의 부분군이 반드시 존재할 필요는 없다. 하지만 몇몇 중요한 경우에는 부분군의 존재성을 보장받을 수 있는데, 소수인 약수의 경우에는 그 크기를 갖는 부분군이 반드시 존재한다. 예를 들어 크기가 60인 군에 대해서는 크기가 2, 3, 5인 부분군이 반드시 존재한다. 왜냐하면 이들 숫자는 모두 60의 약수이면서 소수이기 때문이다.

이것은 1845년 코시에 의해 증명되었다. 갈루아의 이야기에 잠깐 등장하기도 했던 코시는 수학의 세계에서 선구자적인 역할을 해 왔으며 광범위한 분야에 관심을 가진 수학자였다. 코시는 검토를 위해 보내진 논문을 보고 재빠르게 그 결과를 개선해서 자신의 결과로 발표하곤 했다. 일례로 1847년 3월 1일, 가브리엘 라메가 '페르마의 마지막 정리(이미 그 당시에 200년 동안 증명되지 않은 오래되고 유명한 정리였다)'에 대한 증명을 발표하였다.[15] 라메의 증명은 아직 증명되지 않은 가설에 기반하고 있었는데, 몇 주 동안 코시는 이 가설을 증명하는 논문을 작성하여 발표하였다. 5월 24일, 독일 수학자인 에른스트 에두아르트 쿠머가 반례를 제시하여 라메의 가설이 잘못되었음을 보였다(따라서 페르마의 마지막 정리에 대한 증명은 잘못된 것이었다). 보통은 이런 상황에서 침묵하고 있었겠지만 코시는 그러지 않았다. 2주 후 쿠머의 결과를 일반화하는 논문을 발표하였던 것이다.

코시는 놀랄 만큼 생산적인 수학자였으며 엄청난 속도로 연구 논문을 써냈다. 프랑스 수학자들의 정기 회보인 《수학 보고서(Comptes Rendus)》는 연구 내용을 신속히 발표할 목적으로 짧막한 연구 노트들을 실어 발행하는데 아직까지도 발간되고 있다.

20년이 안 되는 기간 동안 코시는 이 회보에 589편의 연구 노트를 발표하였는데, 길이가 너무 길어 게재되지 않은 것을 포함하면 훨씬 많다. 코시는 이 밖에도 800편이 넘는 연구 논문을 발표하였다.

수학자로서 왕성히 활동했던 코시는 총명하지만 독선적인 면이 있었으며, 종교적으로는 보수적이었고 정치적으로는 충실한 군주제 지지자였다. 이런 면에서 코시는 정치적인 관점에서 갈루아(총명하지만 독선적이었고, 열렬한 공화제 지지자였다)와는 완전히 대척점에 위치해 있었다. 그러나 이 둘은 다소 다른 환경에서 자라났다. 코시는 프랑스 대혁명이 발발했던 1789년에 태어났으며, 1793년 공포 정치가 시작되자 이를 피해 파리를 떠나 프랑스 교외로 이주하였다. 이 사건으로 인해 코시는 혁명과 공화제에 대한 지속적인 혐오를 갖게 되었으며, 종교적 가치와 샤를 10세의 억압적인 군주제에 대한 지지자가 되었다. 그러나 이러한 보수적인 태도 뒤에는 그만의 지조가 있었다. 그는 1830년 7월 혁명에 의해 프랑스의 왕이 된 루이 필리프는 인정하지 않았으며, 충성 서약을 하는 대신 망명을 택하였다. 충성 서약에 별다른 압박이 뒤따르는 것이 아니었기 때문에 이를 거부한 것은 이상하게 보일지 모르지만, 코시에게 원칙은 무엇보다 중요했으며, 그는 저음에 프리부르로 갔다가 토리노를 거쳐 프라하로 샀다. 1838년에는 파리로 돌아갔는데, 충성 서약을 하지 않았기 때문에 대학에 임용되지는 못하고, 대신 과학원에 자리를 얻었다. 1848년 제2공화정이 시작되면서 충성 서약이 폐지되었고, 코시는 대학에 다시 돌아올 수 있었다. 4년 후인 1852년 다시 충성 서약이 도입되었지만 나폴레옹 3세에 의해 두 명이 면제되었는데, 그중에 하나가 코시였다(다른 하나는 저명한 물리학자인 프랑수아 아라고(Dominique François Arago)였다).

이상의 내용을 보면 코시는 꽉 막힌 사람처럼 보이지만 사실 그에게는 다른 측면이 있었다. 코시는 독실한 가톨릭 신자였으며, 미혼모와 범죄자 구제를 위한 자선 사업에 앞장섰다. 한번은 그가 살던 파리 근교의 작은 마을에 사는 가난한 이들을 위해 봉급 전체를 기부한 적도 있다. 그 마을의 시장이 코시에게 여분의 돈을 남겨두라고 간청했을 때 그는 이렇게 대답했다. '걱정마시오, 이것은 내 봉급일 뿐이오. 이것은 원래부터 황제 폐하의 것이었지 내 것이 아니었소.'

1857년 5월 초, 코시는 한 편의 논문을 과학원에 보내면서 1~2주 안에 추가 결과를 보낸다고 약속했으나 5월 22일에 사망하였다.

라그랑주와 코시의 연구 결과에 갈루아의 깊은 아이디어를 더하여, 치환군을 보다 일관되고 체계적으로 다룰 필요가 있었고, 이것을 잘 처리한 사람이 카미유 조르당(Camille Jordan; 1838~1922)이었다. 조르당의 직업은 아버지와 같은 기술자였으나 후에 파리의 수학과 교수가 되었다. 그의 연구는 광범위한 영역을 차지하는데, 그는 일변수가 서서히 변하는 양을 다루는 해석학에 대한 최고의 교과서를 저술하였다. 조르당이 1870년 발표한 『치환 및 대수 방정식에 대한 논문(Traité des substitutions et des équations algebraique)』은 이후 30년간 군론의 표준 참고서가 되었다.

조르당이 이 논문을 발표할 때 그의 나이는 32세였으며, 그 이후 52년을 더 살았는데, 그동안 그의 네 아들이 제1차 세계대전(1914~1918)에 참전하여 모두 사망했다. 그의 아내가 먼저 죽었으며 슬프게도 1922년 그가 84세의 나이로 죽을 때, 여덟 명의 자녀 중 세 명만이 살아 있었다. 조르당의 연구 업적은 이후의 수학자들이 건물을 지을 수 있도록 군론의 기초를 다졌다. 그의 강연은 청중들을 매료시켰으며, 그의 유명세는 프랑스를 넘어 세계로 전파되었다. 많은 외국 학생들이 그의 강의를 듣기 위해 모였는데, 그중 독일에서 온 펠릭스 클라인(Christian Felix Klein; 1849~1925)과 노르웨이에서 온 소푸스 리(Marius Sophus Lie; 1842~1899)는 후에 군론을 새로운 방향으로 이끌어 나갈 아이디어를 생산하였다. 우리는 잠시 후 이들을 만나 볼 것이다.

조르당은 이 논문에서 갈루아의 연구 결과를 설명하고, 어떻게 임의의 유한군을 보다 단순한 군으로 분해하는지 보여주었다. 이는 부분군을 찾는 데서 그치는 것이 아니라 둘 이상의 군을 결합하여 원래의 군을 만들어내는 방법을 찾는 것을 의미한다. 이러한 것 중 최소한 하나는 원래 군의 부분군이지만, 다른 짝은 마치 케이크처럼 다른 층에 지어질 수 있다. 맨 아래층에 부분군이 위치하며 다른 군은 마치 케이크 위의 장식처럼 그 위에 얹힌 것이다.

무언가를 보다 단순한 요소로 분해하는 것은 과학에서 지극히 기본적인 방법이고, 그 핵심은 그 구성요소를 가능한 한 단순하게 만드는 단계에 이르는 데 있다. 예를 들어 임의의 물질은 분자로 분해되고, 이것은 다시 더욱 단순한 분자로 분해되며, 결국 이 분해

과정의 끝은 원자 수준에 이르게 된다. 이 단계에 이르면 중간에 어떤 과정으로 분해하는 지와는 상관없이 언제나 같은 원자들의 모임을 얻게 된다. 조르당의 결과는 나중에 독일 수학자인 오토 루트비히 횔더(Otto Ludwig Hölder; 1859~1937)에 의해 확장되는데, 군에서도 이와 유사한 일이 벌어진다는 것을 보여준다. 즉, 어떠한 방식으로 군을 분해하든지 언제나 같은 단순군들의 모임을 얻게 된다. 여기서 단순군이 대칭에서 원자의 역할을 하게 된다.

크기가 큰 대부분의 군은 보다 단순한 요소로 분해되는데, 루빅스 큐브를 위한 대칭군은 좋은 예가 된다. 큐브의 각 면을 90도 회전할 때마다 꼭짓점 조각들은 꼭짓점 조각들끼리 치환이 일어나고, 모서리 조각은 모서리 조각들끼리 치환이 일어난다. 회전에 의해 일어나는 모든 치환군의 크기는 4,000경(4×10^{19})이 넘는데, 이 군은 8개의 꼭짓점 조각 사이의 치환, 12개의 모서리 조각 사이의 치환, 각 모서리 조각과 꼭짓점 조각을 뒤집어서 생기는 크기 2, 3의 순환군들로 분해될 수 있다. 루빅스 큐브는 대칭군의 크기가 매우 크기 때문에 그 퍼즐을 풀기가 매우 어렵지만, 군을 분해하여 퍼즐을 푸는 방법을 제시하는 것이 가능하다.

자 이제 1장에서 살펴보았던 정육면체의 대칭에 대해 생각해보자. 1장에서는 치환을 얘기하지 않았지만 임의의 대칭군은 치환군으로 여길 수 있는데, 정육면체는 이를 설명하기 좋은 예이다.

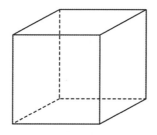

정육면체의 대칭은 8개의 꼭짓점끼리 치환을 일으킨다. 이때 꼭짓점이 치환되는 동시에 모서리와 면에서도 치환이 일어나기 때문에 정육면체의 대칭군은 8개의 꼭짓점 또는 6개의 면, 또는 12개의 모서리에 대한 치환군 등 여러 가지 방법으로 생각할 수 있다.

이는 문제를 복잡하게 만들기도 하지만 그만큼 흥미롭기도 한데, 수학자들은 추상화의 세계로 들어섬으로써 이러한 복잡함을 피하는 좋은 방법을 알고 있다. 이들은 추상화된 군을 연구함으로써 이것을 실행한다. 이러한 군은 치환이 되거나 운동이 되거나 일종의 변환으로 나타날 수 있다. 그러나 이것들은 모두 추상화하여 연구할 수 있으며, 이것이 정확히 몬스터가 발견된 방법이다.

몬스터가 치환군 또는 대칭군의 형태로 등장한 것은 아니지만 분명 그러한 모습으로 표현될 수 있다. 몬스터는 처음에는 방대한 연산의 모임으로 나타났다. 그중 일부는 연구가 필요했고, 일부는 구성해야 했으며(진짜 존재할까?), 또 일부는 이해해야 했었다. 수학자들이 무언가에 대해 '거기 있을 거야'하며 모호한 상태에서 점진적으로 정확한 시각을 갖을 수 있다는 사실에 대해 어떤 사람들은 매우 놀랄 것이다. 우리는 보통 수학자를 창조적인 예술가로 생각하지는 않지만, 어떤 면에서 수학자들이 하는 일이란 예술가가 하는 일과 많은 부분 공통점이 있다. 화가는 자신이 무엇을 그리려고 하는지 정확히 알고 있을지라도 그 결과를 얻는 것은 그리 쉽지 않다. 안무가는 어떤 효과가 필요한지 정확히 알고 있을지라도 음악에 발걸음을 맞추는 것은 전혀 다른 문제이다. 사실 추상화된 군은 춤에 비유할 수 있다. 군이 많은 다양한 방법으로 표현되는 것은 춤이 여러 춤꾼에 의해 추어지는 것과 같다. 수학자들은 종종 추상화된 군과 군을 나타내는 특정 방법을 구분하지 않는데 이것은 시인 예이츠(William Butler Yeats)가 〈학생들 사이에서(*Among School Children*)〉*의 마지막 구절에서 다음과 같이 노래한 것과 유사하다.

> 오 음악에 흔들리는 몸짓이여, 오 밝아지는 시선이여,
> 어떻게 우리가 춤과 춤추는 이를 구별할 수 있을까?

군을 완전히 추상화된 방법으로 다루는 것은 수학 교과서에서나 적절하지 우리에겐 불필요해 보인다. 우리는 그저 군을 치환과 같은 연산들로 구성된 것으로 생각하면 된다. 이 연산이 정확히 무엇을 하는지는 중요하지 않으며, 연산이 작용하는 대상에 따라 여러 다른 방법으로 표현될 수 있으며, 다양한 대상은 군을 이해하는

---

* 저자는 〈*Schooldays*〉에서 시를 발췌했다고 했지만 실제로 해당 시구는 〈*Among School Children*〉에 포함되어 있다. — 옮긴이

데 도움이 된다. 군을 음악에 비유해 보자. 하나의 음악에 가사를 붙이거나, 율동이나 춤을 출 수도 있고, 아니면 단순히 순수하게 음악만을 감상할 수도 있다. 이것은 군에서도 마찬가지다. 군은 대칭군으로 볼 수도 있고, 치환군 또는 변환군으로 볼 수도 있고 단순히 그 자체로 연구될 수 있다.

때때로 추상화된 군은 놀랄 만큼 서로 다른 모습으로 나타날 수 있는데, 군론의 연구자들은 이것을 흥미로워한다. 우리는 이미 좋은 예를 알고 있다. 다섯 개의 물체에 대한 짝치환을 모아 놓은 군의 크기는 60인데, 정이십면체의 회전군도 크기가 60이었다. 이 둘 사이의 연관성은 이례적인 것처럼 보이며, 이러한 이례성은 보다 큰 이례성을 만들어내고 기존의 예측된 패턴과 전혀 맞아 떨어지지 않는 몬스터와 같은 것들을 만들어내게 된다. 우리는 이러한 것을 후에 좀 더 살펴볼 것이다.

그동안 군론의 연구는 예상하지 못했던 방향으로 옮겨갔는데, 추후 단순군의 '주기율표'로 이어진다. 이 새로운 발견에는 한 노르웨이 목사의 아들인 소푸스 리와 연관되어 있다. 갈루아 이론과 마찬가지로 리 이론은 현대 수학의 핵심적인 부분이 되었다.

5

소푸스 리

별빛도 해가 뜨면 사라지듯이 이 세상의 어떠한 명성도
대수학 문제를 제기하거나 푸는 지혜 앞에선 보잘것없어진다.

브라마굽타(598~668)

과학자들 중에서 가장 유명한 사람들은 지금껏 꿈도 꿔보지 않은
방향으로 주제를 이끌고 가는 대담하고 새로운 아이디어들을 갖고
있었는데, 수학자들도 예외는 아니다. 갈루아도 그러한 사람 중
하나였지만, 또 다른 이로 소푸스 리를 들 수 있는데, 리의 작업은
군론을 본질적으로 새로운 기반 위로 옮겨 놓았다. 갈루아 이론을
미분 방정식에 적용하는 것을 목표로(이에 대해서는 나중에 다시
설명하겠다), 그는 한 연산이 점진적으로 다른 연산으로 변환되는
군을 만들어냈다. 이렇게 만든 군들은 크기가 무한이지만, 유한
단순군을 발견하는 데에도 엄청난 영향을 미치게 된다.

소푸스 리는 그의 업적에 걸맞은 품성과 체격을 지녔다. 최근에

한 전기 작가는 그를 가리켜 이렇게 평했다. "연극에 등장하는 전형적인 인물의 화신이었다. 거친 수염, 두꺼운 안경알에 확대된 반짝이는 청록색 눈, 원초적인 힘, 삶의 욕망이 가득한 거인, 대담한 목표와 불굴의 의지를 지녔다."[16]

소푸스 리는 1842년 노르웨이의 오슬로(당시에는 크리스티아니아로 알려져 있었다)에서 태어났지만, 아홉 살 때 아버지가 작은 마을의 목사로 임명되면서 해안 지방으로 이사하였다. 1년 후인 열 살 때에 어머니가 돌아가셨으며, 열다섯 살 때 학교에 진학하기 위해 집을 떠나 오슬로로 갔고 거기서 대학에 진학하였다. 학생 시절 소푸스 리는 훌륭한 체조 선수였는데, 체육관에 있는 나무로 된 말을 뛰어 넘기를 즐겼으며, 살아 있는 말의 등을 손으로 짚고 반대쪽으로 뛰어넘곤 하였다. 소푸스 리는 또한 먼 거리를 걸어 여행하기를 좋아했다. 하루에 80킬로미터를 걷는 것도 그에겐 평범했으며 60킬로미터 정도 떨어져 있는 가족의 집을 방문할 때에도 걸어 다녔다. 하루는 필요한 책을 가져오기 위해 집까지 걸어갔다 왔다고 한다.

학창 시절, 소푸스 리는 천문학을 전공했지만 졸업 전 마지막 해에는 공부에 지루함을 느꼈다고 한다. 1865년 12월 학부과정을 마칠 시점에는 무엇을 해야 할지 모르는 채 집으로 돌아갔다. 이듬해 3월, 친한 친구에게 쓴 편지에서 리는 다음과 같이 말하고 있다. "지난 크리스마스 전에 작별을 고할 때, 그건 마지막 인사라고 생각했네. 자살을 생각하고 있었거든. 하지만 지금은 그럴 힘도 없다네."[17] 리는 우울증으로 고생하고 있었지만 동시에 극도로 활동적이고 열정적일 수도 있었다. 그해 여름 리는 남부 지방으로 내려가 누이 부부와 함께 지냈는데, 매형은 의사로서 성공적인 의료 사업을 하고 있었다. 리는 그 마을에서 다방면으로 엉뚱한 행동으로 유명해졌고, 조카와 조카 친구들을 대상으로 수영 강습을 열었다. 리는 학생들을 데리고 배를 타고 노를 저어 피오르드*로 향했는데, 리는 선미에 앉아 같은 박자에 노를 젓지 않는 학생에게 물을 뿌려 댔다. 수영 강습의 속도를 높이기 위해서라며 리는 조카의 안전 띠를 벗겨내고 조카를 배 밖으로 밀어 넣었다. 피오르드를 따라 바람이 불었고, 조카는 해류를 따라 바다로 떠내려갔고 이윽고 눈에 보이지 않을 정도가 되었다. 다행히도 소푸스 리의 예측 불가능한 행동을 주시하던 주위 사람들이 조카를 따라가서 자신의 배 위로 끌어 올려 떨고 있는 작은 소년의 몸을 코트로 감쌌다. 리의 배가 옆으로 다가오자 리는 조카를 돌려 달라고 했고, 조카를 구한 사람들은 조카의 옷을 넘겨 달라고 요구하였다. 최근에 한 전기 작가는 이렇게 썼다. "소푸스 리는 그들에게 욕을 퍼붓고 조롱했으며, 조카를 보내주지 않으면 그들의 머리를 부숴버리겠다고 위협했다."[18] 그러나 결국 리는 그 사람들에게 옷을 건네주었고, 해안에 도착하자 모든 마을 주민이 그들을 보기 위해 몰려들었다. 후에 그 마을에서는 말 안 듣는 어린아이들을 겁주기 위해 엄마들이 이렇게 말했다고 한다. "말을 잘 듣지 않으면 소푸스

---

* 빙하로 만들어진 좁고 깊은 만을 말한다. 옛날 빙하로 말미암아 생긴 U자 모양의 골짜기에, 빙하기 종결 이후 빙하가 녹아 해안선이 상승하면서 바닷물이 침입한 것이다. ─ 옮긴이

리가 와서 잡아 간다!"

　이 시절에 리는 아직도 자신의 인생을 위해 무엇을 해야 할지 모르고 있었다. 그는 가르치기를 좋아했고 학생 때에는 개인 과외도 했지만 학교 선생님이 되는 것은 원치 않았다. 리는 당시 가장 좋아했던 과목인 천문학의 보조 교사로 일했지만 일자리를 얻는 데에는 실패했다. 천문학 교수는 그의 행동을 참아낼 수 없었으며 추운 날에 리가 체온을 높이기 위해 장비 위로 뛰어넘어 다니는 모습에 격분했다고 알려져 있다. 한번은 리가 관측소에 갇혔었는데 – 사고였는지 아닌지는 아무도 모르지만 – 2층 창문으로 뛰어내렸다. 결국 일자리를 잃긴 했지만 리는 천문학을 계속해서 좋아했고 천문학에 대한 대중 강연을 하곤 했다.

　리는 수학에 천천히 흥미를 갖게 되었으며 1868년 여름 오슬로에서 대규모의 학회가 있었다. 리는 그 자리에 참석해 프랑스, 독일, 영국, 이탈리아 수학자들의 최신 연구에 대해 들었다. 그때까지는 스스로 진행한 연구가 하나도 없었는데, 나중에 이렇게 적었다. "독창적인 과학적 연구를 해야겠다는 생각을 전혀 하지 않았다. 무엇보다도 수학 교육을 발전시키려는 생각을 하고 있었다. 나는 이 생각에 완전히 사로잡혀 있었다."[19]

　그해 가을, 리는 기하학에서 자신만의 연구를 시작했고 자비를 들여 논문을 출간했다. 리는 논문을 독일어로 번역하여 아우구스트 레오폴트 크렐레(August Leopold Crelle; 1780~1855)에 의해 1826년에 설립되고 베를린에서 편집되는 주요 학술지(《크렐레의 저널(Crelle's

Journal))에 게재하였다. 이로 인해 리는 보조금을 받을 수 있었으며 다음 해 가을 리는 베를린으로 건너갔다. 거기서 리는 펠릭스 클라인이라는 젊은 독일 수학자를 만났는데, 그는 후에 리의 가장 영향력 있는 후원자가 된다. 리와 클라인은 매우 생산적인 관계를 형성하게 되는데, 클라인은 수학의 큰 흐름에 맞는 새로운 이야기를 듣는 것을 좋아했으며 리는 자신만의 독특한 생각을 밀고 나가는 추진력이 있었다. 그 결과, 리가 클라인에게 자신의 생각을 이야기하고, 클라인은 반응하고, 리는 클라인의 반응에 응답하는 식의 매우 유용한 토의가 진행되었다.

1870년 초, 리는 파리로 건너갔고, 클라인도 나중에 합류하여 같은 호텔에 머물렀다. 리와 클라인은 파리에서 조르당을 만났는데, 치환군에 대한 조르당의 아름다운 논문이 막 인쇄되고 있을 즈음이었다. 그 방문은 매우 고무적이었지만 7월 중순 프로이센의 침공으로 인해 발발된 전쟁으로 인해 급작스럽게 끝을 맺어야 했다. 리와 클라인은 곧 파리를 떠났는데, 이는 매우 현명한 판단이었던 것이 9월에 프로이센 군대가 파리를 포위했기 때문이다. 포위는 계속해서 이어졌다. 국방부 장관은 기구를 타고 도시를 벗어나 프랑스 서부 투르에 위치한 망명 정부에 합류했지만 프랑스 군대는 포위를 풀 수가 없었고, 파리의 시민들은 식량 문제를 겪게 되었다. 겨울이 오자 동물원의 동물들이 경매로 팔려 나가 식량으로 쓰였다.

클라인은 곧바로 독일로 돌아갔지만 리는 이탈리아를 방문하여 루이지 크레모나(Luigi Cremona; 1830~1903)라는 수학자를 만났다. 리는 목표지점까지 걸어서 가려 했지만 프랑스 퐁텐블로에서 독일의 간첩으로 의심을 받아 체포되어 감옥에 들어갔다. 이와 관련된 여러 이야기가 있다. 리는 빗속에서도 옷을 젖지 않게 하기 위해 옷을 벗어 배낭 안에 넣어 가지고 다니곤 했다. 이것이 어느 정도 주의를 끌었을 것이다. 그리고 리는 노르웨이 노래를 부르며 다녔는데, 어떤 사람들에겐 독일어처럼 들렸던 것 같다. 그리고 리는 스케치북을 가지고 다니며 흥미로운 사물이나 풍경을 그리곤 했는데 이것도 주의를 끄는 원인이 되었다. 리의 수학 논문은 암호화된 메시지처럼 보였을 것이다. 선은 '보병대'를 나타내고, 구는 '포병대'를 나타내는 것으로 해석되었다. 리는 가스통 다르부(Jean Gaston Darboux; 1842~1917)라는 이름의 수학자 친구가 리를 풀어주라는 내용의 프랑스 내무부에서 발행한 편지를 가지고 올 때까지 한 달 정도 감옥에 갇혀 있었다.

12월에 마침내 노르웨이로 돌아갔을 때, 리는 프랑스를 걸어서 횡단하다 '독일 첩자'로 의심되어 붙잡힌 수학자로 유명해졌다. 리는 이 이야기를 하는 것을 즐거워했는데, 곧 진지하게 연구에 임하기 시작했고 다음 해 여름 뛰어난 박사 학위 논문을 완성하여 스웨덴에 얼마 전에 생긴 자리에 지원하였다. 이 소식을 들은 노르웨이 의회는 리를 위해 새로운 자리를 만들기 위해 논의를 시작하였다. 이를 위한 회의가 진행되던 중 리는 청중석에서 일어나 앞으로 나오려다 쫓겨나기도 했지만 모든 것은 잘 해결되었다. 이 사건은 투표를 통해 리의 능력을 확인해주는 완전한 기회였으며 리는 빠르게 수학계의 거물로 자리잡았다.

1886년 소푸스 리가 노르웨이를 떠나 라이프치히로 가기 바로 직전의 모습

리는 갈루아의 연구를 굉장히 존경했으며 갈루아가 대수 방정식에 대해 한 일을 미분 방정식에 대해서도 적용하길 원했다. 미분 방정식은 변화율을 포함하는 방정식으로 경제학, 공학, 물리학 등 여러 분야에서 폭넓게 이용된다. 갈루아가 연구했던 대수 방정식에서 방정식의 해가 유한개였던 것과는 달리 미분 방정식에서는 무한히 많은 해를 가질 수 있다는 점에서 큰 차이가

있다. 예를 들어 하나의 미분 방정식이 진동하는 현을 기술할 수 있지만 현의 어떤 지점이 고정되느냐에 따라 해가 달라지고, 이것은 연속적으로 변하여 무수히 많은 해를 만든다. 갈루아와 마찬가지로 리는 모든 해를 한꺼번에 생각하기를 원했고, 초기 매개변수가 변함에 따라 해가 어떻게 변하는 지를 살펴보았다.

이로부터 리는 하나의 연산이 서서히 다른 연산으로 변하는 '연속 변환군(continuous transformations)'에 도달하였다. 지속적인 변화는 무수히 많은 단계를 거치는데, 자동차를 가속시킬 때 한 속도에서 갑자기 다른 속도로 도약이 일어나지 않는 것처럼, 무수히 많은 작은 변화를 거쳐 진행된다. 따라서 리의 연속 변환군은 크기가 무한이 되는데, 이것이 유한 단순군을 찾는 데 유용하게 사용된다는 것은 놀라운 일이 아닐 수 없다.

'이것은 왜 그래야만 하는가?'는 흥미로운 철학적 질문이다. 물리학에 관한 질문도 비슷하다. 만약 우주가 아주 작은 양자로 구성되어 있고, 양자는 한 상태에서 다른 상태로 끊임없이 도약할 수 있다면, 그것을 기술하는 데 예를 들면, 끈이론과 같이 연속적인 수학을 사용할 수 있을까? 앞으로 7장에서는 비록 물리학은 아니지만 수학에서 무한에서 유한으로 돌아가는 방법을 알아볼 것이다.

미분 방정식에 대한 리의 연구는 다중차원(multidimensional) 기하학을 이용한다. 듣기만 해도 어렵게 느껴지는 이 이론은 전통적으로 미분 방정식을 공부해 온 수학자들 역시 따라잡기 어려워했다. 이처럼 처음에 사람들이 이해하지 못한 사정은 갈루아 시대와 같지만, 갈루아와는 달리 리는 자신의 방법을 설명하고 학생들을 독려할 수 있을 정도로 충분히 오래 살았다.

리는 방정식의 매개변수를 좌표로 다루면서 기하학을 도입하였다. 좌표를 이용해 기하학을 하는 것은 리보다 약 200년 전인 17세기 전반에 살았던 유명한 프랑스 철학자 르네 데카르트(René Descartes; 1596~1650)의 선구적인 연구로부터 시작되었다. 1637년 데카르트는 그 유명한 『방법 서설』을 발표하였는데, 라틴어가 아닌 프랑스어로 작성하였다.* 데카르트는 전문적으로 교육받지 않은 사람들도 자신의 논의를 좇아갈 수 있기를 바랐으며 모든 사람이 자연 이성에 의해 진실과 거짓을 구별할 수 있다고 믿었다. 『방법 서설』에는 부록으로 '기하학'이 있는데, 나머지 내용과 상관없이 독립적으로 이해할 수 있으며 데카르트는 여기에서 좌표계를 도입하고 있다. 직교 좌표계를 데카르트 좌표계(Cartesian Coordinate)라고도 부르는데 여기서 'Cartesian'은 데카르트의 이름에서 파생된 말이다.

---

* 『방법 서설』의 원래 책 제목은 『이성을 올바르게 이끌어 여러 가지 학문에서 진리를 구하기 위한 방법의 서설』이다. 이 책에는 세 개의 부록이 있었는데 그중 하나가 '기하학'이었다. 당시에는 학술서적은 라틴어를 사용하던 전통이 있었다. 이 책은 프랑스어로 쓰여진 최초의 철학책으로서, 프랑스어를 사용한 것만으로도 충분히 혁신적이었다. — 옮긴이

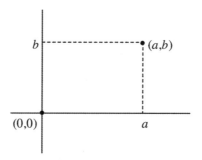

이것이 2차원에서 어떻게 작동하는지 살펴보자. 평면 위의
점마다 두 개의 수 a, b가 할당되는데 각각은 두 축으로부터의
거리를 의미한다.

3차원에서는 각 점에 세 개의 좌표(예를 들어 수평 좌표 두 개에,
수직 좌표 한 개)를 대응시키는데, 따라서 우리는 3차원 공간을 세
개의 실수 a, b, c의 순서 모음 (a, b, c)들의 집합으로 생각할 수
있다. 여기에서 4차원으로 넘어가는 것은 한 걸음만 더 나아가면
되는데, 각 점에 단순히 4개의 실수의 순서 모음 (a, b, c, d)을
대응시키면 된다. 이것을 한 번 이해하고 나면 쉽게 5차원, 6차원,
7차원 등으로 확장할 수 있다.

이것은 믿을 수 없을 정도로 간단하게 들리지만, 수학자들도
4차원 이상에서는 그림을 쉽게 볼 수 없음을 장담할 수 있다.
조각가처럼 대부분이 3차원에서는 능숙하지만 4차원은 완전히
또 다른 문제이다. 우리는 훈련을 통해 4차원에 익숙해질 수는
있겠지만 여기서 차원이 더 증가하면 그림은 불가능해진다. 그러나
우리는 유추를 통해 계속된 작업을 할 수 있다. 우리는 2차원
평면에서 3차원 공간으로 넘어가는 것이 무슨 의미인지 알고

있으며, 새로운 차원을 하나 더하는 것을 다소 형식화된 방법으로 생각할 수 있고, 그 다음에 또 하나의 차원을 더하는 식으로 생각할 수 있다. 예를 들어 평면에서는 평행하지 않은 두 직선은 만나야만 하지만 3차원에서는 반드시 그럴 필요가 없다. 2차원에서 3차원으로 넘어가는 것은 새로운 가능성을 열어 두는 것이고, 3차원에서 4차원으로 넘어가는 것도 이와 유사하다. 3차원에서는 직선과 평면이 평행하지 않으면 교차해야만 한다. 그러나 4차원에서 직선은 평면과 평행하지 않으면서도 만나지 않을 수 있다. 이것은 직선이 평면과 만나지 않고도 반대편으로 넘어갈 수 있다는 것처럼 들리는데, 용어를 사용함에 있어 주의 깊게 생각해봐야 한다. 3차원에서 직선이 공간을 둘로 나누지 않는 것처럼, 4차원에서도 평면이 공간을 둘로 나누지 않는다.

4차원 이상의 기하학이 우리의 현실과 어떤 관계가 있을지 물어보기 전에 먼저 우리에게 친숙한 2차원이나 3차원 유클리드 기하학에 대해 비슷한 질문을 해보는 게 좋을 것 같다. 유클리드 기하학에서 점은 크기가 없고 선은 두께가 없다. 이것은 무엇이 되었든 우주의 현실적인 기하학이 아니고 편의를 위한 추상화에 불과하다. 예를 들어 실세계에서 기본 입자들은 아무리 작더라도 어떤 유한한 크기를 갖고, 직선과 평면도 어떤 두께를 갖는다. 양자론(quantum theory)은 어떤 유한의 한계 밑으로는 더 작아질 수 없고 따라서 우리가 깨뜨릴 수 없는 입자성이 있음을 이야기하고 있다. 유클리드 기하에서 얘기하는 추상화 세계에서는 이런 의미에서 입자성이 없지만, 기하학은 여전히 유용하고 이것이 물리학과 일치하지 않는다는 이유로 일축하지는 않는다. 같은 관점에서 다중차원 공간을 우리가 인지할 수 없다는 이유로 일축해버려서는 안 된다.

다중차원 공간은 수학의 실용적인 응용에서도 매우 유용한데, 어떤 문제에서 제기되는 변수들은 어떤 자유도를 갖고 있고, 각각의 자유도가 새로운 차원을 만들어내기 때문이다. 만일 주어진 문제의 변수가 두 개 또는 세 개라면 2차원 또는 3차원 기하학에 의해 문제를 기술할 수 있을테지만, 변수의 개수가 늘어나면 3차원 이상의 기하학이 필요할 것이다. 리의 경우 하나의 방정식이 여러 개의 매개변수를 가질 수 있기 때문에 다중차원 공간이 필요하다. 현대 수학에서 이는 필수적이고 우리는 나중에 이에 대해 다시 살펴볼 것이다.

리가 대학에서 새로운 의장 자리를 수락한 다음 리는 활기차게 연구 프로그램을 추진하였다. 1872년 리는 클라인을 만나기 위해 독일 에를랑겐으로 갔다가, 크리스마스에는 열여덟 살 어린 숙녀와 약혼을 한 채 돌아왔다. 둘은 1874년에 결혼했다. 리의 연구는 원활하게 진행되었고 곧 지금은 리 군(Lie groups)으로 불리는 '유한, 연속군'의 개념에 도달하였다. 연속은 군의 각 변환이 연속적으로 변화한다는 뜻이고, 유한은 이러한 변화에 대한 자유도가 유한이란 뜻이다. 이를 다르게 표현하면 유한히 많은 좌표가 있고 리 군은 유한 차원이 된다.

예를 하나 들어보자. 중심이 고정된 원판을 하나 생각하자.

원판은 회전할 수 있고 하나의 회전은 다른 회전으로 서서히 변환될 수 있다. 이 회전들이 리 군을 이루고, 이 군은 기하학적으로 원으로 나타낼 수 있는데, 원 위의 한 점이 하나의 회전을 나타내는 것이다. 무회전을 나타내는 한 점을 출발하여, 원 위를 따라 점을 반시계 방향으로 옮기면 점차 회전 각이 증가하고, 이것은 출발점으로 되돌아올 때까지 계속된다. 원은 그 자신으로 되돌아오는 휘어진 곡선으로서 이것은 1차원 리 군의 예가 된다.

이제 차원을 높여서 평면 위에서 움직이는 물체를 생각해보자. 평면이 2차원이므로 이 물체를 평면 위에서 미끄러뜨려 움직이면 두 개의 자유도를 갖게 되고, 만약 이 물체의 회전까지 생각하면 세 개의 자유도를 갖게 된다. 평면 위에서의 미끄러짐과 회전을 포함한 모든 움직임들의 군은 3차원이 될 것이다. 평면 자체에 의한 두 개의 평평한 차원과 회전으로 인한 하나의 휘어진 차원을 갖는다. 기하학적으로 이들 움직임에 대한 군은 휘어진 3차원 공간이 되고 이 모습은 많은 훈련을 하지 않는 한 상상하기가 불가능할 것이다. 이것은 2차원 평면 위에서의 움직임에 관한 것이었다. 만약 2차원 평면을 3차원 공간으로 대체하면 상황은 훨씬 복잡해진다. 3차원 공간에서 움직이고 회전하는 테니스 공은 6개의 자유도를 갖기 때문에[20] 이 움직임을 기술하기 위해서는 6차원이 필요하다.

앞의 설명에서 리와 클라인이 기하학을 이용하고 있음을 이야기했지만 그들이 처음부터 그렇지는 않았음을 강조하고 싶다. 1870년에 클라인은 다른 수학자에게 쓴 편지에서 이렇게 말하고 있다. "우리는 기하학적인 구성이 주어진 상태에서 그 변환을 묻기보다는, 일련의 변환이 주어진 상태에서 기하학적인 구성을 묻는쪽으로 접근하고 있습니다."[21] 이것은 갈루아의 태도와 유사하다. 갈루아는 치환군을 이용했지만 그것이 출발점은 아니었다. 갈루아는 방정식에서 출발했다. 리의 경우에는 그것이 미분방정식이었고, 이에 대한 기하학적 통찰이 연속 변환군으로 그를 이끌었다.

그 사이에 리보다는 다섯 살이 어렸던 독일의 고등학교 교사 빌헬름 킬링(Wilhelm Karl Joseph Killing; 1847~1923)은 리의 변환군과 유사한 아이디어를 연구하고 있었다. 1884년 킬링은 긴 에세이를 작성하여 그 당시 라이프치히 대학교에서 기하학 분야의 의장을 맡고 있던 펠릭스 클라인에게 보냈고, 킬링은 바로 답신을 하면서 리의 연구 주제를 알려 주었다. 킬링은 노르웨이의 리에게 연구 논문의 사본을 요청하는 편지를 써서 보냈지만, 리는 답신을 주지 않았다. 노르웨이 학술지에 실린 논문을 접할 방법이 없었던 킬링은 클라인에게 다시 편지를 보냈고, 클라인이 리에게 요청하여 다음 해가 되어서야 킬링은 논문을 받을 수 있었는데, 그것도 대여 형식으로 보내준 것이었다. 킬링은 논문의 대여 기간을 늘려줄 수 있는지 문의했지만 아무런 응답이 없었다. 고지식한 면이 있었던 킬링은 그 결과를 완전히 이해하지는 못했지만 대여 기간이 끝나면 돌려주어야 한다고 생각했다.

리는 그 당시 노르웨이에서 약간의 고립감을 느끼고 있었는데, 1884년 9월 클라인은 리를 도와줄 젊은 독일 수학자 한 명을 노르웨이로 파견해주었다. 라이프치히에서 온 그 젊은 독일 수학자의 이름은 프리드리히 엥겔이었다(칼 마르크스의 동료였던 '프리드리히 엥겔스'와 혼동하지 않길 바란다). 엥겔은 다음 해 여름 거대한 분량의 원고를 갖고서 집으로 돌아갔다. 그 다음 해인 1886년 클라인은 라이프치히 대학교에서 괴팅겐 대학교로 옮겼는데, 이후 클라인은 괴팅겐을 세계 최고의 수학 센터로 만들었다. 클라인은 라이프치히 대학교 의장 자리에 리를 추천했고 리는 사랑하던 고국을 떠나 라이프치히로 옮겼다. 이것은 리에게 훌륭한 기회였는데, 리는 엥겔과 함께 쓰고 있던 방대한 분량의 책을 곁에서 함께 작업할 수 있었다. 독일의 다른 지방에서도 리와 함께 연구하기 위해 학생들이 쉽게 올 수 있었는데, 리는 파리에서 유명해졌고 노르웨이에서의 수학적 자세로 인해 명성을 얻었기 때문에, 하나같이 실력이 뛰어난 학생들이 모였다. 모든 것이 순조롭게 진행되는 것처럼 보였다.

그 사이에 킬링은 엥겔과 서신 왕래를 했는데, 엥겔은 킬링이 클라인에게 보냈던 긴 길이의 에세이를 읽고서 "당신도 리가 발견한 변환군을 발견했군요."라며 킬링의 연구를 인정하는 답신을 보냈다. 킬링은 이틀 후 다시 답장을 보내며 리와 엥겔에게 그들의 연구 결과를 발표할 것을 독촉하였다. "이 편지로 인해 당신과 리가 연구결과를 보다 빨리 공표하게 되기를 희망합니다. 원칙적으로 저는 이 이론을 두고 경쟁하고 싶지 않지만 … 최소한 저는 지금까지 공개되지 않은 결과를 도출하는 데 이르렀습니다."

곧이어 킬링은 리를 만나기 위해 라이프치히를 방문했지만, 리와 킬링은 그다지 서로 잘 맞지 않는 것 같았다. 리의 반응은 그가 클라인에게 쓴 편지에 잘 나타나 있다. "킬링이 여기에 왔었네. 그의 아이디어는 사실 괜찮았지만 다른 많은 측면에서 그다지 인상 깊은 부분이 없었네." 둘의 관계는 개선되지 않았고 오히려 나중에 리의 정신 건강이 악화되면서 적대감이 커졌다. 이 시점에서 킬링의 생애와 그가 어떤 업적을 달성했는지 살펴보도록 하자.

킬링은 1865년 독일 북서부에 위치한 뮌스터 대학교에서 공부를 시작했는데, 수학과가 없었던 탓에 관측 천문학자가 수학을 가르쳤다. 킬링은 동료 학생들에게도 실망감을 금치 못했는데, 회고하기를 "그들은 과학 자체에 대해 전혀 흥미가 없었다. 그들은 거의 예외 없이 시험 준비에 필요한 것만 공부했다." 네 학기가 지난 다음 킬링은 뮌스터를 그만두고 베를린으로 옮겨갔는데, 그 당시 베를린은 독일 수학의 중심지였다. 킬링은 따뜻한 심장을 가진 사람이었던 것 같다. 1년 후에 공부를 그만두고 아버지가 시장으로 있었던 작은 마을의 학교에서 학생들을 가르쳤는데, 가끔은 일주일에 36시간을 가르치기도 하였다. 그 학교는 폐교될 위험에 처해 있었고 킬링은 모든 과목을 가르쳐야 했다. 후에 베를린에서 공부를 다시 시작했고 박사 학위를 받은 후에 다시 학교로 돌아가 학생들을 가르쳤다. 1880년 킬링은 가톨릭 신부를 양성하기 위해 설립된 교육기관의 교수가 되었다.

이런 장래성 없는 환경에서 킬링은 1884년에 에세이를 썼고, 리의 연속 변환군(현대에는 리 군이라고 부른다)을 분류하는 문제를 연구하기 시작했다. 이것은 가장 단순한 것을 모두 찾아 몇 개의 집합족으로 분류하는 것을 의미한다. 빠른 성과를 얻은 킬링은 분류와 관련된 세 편의 논문을 작성하여 클라인에게 보냈는데, 그 당시 클라인은 리의 첫 번째 논문을 실었던 《크렐레의 저널》의 편집자로 있었다. 이 학술지는 오늘날까지 유지되고 있다. 세 번째 논문은 1888년 10월에 도착했고 이듬해에 출간되었다.

킬링은 리 군의 '주기율표'를 발견하였다. 킬링은 리 군을 A부터 G까지 7개의 유형으로 구분하였다.[*]

$A1$	$A2$	$A3$	$A4$	$A5$	$A6$	$A7$	$A8$	$A9$	···
$B1$	$B2$	$B3$	$B4$	$B5$	$B6$	$B7$	$B8$	$B9$	···
	$C2$	$C3$	$C4$	$C5$	$C6$	$C7$	$C8$	$C9$	···
			$D4$	$D5$	$D6$	$D7$	$D8$	$D9$	···
	$G2$		$F4$		$E6$	$E7$	$E8$		

각 유형의 뒤에 붙은 숫자는 그 군의 계수(rank)라 불리며 군이 작용하는 차원과 연관되어 있다. 계수가 클수록 차원의 수가 커지고 위 표의 왼쪽에서 오른쪽으로 이동시켜야 한다. A형이 가장 간단하고 B, C, D형은 보다 복잡하지만 상대적으로 나머지 것보다는 단순하다. A, B, C, D의 이들 네 가지 유형을 합쳐서

---

[*] $C1$, $D1$, $D2$, $D3$가 목록에 표시되어 있지 않은 이유는 단순군이 아니거나 이미 다른 항목에 포함되어 있기 때문이다. 예를 들어 $D3$는 $A3$와 같다.

고전적이라고 부른다. E, F, G형의 다섯 개의 집합족은 계수 8에서 끝난다. 즉, $E9$, $F5$, $G3$형의 리 군은 없다. 만일 여러분들이 그러한 군을 만들려고 시도하면 무한 차원이 되고 만다. 반대로 계수를 감소시키면 기존에 존재하는 유형이 나오는데, 예를 들어 $E5$는 $D5$와 같다.

킬링은 매우 빠르게 연구를 진행시켰는데 스스로도 이론적인 분석 중 일부는 보다 세밀히 살펴볼 필요가 있음을 잘 알고 있었다. 킬링은 클라인에게 보내는 편지에서 다음과 같이 썼다. "만약 제가 지금까지 기술된 결과에 만족한다고 말한다면 나는 거짓말쟁이가 될 것입니다. 증명에서 오류를 찾아내기 위해 여러 번 시도해 봤지만 찾아내지는 못했습니다. … 제 생각에는 현재 상태의 증명에 만족한 채 최대한 빨리 결과들을 공개하는 것이 최선일 것 같습니다. 왜냐하면 그런 다음에야 진지한 검토가 일어날 수 있을 테니까요. 그리고 제게는 이 모든 의문들에 최대한 빠르게 확실성을 얻을 수 있도록 완성하는 것이 무엇보다도 중요합니다."

킬링의 연구의 중요성은 리 역시 즉각적으로 알 수 있었고, 리는 킬링에게 다음과 같이 적었다. "이 연구는 매우 중요한 결과들을 담고 있습니다. 만약 모든 게 정확하다면 말입니다." 나중에 리는 클라인에게 보내는 편지에서 이렇게 적었다. "킬링은 아름다운 연구를 해냈다. 난 그렇게 믿고 있지만, 이 모든 게 정확하다면 킬링은 뛰어난 업적을 만들어낸 것이다. 일반적으로 말해서 이제 이 변환군의 이론은 … 수학의 광범위한 분야를 지배할 것이다."

미래의 성직자들을 교육하는 학교에서 일하고 있던 킬링에게 연구를 도와줄 학생이 하나도 없었다는 것은 정말 불행한 일이었다. 킬링은 그의 연구를 정리하거나 느슨한 결론을 바짝 조여주거나 하는 도움을 주는 초보 수학자가 전혀 없다는 점을 애석하게 생각하며 이렇게 얘기했다. "만약 내게 나를 도와줄 수학과 학생이 있었다면, 구조를 파헤칠 많은 시도를 할 수 있었을 것이다. 계수 4에서 8까지의 군들은 세미나 주제로 삼기에 적합하다."

반대로 리는 라이프치히의 새 일자리에서 그를 도와줄 많은 학생들이 있었지만, 노르웨이에서와 가르치는 것이 매우 다르다는 것을 발견하였다. 언젠가는 한 노르웨이 친구에게 이렇게 말했다고 한다. "노르웨이에서는 강의를 준비하는 데 하루에 5분을 넘기지 않았는데, 이곳 독일에서는 평균적으로 매일 3시간씩 써야 한다네. 언어는 언제나 문제가 되고 무엇보다도, 경쟁으로 인해 일주일에 8개에서 10개의 강좌를 맡아야 한다네." 1888년 드디어 리가 엥겔과 함께 쓰기 시작한 방대한 분량의 책의 제1권을 출간하였으며, 1889년에 제2권을 출간하였고, 같은 해에 킬링은 분류에 대한 세 번째 논문을 발표하였다. 1889년 하반기에 리는 신경 쇠약에 걸려 정신 병원에 들어갔으며, 거기서 7개월을 머물렀다.

그 사이에 킬링이 자신의 증명에 대해 불편함을 느꼈던 충분한 이유가 있었다. 결과는 맞았지만 첫 번째 논문에 있는 오류가 다른 두 논문에도 악영향을 미치고 있었고 새로운 접근법이 필요했다. 킬링은 이 문제를 다른 사람들에게 맡기고 그는 자신의 주 관심 분야였던 기하학의 기초로 돌아갔다. 사실 이 주제는 킬링이 처음 연속 변환군을 연구하게 된 계기가 되었는데, 그 시기에 킬링은 처음 대학생활을 했던 뮌스터 대학교로부터 수학과를 책임지는 자리를 제안받았다.

킬링은 이제 자유롭게 자신의 독창적인 연구 프로그램을 추진할 수 있게 되었다. 창조적인 사람들이 자신의 가장 어려운 시기에 삶 전체를 통틀어 가장 위대한 업적을 남기는 놀라운 경우가 있는데, 킬링의 경우가 그러했던 것 같다. 뮌스터에서 새롭게 얻은 편안한 자리에서 킬링은 기하학의 기초에 대한 책을 출간했는데, 엥겔은 이에 대해 이렇게 평했다. "킬링의 기하학의 기초에 대한 최근 작품은 별 의미 없는 내용만 담겨 있다." 그럼에도 불구하고 엥겔은 킬링의 책이 상을 받을 수 있도록 강력히 지원했는데, 왜냐하면 엥겔은 이것이 킬링에게 얼마나 중요한 의미를 갖는 작업인지 알고 있었고, 이로 인해 정말로 위대한 업적인 리 군의 분류가 나올 수 있었기 때문이었다.

킬링이 현장에서 물러나면서 우리에겐 두 가지 문제가 남게 되었다. 첫 번째는 킬링의 결과는 옳지만 이론적인 분석은 수정되어야 그 결과의 참을 확신할 수 있다는 점이다. 두 번째 문제는 킬링이 분류한 각 유형에 해당하는 모든 군들을 구성하여 그 모두가 존재함을 검증하는 것이다.

이 모든 문제를 해결한 것은 파리의 젊은 대학원생이었던 엘리 카르탕(Élie Cartan; 1869~1951)이었다. 카르탕은 대장장이의 아들로 태어났으나 학교 감독관의 눈에 띄었다. 이 신사는 학교 선생 중

한 명에게 카르탕을 특별히 지도하도록 부탁하였고, 결국 카르탕은 훌륭한 기숙 학교에서 전액 장학금을 받을 수 있게 되었다. 그곳에서도 카르탕은 승승장구했으며 1888년 에콜 노르말(갈루아가 한때 학생이었던 그 학교로 이 당시에는 수학에 관해서는 프랑스 최고의 명문 학교였다)에 입학했다. 1892년 카르탕은 1년간의 군복무 이후에 파리에 돌아왔는데, 같은 방을 쓰던 학생이 라이프치히에서 공부한 후 막 돌아온 참이었다. 이 학생은 카르탕에게 리 군과 킬링의 분류 작업에 대해 이야기해 주었다. 이에 감명을 받은 카르탕은 이것을 박사 학위 주제로 삼기로 결정했다.

1892년 가을 기나긴 시간 동안 우울증에서 완전히 회복된 리는 자신의 이론이 파리에서 열렬한 환영을 받고 있다는 사실을 즐거움으로 삼을 수 있었다. 프랑스의 명망 있는 수학자 중 한 명이었던 에밀 피카르(Émile Picard; 1856~1941)는 리에게 다음과 같은 편지를 썼다. "당신은 이번 반세기의 수학 업적 중에서 가장 훌륭하다고 평가될 정도로 아주 중요한 이론을 만들어 냈습니다." 1893년에도 피카르는 다시 편지를 써서 이렇게 말했다. "파리는 군론의 중심이 되고 있습니다. 그것은 젊은 사람들의 마음에서 발효되고 있으며, 이제 곧 독주가 가라앉으면 훌륭한 와인을 얻을 수 있을 것입니다."

1893년 엥겔과 함께 쓴 책의 마지막 권이 출간되었고, 리는 파리를 방문하였다. 카르탕은 위대한 수학자를 만난다는 생각에 흥분했으며 나중에 이렇게 적었다. "나의 모든 것이 위대한 노르웨이 과학자 덕분이며, 나는 1893년 파리에서 그를 자주 보는 영예를 갖게 된 때를 결코 잊을 수가 없다." 카르탕은 다음 해 여름 킬링의 연구에서의 불완전한 증명을 보완하고 킬링이 발견한 주기율표가 참임을 확인하는 내용의 박사 학위 논문을 완성할 수 있었다.

카르탕은 이 일에 딱 맞는 사람이었다. 카르탕은 추상화된 구조를 추론할 수 있는 대단한 재능을 갖고 있었으며 이것이 킬링의 아이디어를 분명히 하고 발전시키는 데 도움을 주었다. 기술적으로 세부적인 내용 중 일부를 재정립하고 새로운 세부 내용을 추가하였으며, 이 결과는 지금은 킬링-카르탕 분류라고 알려져 있다.

추상화는 수학의 핵심 부분 중 하나이다. 추상화는 어려운 기술적인 생각들을 단순화시키고 결합시킴으로써 새로운 진전을 이루어내는 데 핵심적인 역할을 한다. 카르탕이 추상화에 대해 갖는 자세는 그가 인생의 후반기인 1940년에 유고슬라비아의 베오그라드에서 한 강연이 잘 보여준다.

다른 어떠한 과학보다도 수학은 연이은 추상화를 통해 전개됩니다. 실수를 피하려는 바람에 수학자들은 문제나 연구 대상의 핵심을 파악한 후 이를 따로 떼어놓습니다. 이러한 과정을 과장하여 수학자들은 자신이 무엇에 대해 이야기하는지 모를 뿐만 아니라 이야기하는 대상이 존재하는지조차 모르는 사람들이라고 농담 삼아 얘기합니다.

1894년 카르탕이 분류를 완성했을 때 노르웨이 국회는 리를 위한 자리를 준비하였다. 리는 자신의 고향으로 돌아가길 원하고 있었기 때문에 이 소식에 매우 기뻐했다. 그러나 그의 아내와 딸들은 라이프치히에 사는 친구들을 두고 떠나는 것에 머뭇거렸고, 리는 조금 더 머물기로 했다. 하지만 1898년 리는 악성 빈혈 진단을 받았고 이번에야 말로 고향에 돌아갈 때가 되었다. 가족은 노르웨이로 돌아갔다. 리는 그해 가을에 몇 개의 강의를 시작했으나 곧 그만 두어야 했고, 대신에 집에서 세미나를 열기로 했다. 그러나 그마저도 곧 중단해야 했으며 리는 1899년 2월에 사망했다.

리 군과 물리학

수학은 결국 인간의 경험과는 동떨어진 사고의 산물일진대
어떻게 그렇게 현실 속의 대상과 놀랍도록 일치할 수 있을까?

알베르트 아인슈타인(Albert Einstein; 1879~1955)

리가 자신의 연구에 몰두하고 있을 때, 고전 물리학의
구조는 아직까지 건재해 보였지만 그리 오래가지는 않았다.
리가 죽고 19세기가 끝나기 바로 전, 고전 물리학의 체계는
붕괴되기 시작했다. 원자 내부에서 벌어지는 미시 규모에서의
새로운 발견들과 우주 규모에서의 발견은 각각 양자론과 일반
상대성이론의 발전을 가져왔고, 우리가 다음에서 살펴볼 젊은
물리학자들은 리의 연구에 관심을 기울이게 되었다.

그의 독창적인 생각은 수학의 새로운 한 분야를 열어젖혔고,
1922년 노르웨이 수학 협회에서의 한 강연에서 리의 이전 동료인
엥겔은 열정에 차서 이 점을 지적하였다.

창조적 능력이 수학적 위대함의 진정한 척도라면, 소푸스 리야말로 이 시대의 수학자들 중에 첫 손가락에 꼽힐 것입니다. 그가 수학 연구에서 개척한 새로운 분야는 매우 광대하고, 그가 개발한 연구 방법은 매우 생산적이고 원대하며 이 점에 관하여 그와 견줄 수 있는 사람은 아무도 없다고 해도 무방합니다.[22]

리의 이름은 '리 이론'이라는 이름 아래 현대 수학의 광범위한 분야에서 찾아볼 수 있다. 여기에는 리 **군**뿐만 아니라 리 **대수**라고 불리는 대수적 구조와 킬링과 카르탕의 분류 작업과 연관된 것들을 포함한다. 20세기가 지나가면서 리 이론의 중요성은 더욱 커졌는데, 1974년 프랑스 수학자 장 디외도네(Jean Dieudonné; 1906~1992)는 이렇게 썼다. "리 이론은 현대 수학 중에서 가장 중요한 분야가 되어 가고 있다. 산술에서 양자 물리학에 이르기까지 대부분의 예측 못했던 이론들이 리 이론을 거대한 축으로 삼아 주변을 돌고 있음이 서서히 분명해지고 있다."[23] 양자 물리학에서는 이 이론을 광범위하게 사용하고 있으며 이 장에서 어떻게 응용되고 있는지 소개하려 한다. 이 책의 후반부에는 리 이론이 양자 물리학과 일반 상대성이론을 결합한 끈이론을 통해 어떻게 몬스터와 연결되는지 설명하고 있다.

아인슈타인을 유명하게 만든 상대성이론은 19세기 후반 전기와 자기에 대한 연구로부터 등장하였다. 전기와 자기는 전자기가 겉으로 드러난 현상으로서 전자기는 파동으로 전파되는데,

전파, X-선, 가시광선 등이 모두 전자기파의 예이다. 실험에 의하면 전자기파는 빛의 속도로 움직이며 그 속도는 관측자들이 상대적으로 얼마나 빠르게 움직이는지 상관없이 모든 관측자에게 동일하게 나타난다. 역설처럼 보이는 이 현상을 해결한 것이 특수 상대성이론으로, 특수 상대성이론에서는 3차원의 공간과 1차원의 시간을 분리하여 생각하는 대신 4차원으로 융합된 시공간을 생각한다. 시공간의 기하학은 헤르만 민코프스키(Hermann Minkowski; 1864~1909)에 의해 연구되었으며, 이는 17장에 자세히 소개될 것이다.

모든 운동이 상대적이라는 생각은 가속도에 대한 문제를 제기하였다. 가속도 역시 관측자에 대해 상대적으로 잡아야 하는가? 아니면 모든 관측자가 동의할 수 있는 가속 없는 상태가 존재하는가? 누구나 알듯이 자동차나 비행기를 타고 급가속을 하면 좌석 쪽으로 끌어당겨지는 힘을 경험한다. 이 힘은 실재하므로 아마 가속도 역시 실재할텐데, 그러면 무엇을 기준으로 가속도를 측정해야 할까? 당신이 우주 깊은 곳을 여행하고 있는 우주선에 앉아 있고, 우주선이 가속 중이라고 생각해보자. 그러면 당신은 뒤로 잡아당기는 힘을 느낄 것이다. 이 힘이 중력과 어떤 차이가 있을까? 아인슈타인은 이 두 힘에 차이가 없다고 보았다. 이 둘은 구별할 수 없고, 이를 설명하기 위해선 시공간이 휘어져 있어야 했다. 민코프스키 기하학은 원래 곡률이 없었지만, 매트리스 위에 사람이 앉으면 움푹 들어 가듯이, 거대한 질량을 갖는 물체의 중력 효과를 반영하여 시공간은 휘어져야만 했다.

특수 상대성이론에 거대한 물체에 의한 시공간의 곡률을 반영한 것을 일반 상대성이론이라고 부르는데, 이를 이용하여 태양 주위를 도는 수성의 공전 궤도의 이상현상을 성공적으로 설명할 수 있었다. 일반 상대성이론은 곧이어 물리학의 정설로 자리잡았지만 아인슈타인은 중력과 전자기력을 동일한 기본 원리로 설명할 수 있기를 원했다. 최근에 리의 전기 작가 중 한 명은 이렇게 썼다. "엘리 카르탕은 아인슈타인의 가장 중요한 연구 동료 중 한 명이었다. 1929년 12월에서 1930년 2월까지 약 3개월의 시간 동안 그들은 스물여섯 통의 편지를 교환하였다. 아인슈타인은 카르탕으로부터 수학에 대한 전문 지식을 구하고 있었다. 리 군의 표현론에 기초하여 카르탕이 공간의 일반적인 표현을 해석한 이론은 아인슈타인의 흥미를 끌기에 부족함이 없었다."[24] 여기서 군의 표현론이란 다중차원 공간에서 군이 작용하는 방법을 나타내는 것으로, 표현론은 양자론과 원자 내 전자가 배열되는 방법을 이해하는 핵심 이론이 되었다.

다른 양자 입자와 마찬가지로 전자는 입자처럼 행동하면서도 파동처럼 행동하는 이상한 성질이 있다. 먼저 입자로 생각해보자. 전자는 음의 전하를 갖고 있으며, 양의 전하를 갖는 원자핵 주위를 회전한다. 덴마크 물리학자 닐스 보어(Niels Bohr; 1885~1962)는 이에 기초한 원자 모형을 만들었는데, 한 가지 사실만 빼고는 실험 결과와 일치하는 훌륭한 모형이었다. 고전 물리학에 따르면 곡선 경로를 따라 움직이는 전자는 복사선을 방출해야 했다. 이에 따라 전자의 에너지는 감소해야 하고 나선 궤도를 만들며 원자핵에 부딪치게 되어 결국 원자는 존재할 수 없다는 결론에 다다른다. 이 문제는 에너지는 연속적으로 줄어들 수 없고 최소한의 에너지 단위의 정수배 만큼만 방출될 수 있다고 가정함으로써 해결할 수 있었다. 전자의 에너지와 궤도 패턴은 연속적으로 변화할 수 없다. 언제나 양자 도약이 일어난다. 이것은 전자가 나선 모양으로 원자핵에 부딪치는 대신 가장 낮은 에너지를 갖는 궤도에 도달하도록 만든다.

양자 도약은 연속성을 깨뜨리고 리 군이 활약할 여지를 없애는 것처럼 보이지만, 역설적이게도 리 군은 양자론에서 매우 유용한데 그 이유는 기본 입자들이 파동으로서도 행동하기 때문이다. 전자는 공간을 문지르듯이 파동으로 나타나지만, 동시에 입자이기 때문에 만일 전자를 잡는다면 전자 전체를 잡는 것이다. 결코 전자의 일부만을 얻을 수는 없다. 양자론은 불가사의한 학문으로 닐스 보어는 이렇게 말했다. "양자론을 듣고 놀라지 않는 사람은 양자론을 이해하지 못한 것이다." 시간이 좀 더 지나면 이해하기 쉽지 않을까 생각하는 사람도 있을 것이다. 하지만 리처드 파인만은 1965년에 이렇게 말했다. "그 누구도 양자역학을 이해하지 못한다고 이제는 안심하고 말할 수 있을 것 같습니다."[25]

전자가 파동으로서의 특성을 갖는다는 것은 전자가 원자핵 주위를 도는 것이 행성이 태양 주위를 도는 것과 완전히 다르다는 것을 의미한다. 전자를 원자핵을 감싸는 파동으로 다루어야 하며 이것은 리 군이 재등장하게 된다는 뜻이다. 원자에는 구면 대칭(spherical symmetry)이 있으며, 이것은 3차원 공간에서의 회전에 대한 리 군이 전자 궤도(electron orbital)의 구조에 있어서 중요해진다는 뜻이다. 가장 간단한 경우에 궤도는 구면 대칭성을 갖게 되고 전자는 원자핵을 중심으로 마치 풍선의 표면처럼 그 주위를 휩쓸며 지나간다.

이제 아주 중요한 원리를 고려해야 한다. 우주에서는 어떤 두 개의 전자도 같은 상태에 있을 수 없다. 원자 안에서 이것이 의미하는 것은 서로 다른 스핀을 갖지 않는다면 어떤 전자도 같은 에너지와 같은 궤도를 가질 수 없다는 것이다. 전자는 두 가지 스핀 상태를 갖는데, 하나를 상향 스핀, 다른 하나를 하향 스핀이라고 부르도록 하자. 만일 궤도가 구면 대칭이고 두 개의 전자가 있을 수 있다면 하나는 상향 스핀이어야 하고, 다른 하나는 하향 스핀이어야 한다.

회전군은 구면 대칭인 궤도를 변화시키지 않고 놔두고 이때 군의 연산은 1차원이라고 말한다. 그러나 큰 원자의 대부분의 전자 궤도는 구면 대칭이 아니고, 회전군은 하나의 궤도를 다른 궤도로 변경시킨다. 이 경우 자유도가 1보다 크기 때문에 군의 연산은 1차원보다 커진다. 자유도 또는 차원의 숫자는 1, 3, 5, 7처럼 홀수이어야 한다. 이것은 3차원에 있어서의 리 회전군에 대한 수학적 사실과 일치한다.

각각의 자유도마다 상향 스핀과 하향 스핀의 오직 두 개의 전자만이 있을 수 있다. 만약 자유도가 3이라면 6개의 전자만이 허락되고, 이들 전자는 전자 궤도를 형성한다. 자유도가 홀수이기 때문에 전자 궤도의 크기는 홀수의 두 배인 2, 6, 10, 14 등이 된다. 이것은 예를 들어 10개의 전자로 채워진 전자 궤도의 존재는 수학적으로 잘 설명될 수 있다는 것을 의미한다. 즉, 3차원에서의 회전군이 5차원 공간의 연산을 갖고 있다는 것이다!

이러한 전자 궤도의 크기는 원소의 주기율표를 만드는 데 핵심적인 역할을 한다. 달리 말해 3차원에서의 회전군의 수학적인 성질이 원자의 구조를 결정짓는 요소가 된다는 것이다.

이것이 리 군을 사용하는 한 가지 예인데, 양자 현상에 포함되는 다른 리 군도 있다. 물리학자들은 자연에는 중력, 전자기력, 약한 핵력, 강한 핵력 이렇게 네 종류의 기본 힘이 있다고 믿는다. 중력은 아인슈타인의 일반 상대성이론에서 기술한 것처럼 시공간을 휘게 만든다. 나머지 세 개는 양자적 힘으로 물리학자들은 이들 힘 각각에 리 군을 대응시키고 이를 게이지 군(gauge group)이라고 부른다.

전자기력에 대한 게이지 군은 자유도 1을 갖고 이것은 하나의 양자 입자, 즉 광자가 힘을 매개하는 역할을 한다는 것을 의미한다.[26] 약한 핵력은 중성자가 안정된 상태를 유지하게끔 만드는 힘으로서 자유도 3의 게이지 군을 갖고 이것은 힘을 매개하는데 세 개의 입자가 대응된다는 뜻이다.[27] 강한 핵력은 원자핵을 유지하는 역할을 하는 힘으로서 자유도 8의 게이지 군을 갖고 이것은 8개의 서로 다른 글루온*이 힘을 매개함을 뜻한다.[28]

---

* 쿼크들을 엮어 놓는 힘인 강한 상호작용을 전달하는 소립자

물리학자들이 이해하길 원하는 한 가지는 이 세 종류의 양자 힘, 즉 강한 핵력, 약한 핵력, 전자기력 사이의 상관관계이다. 중력은 별도의 문제인 것이 아직까지는 이렇다 할 양자 중력론이 없다. 이 세 종류의 힘을 우리 우주가 탄생할 때부터 있었을 단 하나의 힘이 겉으로 나타나는 현상으로 봄으로써, 물리학자들은 양자 현상에 대해 보다 깊이 이해하기를 희망한다. 이 세 힘에 대응하는 리 군을 보다 큰 리 군의 일부로 대응시키는 방법을 알 수 있다면(이렇게 대응시키는 방법에는 여러 가지가 있지만 올바른 대응 관계만이 실험적인 증거들과 일치할 것이다), 물리학자들은 모든 기본 입자들 간의 심오한 대칭성을 발견할 수 있을지도 모른다.

양자론이 학술지에 등장하기 시작한 1925년, 독일에서는 새로운 성과들이 광범위하게 나타났으며, 수학과 물리학 분야의 실세로 자리잡고 있었으나, 1933년 히틀러가 정권을 잡으면서 과학 분야의 새롭고 진보된 생각을 창조하던 환경은 지속되지 못했다. 나치 정부는 곧이어 지적 활동들을 파괴해나가기 시작했는데, 나치의 장관이 괴팅겐 대학교에 방문하여 당시 수학과의 의장이자 유명한 수학자였던 다비드 힐베르트(David Hilbert; 1862~1943)에게 '수학과에서 유대인의 영향력을 없애기 위한 방도'를 묻자, 힐베르트는 이렇게 답했다고 한다. "괴팅겐에 더 이상 수학은 없습니다." 이때 이후로 오랫동안 독일은 수학의 중심에서 벗어나게 된다. 미국에서는 프린스턴 고등연구소가 설립되었고, 알베르트 아인슈타인, 헤르만 바일(Hermann Weyl; 1885~1955) 등 최고의 지성을 갖춘 과학자들이 프린스턴으로 건너갔다. 바일은 리 군을 물리학에 적용시키는 데 있어서 최고의 지지자 중 한 명이었다.

바야흐로 수학의 무게 중심이 독일에서 다른 곳으로 옮겨가고 있었다. 하지만 그 이전부터 우리 이야기의 중요한 한 대목이 미국에서 새롭게 전개되고 있었다.

무한에서 유한으로

무한은 곧바로 알 수 있다. 유한은 그보다 조금 더 오래
걸릴지 모른다.

스타니스와프 울람(1909~1984)

5장과 6장에서 살펴본 리의 변환군은 대부분의 유한 단순군들에
대한 원형(原型)이 된다. 이것은 철학적인 관점에서 놀라운 일이다.
왜냐하면 리 군은 연속성을 포함하고 있어 그 크기가 무한이 될
수밖에 없는데, 이것은 한 수를 증가시키거나 감소시켜 다른
수로 변화시키려면 지속적인 변화가 일어나야 하는 것처럼, 한
변환을 다른 변환으로 변화시킬 때에도 지속적인 변화가 필요하기
때문이다. 하지만 리 군의 유한 버전은 미국의 젊은 수학자인
레오나르도 유진 딕슨(Leonard Eugene Dickson; 1874~1954)에 의해 탄생했다.

딕슨은 지금은 전세계에서 가장 훌륭한 대학 중 하나로 자리잡은
시카고 대학교 수학과의 첫 번째 대학원생이었다. 1896년 막 취득한

박사 학위를 가슴에 품고 딕슨은 공부를 더 하기 위해 유럽으로 향했고, 파리와 라이프치히를 방문하였다. 파리에서는 리 군의 킬링-카르탕 분류 이론을 완성한 젊은 엘리 카르탕을 만났고, 라이프치히에서는 이제 막 위대한 세 권짜리 책을 출판한 리와 엥겔을 만났다. 파리와 라이프치히는 공부하기 최적의 장소였다. 딕슨은 미국으로 돌아온 후 주기율표에 있는 대부분의 리 군에 대한 유한 버전을 만드는 일에 착수했고, 결국 수많은 유한 단순군들을 찾아낼 수 있었다.

이를 달성하기 위해 딕슨은 일반적인 수체계를 유한한 수체계로 교체하였다. 이 유한한 수체계는 유한개의 수들로 구성된 집합으로 연산에 대해 닫혀 있어야 하는데, 두 수에 대해 덧셈, 뺄셈, 곱셈, 나눗셈 연산을 한 결과가 같은 집합 내의 원소가 되어야 한다. 다시 말해 유한 집합 내에서도 보통의 사칙연산을 수행할 수 있다는 뜻이다. 이것이 어떻게 이루어지는지 살펴보도록 하자.

유한이든 무한이든 어떠한 산술 체계에도 꼭 필요한 것이 0과 1이다. 만일 수체계에 덧셈이 정의되어 있다면 $1+1$, $1+1+1$, $1+1+1+1$ 등도 집합 안에 포함되어 있어야 한다. 이것은 무한히 많은 수가 필요한 것처럼 보이는데, 어떻게 하면 유한 수체계로 이것을 가능하게 할 수 있을까? 얼핏 생각하면 불가능해 보이는 이 질문에 대해 이미 우리는 한 가지 답을 알고 있는데, 12개의 수가 적혀 있는 시계가 바로 그것이다. 시계 방향으로 움직이면 덧셈을 할 수 있고, 반시계 방향으로 움직이면 뺄셈을 할 수 있다.

예를 들어 시계에서는 9+5=2가 되는데, 이것은 9시에서 5시간이 지나면 2시가 된다는 뜻이다. 뺄셈의 예를 들면 9−5＝4가 되는데, 이것은 9시가 되기 5시간 전이 4시라는 뜻이다. 이 뺄셈은 실수의 뺄셈과 다를 바 없어 보이는데 그 이유는 시계에서 12시를 지나지 않기 때문이다. 만약에 12시를 지나는 경우, 예를 들어 5시에서 9시간 전은 8시가 되는데, 이것은 5−9＝8로 표시할 수 있다. 이러한 계산법은 처음에는 이상하게 보이지만, 요는 시계에 있는 12개의 수가 덧셈과 뺄셈에 대해 닫혀 있는 수체계를 이룬다는 것이다. 우리는 이것을 12−순환 산술이라 부르겠다.

물론 12만 특별히 가능한 것은 아니다. 어떤 자연수라도 괜찮다. 예를 들어 7을 갖고 같은 작업을 해서 7−순환 산술을 만들 수 있다. 원 위에 7개의 숫자 0, 1, 2, 3, 4, 5, 6을 적는다.

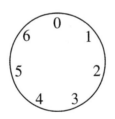

이들 수는 서로 더하거나 뺄 수 있는데, 원 위를 시계 방향으로 움직이면 덧셈이 되고, 반시계 방향으로 움직이면 뺄셈이 된다. 예를 들어 7−순환 산술에서 4＋5＝2인데, 이것은 4에서 시계 방향으로 5칸 움직이거나 5에서 4칸 움직이면 2가 된다는 뜻이다. 뺄셈의 예로 4−5＝6인데, 이것은 4에서 반시계 방향으로 5칸 움직이면 6이 된다는 것을 뜻한다.

처음 사용했던 12 대신 7을 사용하는 데에는 이유가 있는데, 7이 소수이기 때문이다. 소수는 약수가 1과 자신밖에 없는 수로, 곱셈에서 큰 차이를 만든다. 예를 들어 보통의 시계와 같은 12-산술에서 12 대신 0을 사용하면 3×4=0이 된다. 두 개의 영이 아닌 수를 곱했는데 0이 나왔다. 이것은 나눗셈에서 문제가 되기 때문에 수학자들은 이러한 문제를 피하기 위해 7과 같은 소수를 갖고서 산술을 한다. 예를 들어 7-순환 산술에서는 3×4=5인데, 12는 5와 같기 때문이다. 이러한 계산법을 처음 접하는 사람에게는 이상하게 보일지 모르지만, 시간이 지나면 익숙해질 것이다.

나눗셈도 이상하게 보일 수 있는데, 우선 나눗셈이 무엇을 의미하는지 부터 이해해야 한다. 내가 어렸을 때 6÷3=… 과 같은 문제를 처음 보고 무슨 뜻인지 몰라 당황해하고 있었을 때, 선생님이 3을 곱해서 6이 되는 수를 찾으면 된다고 설명해주셨다. 그러자 나는 곧바로 구구단표를 이용하면 나눗셈 문제를 풀 수 있다는 것을 알아챘고, 약간 허탈한 기분을 느꼈다. 어렵게 보이기만 하던 나눗셈이 의외로 너무 쉽게 풀릴 수 있었기 때문이었다.

이제 7-순환 산술에서 나눗셈을 해보자. 6÷3은 얼마일까? 당연히 2이다. 그럼 이번에는 5÷3을 해보자. 이게 가능할까? 그렇다면 그 답은 3을 곱해서 5가 되는 숫자여야 한다. 0부터 6 중에 그런 정수는 없어 보인다. 하지만 앞에서 살펴본 것처럼 7-순환 산술에서는 3×4=5이기 때문에 정답은 4이다. 따라서

$5 \div 3 = 4$이고, $5 \div 4$도 3이 된다. 물론 이렇게 곱셈표에 의해 답을 찾을 수 없는 상황에서도 나눗셈을 할 수 있는 방법이 있어야 하고, 실제로 그러한 방법이 있다. 그런데 이 방법에 의하면, 소수 p에 대한 p-순환 산술에서는 언제나 나눗셈이 가능하다(물론 0으로 나누는 것은 불가능하며, 이것은 어느 수체계에서도 불가능하다).

유한 산술을 이용하여 수학자들은 실수에 기반하고 있는 연속적인 것에서 유한한 것으로 옮겨갈 수 있다. 망원경이 천문학에 있어서 기초적인 도구인 것처럼, 유한 산술은 수학의 기초적인 도구로서, 딕슨이 한 것은 망원경을 접듯이 리 군을 줄여 유한 버전으로 만든 것이다. 딕슨은 A, B, C, D형의 집합족을 다루었는데, 그것은 이들 모두가 유클리드 공간에서의 군으로 다룰 수 있고, 딕슨은 실수에서 p-순환 산술(p는 소수)로 수체계를 바꾸어 그대로 이들 군을 모사할 수 있었기 때문이다. 예를 들어 A형의 리 군에는 $A1$, $A2$, $A3$ 등의 군들이 있다. 이들 각각은 각 소수(2, 3, 5, 7, 11 등)마다 서로 다른 유한 버전으로 나타난다. 다시 말해 각각의 소수마다 $A1$ 군이 있고, 각각의 소수마다 $A2$ 군이 있는 식이다.[29]

사실 이러한 연구가 완전히 새로운 것은 아니었다. 예를 들어 조르당은 1870년의 논문에서 A형에 대해 순환 산술을 이용하였고, 갈루아 역시도 $A1$형에 이를 이용하였다. 갈루아는 순환 산술을 보다 일반적인 형태로 확장하였는데, 이를 기리기 위해 갈루아 산술이라고 부르기도 한다.

고전적 리 군인 A, B, C, D형의 집합족에서 딕슨이 찾아낸 유한 단순군이 전체 유한 단순군의 대다수를 차지하고 있긴 하지만 전부는 아니다. 딕슨은 나중에 두 종류의 비고전적인 경우를 다루었지만 리 군 전체에 대해 유한군을 얻어내는 일관된 방법이 나타나기까지는 반세기를 더 기다려야 한다. 이에 대한 부분은 잠시 후에 살펴보고 그 전에 유한 수체계의 기하학이 현대의 전자 시대에 얼마나 중요한 역할을 하고 있는지 설명하고자 한다.

가장 간단한 유한 수체계는 2-순환 산술이다. 여기에는 오직 두 개의 수 0과 1이 있는데, 1+1=0이 된다. 1을 짝수 개 더하면 0이 되고, 1을 홀수 개 더하면 1이 된다. 두 개의 수로 구성된 이 수체계에서 덧셈, 뺄셈, 곱셈, 나눗셈이 다 가능하다. 물론 나눗셈은 1로만 나눌 수 있고, 0으로 나누는 것은 어떠한 수체계에서도 허용되지 않는다. 0과 1, 두 개의 수로만 되어 있기 때문에 사소해 보이지만, 2-순환 산술은 대단히 유용하다. 왜냐하면 컴퓨터가 0과 1로 된 문자열을 이용해 동작하기 때문이다.

신용카드 숫자, 슈퍼마켓에서 사용되는 바코드, 다른 많은 숫자열들을 전자기기에서 처리하기 위해서는 이들 숫자열을 읽은 다음 0과 1의 수열로 변환해야 한다. 이 숫자들을 읽는 과정에서 오류가 발생할 수 있기 때문에 어느 정도의 중복성이 적용되어 있다. 예를 들어 바코드의 맨 마지막 숫자는 오류를 발견하기 위한 목적으로 추가된 것인 체크 디지트(check digit)이다. 만약 바코드 중의 한 숫자가 잘못 읽히면 바코드는 유효하지 않은 것으로 판단된다. 그런 바코드를 갖는 물건은 어디에도 없을 것이다. 만약 신용카드의 숫자 중 하나를 잘못 기재하면, 그 번호를 갖는 신용카드는 세상 어디에도 없는 번호일 가능성이 크다.

중복성을 내재했다는 것은 모든 가능한 숫자열을 사용하지 않음을 의미한다. 사용되는 숫자열은 오류가 발생하거나 잘못 읽은 경우 곧바로 정정될 수 있는 방식으로 선택한 것이다. 오류를 정정하는 기술에는 기하학이 사용되는데 간단히 그 아이디어를 설명해보려 한다. 우리가 사용하는 숫자열을 3차원 공간에 있는 평면 위의 점에 대응시킨다. 만일 이 점의 좌표를 읽거나 전달받았는데, 평면에서 벗어나 있다면 오류가 발생했다는 것을 알 수 있고, 가장 가까운 평면 상의 점을 찾아 오류를 정정할 수 있다. 이 기법은 2-순환 산술을 적용할 때에도 훌륭하게 작동하지만 3차원 이상이 필요하다. 그 이유는 다음과 같다.

흔히 사용하는 3차원 기하학에서는 각 점은 세 개의 좌표를 갖고, 각 좌표는 실수이다. 이제 실수를 2-순환 산술로 바꾸면, 각 좌표는 0 또는 1이 된다. 그렇다는 것은 각 좌표에 두 개의 선택이 가능하고 모든 점의 개수는 $2 \times 2 \times 2 = 8$개가 된다는 뜻이다. 8개의 점은 그리 많지 않다. 일상생활에서 사용하기에는 전혀 충분치 않다. 예를 들어 신용카드 번호는 16자리의 십진수를 사용한다. 이를 0과 1로 이루어진 이진수로 변환시키면 54자리가 된다. 이 경우 하나의 숫자열을 54개의 좌표를 갖는 점으로 표현할 수 있고, 다시 말해 54차원 공간의 점이 된다.

고차원 공간은 수학의 실용적인 응용에 있어서 매우 유용한데,

이러한 점은 몬스터를 향하는 우리의 여정에서 다시 한번 만나게 된다. 그 사이에 대칭을 다루는 군론이 더 이상 프랑스, 독일, 노르웨이, 미국에 국한되지 않고 세계적인 유행이 되었음을 강조하고 싶다. 영국도 그중 하나인데 윌리엄 번사이드(William Burnside; 1852~1927)라는 이름의 남자가 지대한 공헌을 했다. 번사이드는 1852년에 태어나 1927년에 75세의 나이로 죽었다.

번사이드가 네 살 때 아버지가 돌아가시면서 가족은 궁핍한 상황에 처해졌다. 매우 똑똑한 소년이었던 번사이드는 크라이스트 하스피틀이라는 공립 기숙 학교에 입학했는데, 이 학교는 가난한 집안의 소년, 소녀들만 입학생으로 받아들였다. 크라이스트 하스피틀은 원래 16세기에 그레이어프라이어 수도원으로 런던에 세워졌으나, 길거리에 사는 아이들을 위한 교육 기관으로 변모하였다. 가난하거나 경제적으로 어려운 환경에 처한 가족의 아이들을 교육하는 것을 사명으로 하는 이 학교의 학생이 된다는 것은 큰 영예였다.

윌리엄 번사이드는 이 학교에서 1871년까지 수학하였고, 졸업 후 케임브리지 대학교에 입학하였다. 학위를 마친 뒤 10년 동안 수학과 조정을 가르치며 보냈으나, 이 시기가 끝날 즈음에 연구 논문을 발표하기 시작했고 33세의 나이에 그리니치 해군사관학교의 교수가 되었다. 번사이드는 처음부터 군론에 관심을 갖지는 않았지만, 흥미를 갖기 시작하자 눈부신 성과를 내놓기 시작했는데, 1897년 『유한 위수 군론(Theory of Groups of Finite Order)』이라는 책을 출간하였다. 이 책은 곧 수학의 고전이 되었는데, 번사이드는 서문에서 이렇게 말했다.

> 이 주제는 충분히 매력이 있지만 지금까지 이 나라에서
> 주의를 기울인 사람들이 거의 없었다. 만일 이 책을 통해
> 영국 수학자들이 공부하면 할수록 더욱더 매력이 있는
> 순수 수학에 흥미를 갖도록 자극하는 데 성공한다면 나는
> 굉장히 만족스러울 것이다.[30]

번사이드는 훌륭한 결과들을 계속해서 내놓았는데, 1904년 단순군에 대한 중요한 정리를 발표하였다. 이 정리는 만일 단순군이 소수 순환군이 아니면 그 크기는 최소한 세 개의 서로 다른 소수로 나누어져야만 한다는 것을 보여주었다. 예를 들어 가장 작은 단순군의 크기가 60인데, 이것은 2, 3, 5로 나누어진다. 그 다음으로 작은 단순군의 크기는 168로서, 이것은 2, 3, 7로 나누어진다. 번사이드는 만일 군이 소수 순환군이 아니면서 오직 두 개의 서로 다른 소수로만 나누어지는 경우 단순군이 될 수 없음을 보임으로써 이 정리를 증명하였다.

'번사이드의 정리'는 100년도 더 지난 오늘날까지도 유명한 정리로 남아있는데, 이것은 수학이 다른 학문보다 불멸성을 얻을 가능성이 훨씬 높다는 것을 보여주는 일례라 할 수 있다. 정리는 한번 증명되면 영원히 유효하고, 번사이드의 정리는 쉽게 잊혀지는 수많은 정리들의 정점에 위치해 있다. 번사이드를 비롯해

많은 수학자들이 19세기 후반에 단순군에 대한 특별한 경우들을 논의했는데, 1904년의 새로운 정리는 기존의 결과들을 압도했으며, 증명 역시 아름다웠다. 최근에 한 수학자는 이렇게 말했다. "번사이드의 증명은 매우 간결하고 우아하며 군론에서 가장 빛나는 보석 중 하나이다. 수많은 노력 끝에 이 정리의 다른 증명들이 1960년대와 1970년대 초반에 등장했는데, 이들 중 가장 짧은 증명도 우아함과 이해의 용이성에서 번사이드의 증명에 비할 바가 못된다."[31]

우아함과 명료성은 훌륭한 수학 이론을 판단하는 척도로서 번사이드는 세련되고 새로운 기법인 '지표 이론(character theory)'을 사용하였는데, 이에 대해서는 후에 다시 설명하겠다. 번사이드의 정리를 증명한 다른 방법들은 지표 이론을 피하려 했기 때문에 덜 우아해질 수밖에 없었다. 이것은 마치 유럽에서 중국으로 가는데 현대의 항공 기술을 사용하지 않는 것에 비유할 수 있다. 목적지까지 갈 수도 있고, 그 과정이 충분히 흥미로운 여행이 될 수도 있지만 훨씬 많은 시간이 걸릴 수밖에 없다.

수학은 정리를 증명함으로써 발전하기도 하지만, 새로운 증명 방법을 발견함으로써 발전하기도 한다. 새로운 기법을 발견하는 것은 언제나 수학의 한 축이다. 새로운 기법의 발견으로 인해 새롭게 연구할 분야가 생겨나기도 하고, 기술적으로 어려운 결과를 알 수 있게도 해주며, 심오한 진리가 드러나기도 한다.

단순히 정리를 증명하기 보다 이러한 기법을 개발해내는 수학자들이 있다. 가장 유명한 예는 17세기에 뉴턴(Isaac Newton;

1642~1727)과 라이프니츠(Gottfried Wilhelm von Leibniz; 1646~1716)에 의해 발견된 미적분학을 들 수 있다. 미적분학과 자신의 새로운 만유인력 이론을 이용하여 뉴턴은 태양 주위를 도는 행성의 운동을 궤도의 모양뿐만 아니라 운동의 속도까지 포함하여 정확히 설명할 수 있었다. 그 이후로 미적분학은 광범위한 문제에서 사용되기 시작했고, 수학에서도 핵심 이론이 되었다. 번사이드가 사용한 지표 이론은 미적분학에 비하면 매우 한정적인 분야에서 사용되긴 하지만 매우 유용한 기법으로서, 몬스터를 향해 나아갈 때 다시 한번 등장할 것이다.

이제 다시 딕슨의 연구로 인해 등장한 유한 단순군의 표로 돌아가서, 어떻게 빠진 조각들이 채워졌는지 살펴보도록 하자.

세계대전 이후

구조야말로 수학자들의 무기이다.

N. **부르바키**(1935~)

20세기가 시작되던 1901년, 딕슨은 자신의 첫 번째 책『선형군과 갈루아 체 이론(*Linear Groups with an Exposition of the Galois Field Theory*)』을 출간하였는데, 이 책에는 유한 단순군의 분류표가 포함되어 있었다. 그런데 리의 변환군을 유한 단순군의 원형으로 삼았을 때, 이 분류표에는 빠진 부분이 있었다. 딕슨이 연속의 세계에서 유한의 세계로 옮긴 대상은 고전적인 집합족인 *A*, *B*, *C*, *D*형으로, 이 밖에도 다른 집합족이 있었다. 딕슨은 나중에 이들 집합족에 대한 연구도 진행하여 부분적인 성과를 얻기는 했지만 완전하지는 않았다.

딕슨이 시카고 대학교에서 1900년에 시작했던 연구는 39년 동안 지속되었지만 딕슨의 흥미는 서서히 다른 방향으로 옮겨갔다.

딕슨은 18권의 책을 출간하고 수백 편의 연구 논문을 발표하였으며 55명 이상의 박사 학생들을 지도하였지만, 다른 예외적인 리 집합족을 찾는 것은 다른 사람들에게 맡겼다. 1939년, 딕슨이 은퇴하던 해에 유럽에서 제2차 세계대전이 발발하면서 순수 수학은 뒷자리로 물러났다. 각국의 정부들은 수학자들을 긴급히 필요로 하였고, 전쟁이 끝날 때까지 연구에는 진전이 없었다.

리 군을 모든 경우에 대하여 유한 버전으로 바꾸기 위해서는 보다 일반적인 방법이 필요했는데, 곡률이 문제가 되었다. 휘어져 있는 리 군의 기하적 구조를 다루기 위해 평평하게 근사시키는데, 이것은 마치 세계 지도를 그리는 것과 유사하다. 킬링이 리 군의 여러 집합족을 분류할 때 썼던 방법이 정확히 이런 방법이었다. 평평하게 근사시키는 작업은 마치 경도와 위도와 같은 추가 정보가 따라오는데, 유한 산술이 도입되면서 지도는 많은 유한 조각으로 분해되어 이후에 무엇을 해야 할지 알 수가 없었다. 50년이 지났지만 해답을 찾을 수 없었다.

평평하게 근사시키는 방법은 뉴턴과 라이프니츠에 의해 17세기에 발견된 미적분학*을 이용한다. 예를 들어 곡선과 곡선 위의 한 점에 대한 선형 근사는 접선(tangent line)이 된다. 미적분학을 이용하면 접선의 방정식을 계산할 수 있다. 고등학교 수학 시간에 배웠을 이

---

* 미적분학은 영어로 calculus라고 부르는데, calculus는 라틴어로 '돌'을 뜻한다. 먼 과거에는 돌을 이용하여 수를 세었다. 숫자를 모르는 양치기들도 한 마리의 양에 작은 돌을 하나씩 대응시킴으로써 양을 잃어버리지 않을 수 있었다. 즉, calculus는 셈을 하기 위한 도구란 뜻을 갖고 있고 미적분학은 수학의 도구로서 자리매김하였다. — 옮긴이

방법은 극한을 이용한다. 주어진 한 점과 근처의 다른 점을 지나는 직선을 잡는다. 그런 다음 이 두 점이 일치할 때까지 근처의 점을 이동시킨다. 이때의 직선이 접선이 된다. 그러나 이러한 방법은 실수에서 유한체로 옮겨가면서 연속적인 변화와 같은 그런 개념이 성립하지 않기 때문에 실패하고 만다. 무언가 다른 접근 방법이 필요했다.

고전적인 수학 분야에서 새로운 접근 방법을 발견하기 위해서는 해당 문제를 처음 만들어 낼 때의 접근법부터 다시 살펴보아야 한다. 새로운 방법은 단순히 필요에 따라서 발전시켜야 하는 것일까, 아니면 일관성 있는 공리 체계를 형성한 다음 이로부터 현대수학의 한 분야로 발전시켜야 할까? 후자의 대응은 기원전 300년경 유클리드가 『원론』을 썼을 때 사용한 방법과 유사한데, 유클리드는 기하학에 공리적으로 접근하는 토대를 마련하여 오늘날까지 지대한 영향력을 행사하고 있다. 현대 수학도 이런 방식으로 나아가야 할까?

어느 정도는 그렇다. 공리적 접근방법을 위해 앞장섰던 인물의 이름은 프로이센-프랑스 전쟁(1870년에 일어났던 전쟁으로 리와 클라인이 파리에서 도망쳐야 했던 바로 그 전쟁이다)에서 활약했던 프랑스 장군의 이름을 따왔다. 그 장군의 이름은 부르바키였는데, 20세기 중반에 동명이인인 부르바키는 그의 동료들과 함께 『수학 원론(Éléments de mathématique)』이라는 일련의 책을 쓰기 위해 부지런히 일하였다.

이 책들은 수학의 여러 분야에 걸쳐 추상적이고 논리적인 접근 방식을 발전시켰다. 이 책들의 밑바탕에 깔린 사고방식은 1949년 3월에 발표된, 수리 논리학자들을 대상으로 한 강연을 위해 쓰여진 부르바키의 초기 논문에 잘 나타나 있다.

> 제가 이 명예를 얻을 만큼의 일을 한 것 같지는 않지만, 저를 초청하여 이 강연을 할 수 있게 해준 기호논리학회에 깊은 감사를 드립니다. 지난 15년간의 노력은 다수의 젊은 공동 연구자들의 지지를 받아 이루어졌고, 이들의 헌신적인 도움은 제가 어떻게 설명하든 그 이상의 의미를 담고 있습니다. 그동안 저는 모든 수학의 기본 분야를 일관된 방식으로 설명함으로써 제가 할 수 있는 한 가장 탄탄한 기초 위에 이들 분야가 설 수 있게 하기 위해 온전히 노력을 기울였습니다.[32]

부르바키의 젊은 공동 연구자들은 모두 프랑스인이고 책도 모두 프랑스어로 썼지만 이 논문은 아름다운 영어로 쓰였는데, 이는 공동 연구자들 중 다수가 미국에서 일해왔던 까닭이다. 이 논문에서 부르바키는 자신의 소속을 낭카고(Nancago) 대학교로 밝히고 있는데, 이것은 낭시(Nancy) 대학교와 시카고(Chicago) 대학교의 합성어로서, 실제 저자들이 소속된 대학교를 가리킨다. 눈치챘는지 모르지만, 부르바키는 수학의 기본 분야에 대해 새로운 공리적 접근 방법을 수립하길 원하는 프랑스 수학자들의 집단에서 사용하던 가명이다. 이들의 첫 번째 연구 결과는 1930년대에 나오기 시작했으며,

부르바키 프로젝트에 나중에 참여한 아르망 보렐(Armand Borel; 1923~2003)은 부르바키 활동 초기의 상황을 다음과 같이 말하고 있다.

> *1930년대 초반의 프랑스 수학계의 상황은 대학과 연구 수준에서 매우 불만족스러웠다. 제1차 세계대전으로 인해 한 세대가 통째로 사라졌다. … 괴팅겐, 함부르크, 베를린 등 융성하는 독일 대학을 비롯하여 해외의 최신 연구 동향에 대한 정보가 부족했는데, 이들 나라를 직접 방문한 젊은 프랑스 수학자들만이 새로운 정보를 얻을 수 있었다.*[33]

제1차 세계대전은 프랑스에 특별히 안 좋은 방향으로 영향을 미쳤는데, 많은 젊은 수학자들이 최전선으로 보내져 죽어갔기 때문이다. 전시 기록을 보면 프랑스에서 수학으로 가장 명망 있는 기관의 학생 중 3분의 2가 전쟁에서 사망했다. 반면에 독일에서는 젊은 수학자들이 종종 과학적인 업무에 투입되었으며, 평화가 돌아왔을 때 그들의 생존은 대학에 새로운 활력을 불어넣었다. 우리가 5장에서 만났던 엘리 카르탕의 아들이자 부르바키의 설립 회원 중 한 명인 앙리 카르탕(Henri Cartan; 1904~2008)은 이렇게 썼다.

> *제1차 세계대전 이후 프랑스에는 좋은 과학자들이 많지 않았는데, 모두 전쟁에서 죽었기 때문이다. 우리가 전쟁 후의 첫 번째 세대였다. 우리 앞에는 공백만이*

있었으며 모든 것을 새롭게 만들어 나가야 했다. 내 친구
중 일부는 해외, 특히 독일로 가서 그곳에서는 어떠한
연구가 진행되는지 살펴보았다. 이것이 수학 부흥의
시작이었다.[34]

부르바키를 처음 만든 것은 두 명의 젊은 수학자로 한 명은 앙리 카르탕이고 다른 한 명은 20세기 최고의 수학자 중 한 명인 앙드레 베유(André Weil; 1906~1998)였다. 1934년 이 둘은 모두 스트라스부르 대학교 조교수로 있었는데, 주요 과정의 교재가 여러 면에서 부적합하다는 것을 발견했다. 카르탕은 베유에게 수업 내용을 학생들에게 가르치는 최선의 방법을 지속적으로 묻곤 했는데, 너무 많이 물어서 베유는 카르탕에게 '종교 재판소장'이라는 별명을 붙여 주었고, 겨울에는 자신들이 새로운 교재를 써 보자고 제안하였다. 보렐은 이 당시의 상황을 이렇게 얘기하고 있다. "이 제안은 주위에 퍼져서 곧 열 명의 수학자들이 책을 쓸 계획을 세우기 위해 정기적으로 모이기 시작했다." 초기 모임의 회원들은 파리 라틴 구의 카페 카풀라드(Capoulade)에서 모여 책에 대한 계획을 세웠다. 초기의 프로젝트는 다소 순진했다. 그들은 몇 년 안에 수학의 핵심 분야에 대한 원고를 완성할 수 있을 것이라고 믿었다. 1935년 여름에 첫 회의를 가졌는데, 첫 번째 장(章)을 완성하기까지 4년이 걸렸다.

부르바키는 항상 프랑스에서 모임을 가졌는데 매우 독특했다. 앞에서 언급했던 보렐은 논의 과정이 매우 논쟁적이었던 것에 놀랐던 경험을 이렇게 회상하였다. "내가 보고 들은 것은 전혀 상상하지 못했던 것이었다. 첫날 저녁에 내가 받은 인상을 짧게 요약하면 두세 사람이 목청을 높여가며 소리쳤는데 마치 따로따로 말을 하는 것 같았다."[35] 이에 대해 카르탕과 베유와 함께 부르바키의 설립자 중 한 명이었던 장 디외도네 역시 다음과 같이 보렐의 인상을 확인해주는 말을 하였다.

> 부르바키 모임에 참관인으로 초청받은 외국인들은 언제나 미치광이들을 모아 놓은 것 같은 인상을 받았다. 그들은 때때로 서넛이서 동시에 소리를 지르는 이러한 사람들이 어떻게 지적인 결과물을 만들어 낼 수 있는지 전혀 상상할 수 없었다.[36]

부르바키 모임은 일종의 조직화된 혼돈이었지만, 일은 진행되었고 한 권 한 권씩 책이 만들어졌다. 부르바키란 이름을 사용한 것에 대해 앙드레 베유는 이렇게 설명했다. 베유와 공동 연구자들이 파리에 있었는데, 어느 해인가 1학년이 참가하는 가짜 연례 강연이 있었다. 이 행사에서 한 고학년 학생이 가짜 수염을 붙이고 알아듣기 힘든 억양으로 강의를 했다. 그 학생은 거짓인 정리를 여러 가지 자명하지 않은 방법으로 증명하며 교묘하게 강의를 진행했는데, 일부 학생들은 강의 전체를 제대로 이해하며 따라갈 수 있었다고 주장하기도 했다. 이 가짜 강의의 마지막에 제시된 가장 화려한 결과는 부르바키의 정리라고 불렸다. 베유와 공동 연구자들은 충분히 즐거운 마음으로 그리스 출신 장군의 성(姓)을 선택했으며, 베유의 아내가 니콜라(Nicolas)라는 이름을 붙여주었다.

부르바키가 자금을 대야 하는 커다란 연구실을 갖고 있고 거액의 연구 보조금을 신청해야 하는 현실 속의 과학자였다면, 다른 과학자들과 마찬가지로 의심의 여지없이 그렇게 했을 것이다. 젊은 공동 연구자들과 연구 논문을 작성하고 자신의 이름을 제1저자로 올렸을 수도 있다. 그러나 이것은 수학의 방식이 아니다. 대부분의 수학 논문들은 한 저자에 의해 작성된다. 만일 두 사람이 공동 연구를 하고 함께 발표한다면, 보통은 알파벳 순서로 이름을 올린다. 나이가 많건 적건, 연구의 최초 착수자건 문제를 해결하는 핵심 아이디어를 제공하건 아무런 차이가 없다. 함께 연구했으면 동등한 입장인 것이다. 물론 혼자서 연구를 진행했으면 다른 사람들로부터 어떠한 조언이나 도움을 받았건 상관없이 논문에는 오직 한 사람의 이름만 올라간다. 예를 들어 지도 교수에게 학위 논문의 지도를 받거나, 젊은 수학자가 선배의 지도 아래 연구를 하는 경우에도 다양한 아이디어나 제안으로 도움을 준 사람들에 대한 감사 인사를 적을 뿐이다.

부르바키의 초창기 공동 연구자 중 가장 젊은 수학자였던 클로드 슈발레(Claude Chevalley; 1909~1984)는 수많은 자신의 연구 논문을 발표했다. 그중 가장 중요한 것은 1955년에 발표된 것으로, 이 논문에서 마침내 모든 리 군의 유한 버전을 만드는 문제를 해결하였다.

 슈발레는 남아프리카공화국에서 태어났으며, 아버지는 요하네스버그의 프랑스 영사였다. 슈발레는 프랑스에서 공부했으며 1931년 공부를 더 하기 위해 독일로 옮겨갔다. 1936년에는 프랑스로 돌아와 강의를 했으며 1938년에 미국으로 건너갔다. 1950년대 중반 슈발레는 고향으로 돌아가길 원했으나 프랑스에 있던 일부 수학자들은 전쟁이 있던 시절과 그 후에 슈발레가 안락한 환경에서 지냈던 것 때문에 귀국 반대 운동을 벌였다. 그러나 이 반대 운동은 성공적이지 못했고 슈발레는 프랑스로 돌아가 1978년에 은퇴하기까지 파리에서 일을 하였다. 자신의 귀국을 반대하는 사람들에 대해 슈발레가 어떤 감정을 느꼈는지는 모르겠지만, 그는 현실적인 문제에서 손해를 보더라도 관념적인 원리 원칙을 중요시하는 사람이었다. 예를 들어 1968년 파리의 학생들이 폭동을 일으켰을 때 동시대에 살았던 한 사람은 이렇게 회상했다. "슈발레는 학생 편에 서서 그 미친 행동들에 대해 변호했다. 시험은 억압적인 것이므로 모든 학생이 반드시 시험을 볼 필요는 없다고 했다. 그러나 슈발레는 수학에 있어서는 높은 눈높이를 갖고 있어서 학생과 자신 모두에게 상당한 수준을 요구하였다." 슈발레의 관념적인 태도는 슈발레를 초기 부르바키 모임 중 가장 근엄한 사람으로 만들었지만, 슈발레는 놀라운 수학 논문들을 생산해낼 수 있었으며 1955년의 논문은 이러한 점을 잘 보여주는 것이다.
 슈발레가 마침내 둑을 무너뜨렸다. 슈발레는 모든 리 군에 대한 유한 버전을 만들어 냈으며 급류에 휩쓸리듯 뒤를 이어 여러 사람들의 연구가 쏟아졌다. 한 사람은 젊은 벨기에 수학자인 자크 티츠(Jacques Tits; 1930~)로 이 이야기는 다음 장에서 자세히 할 것이고, 또 다른 한 사람은 캘리포니아 대학교의 로베르트 스테인베르그(Robert Steinberg; 1922~2014)이다. 이들은 슈발레가 만든 집합족 안에서 새로운 집합족을 찾아냈는데, 스테인베르그는 자신의 논문에 「슈발레 주제에 대한 변주(Variations on a Theme of Chevalley)」란 제목을 달았다.

동시에 일리노이 대학교 어바나-샴페인 캠퍼스에 있던 일본 수학자 미치오 스즈키(Michio Suzuki; 1926~1998)는 놀랄 만한 발견을 해냈다. 스즈키는 특정한 유형의 절단면(이 기법에 대한 얘기는 나중에 자세히 하겠다)을 갖는 단순군에 대한 연구를 하다가 완전히 새로운 집합족을 발견하였다. 스즈키의 연구는 슈발레와는 독립적으로 이루어진 것으로 스즈키가 발견한 집합족은 슈발레가 리 군으로부터 유도한 것과는 완전히 다른 것처럼 보였다. 하지만 캐나다 브리티시컬럼비아 대학교에 있던 한국 출신의 수학자 **이임학**(李林學, Rimhak Ree; 1922~2005)*은 이 둘의 연관 관계를 발견하였다. 이임학은 슈발레 집합족 안에서 세 개의 새로운 부집합족(sub-families)을 발견하였고 이 중 하나가 스즈키가 발견한 것과 같다는 것을 알아냈다. 그 당시에는 어느 누구도 확신할

---

* 이임학 선생은 리 군에 관해 많은 업적을 남겼으며, 리 군의 일종인 이임학 군(Ree group)에는 그의 이름이 붙여졌다.

수는 없었지만, 이임학의 연구로 유한개를 제외한 모든 단순군을 찾아내게 되었다.

이렇게 발견된 유한 단순군의 새로운 집합족들은 마치 발견되길 기다리고 있다가 때가 되자 봄날이 온 것처럼 한꺼번에 발견되었다. 이것은 수학에서 나타나는 희한한 현상인데, 이에 대해 가우스는 이렇게 말했다. "수학적 발견은 마치 숲 속에서 피어나는 봄날의 제비꽃처럼 자신만의 계절이 있어서 그 누구도 그 때를 앞당기거나 지연시킬 수 없다." 이렇게 새로운 집합족을 발견한 다음에, 수학자들은 무한히 많은 단순군을 포함하는 집합족은 더 이상 없을 것이라고 추측했는데, 그래야만 하는 근거를 명확히 댈 수는 없었다. 만일 무한히 많은 단순군을 포함하는 집합족이 있다면 수학자들은 그것을 찾아내야 하고, 반면에 그런 집합족이 없다면 그 사실을 증명해야 한다. 이 증명은 수많은 수학자들이 쓴 매우 기술적인 논문들이 연이어 나오면서 서서히 그 모습을 갖추어 갔다. 이 과정에서 더 이상 다른 집합족은 없지만 몇몇 예측하기 힘든 예외적인 경우가 있다는 것이 밝혀졌다. 이러한 예외적인 경우를 모두 발견하고 더 이상의 경우는 없다는 것을 보이는 것이 도전 과제로 남았으며, 이 위대한 작업의 끝에 다다르면 우리는 마침내 몬스터를 만나게 된다.

슈발레, 스테인베르그, 스즈키, 이임학은 모두 대수적인 방법을 사용하였다. 그러나 벨기에 수학자 자크 티츠는 기하학을 사용하였으며, 수학의 다른 분야에 있는 사람들은 모든 리형 집합족을 찾는 데 적합한 다른 기하학적인 방법이 있을 지 궁금해하였다. 정리하자면 딕슨은 고전적인 A형부터 D형까지의 집합족에 대해서는 기하학적인 방법으로 얻을 수 있었고, 나머지를 얻기 위한 새로운 기하학적 접근방법을 찾아야 했다. 이 방법은 존재했고, 티츠는 이 방법을 찾기 위해 한동안 연구를 계속하였다.

위클에서 온 사나이

대칭의 뜻을 좁게 정의하든 넓게 정의하든 인류는 오랜 세월
동안 대칭을 이용하여 질서와 아름다움, 완전함을 이해하고
또 그것들을 창조하려 노력했다.

헤르만 바일(1885~1955), 『**대칭**(*Symmetry*)』

어느 분야든 자신만의 전문 용어가 있다. 의학에서는 라틴어와
그리스어에서 유래한 용어를 사용하고, 물리학에서는 양성자,
중성자, 쿼크, 레이저와 같이 새로운 단어를 만들어 사용한다.
수학에서 사용되는 용어는 엄청나게 많은데, 일부는 고대
그리스에서부터 사용되어 온 것도 있지만, 대부분은 극히 최근에
만들어진 것으로, 일상적인 단어에 수학에서만 사용되는 독자적인
의미를 부여하곤 한다.

언젠가 이 이야기를 의학을 전공하는 사촌에게 한 적이 있는데,
이를 매우 의아하게 생각했다. 왜 수학자들은 의학에서 그러하듯이
새로운 용어가 필요하면 라틴어나 그리스어를 사용하여 새로운

단어를 만들어내지 못할까? 확실히 일반적인 단어를 사용하는 것은 그 뜻을 잘못 이해할 여지가 있다. 하지만 수학자들이 사용하는 전문 용어의 수는 의학자들이 사용하는 것을 아득히 넘어서기 때문에, 수학자들은 『거울나라의 앨리스(*Through the Looking Glass*)』에 나오는 험프티 덤프티*가 하듯이 단어가 필요하면 정의를 내린다.

몇몇 단어는 특별한 지위를 갖고 외부인들은 진입하기 어려운 표준 용어가 된다. 예를 들어 수학자들이 사용하는 '빌딩(building)'이란 단어는 일상적인 삶의 현장에서와 완전히 다른 의미를 갖는데, 결정과 같은 구조로부터 만들어진 수학적인 대상을 가리킨다. 유한 단순군의 주기율표에 있는 각각의 군은 자신만의 빌딩을 갖고 있는데, 빌딩은 슈발레를 주축으로 하는 대수학자들의 관점과는 대조적으로 모든 유한군에 대한 기하학적 설명을 제공해준다.

빌딩이란 개념은 자크 티츠에 의해 처음 제시되었는데, 티츠는 처음에는 다른 이름으로 불렀다. 티츠는 1930년 8월 12일, 벨기에 브뤼셀 외곽의 오래된 마을인 위클에서 태어났다. 말이 아직 어눌한 시기인 서너 살 나이의 어린 티츠는 모든 산술 연산을 할 수 있을 정도의 수학 영재였고 이에 그를 본 사람들은 놀랐다고 한다. 티츠는 다른 아이들과 같이 여섯 살에 학교에 입학했지만 곧 한 학년을 월반했고, 얼마 안 있어 여러 학년을 월반했다.

티츠의 아버지는 수학자였다. "아버지는 내게 많은 것들을 설명해

---

* 험프티 덤프티는 『거울나라의 앨리스』에 등장하는 달걀 캐릭터다. 험프티 더프티 는 앨리스에게 이렇게 말했다. "내가 단어를 쓸 때에는 내가 선택한 의미를 뜻하게 돼 있어 더도 덜도 말고." ― 옮긴이

주셨지만 얼마 지나서부터는 너무 많이 설명하는 것을 삼가셨다."
그 이후에도 어린 티츠의 배움은 멈추지 않았다. "나는 아버지
서재에서 책을 가져다 읽기 시작했다." 그러다 갑작스러운 환경의
변화가 발생했다. "내가 열세 살 때 아버지가 돌아가셨고, 어머니는
먹고 살 만한 것이 많지 않았다. 학교 선생님이 이 모든 걸 아셨고,
개인 과외를 함으로써 가계에 보탬이 될 수 있도록 알아봐 주셨다.
나는 대학에서 공학을 공부하려는 학생들을 가르치기 시작했는데,
그들은 나보다 네 살이나 많았다." 1년 후 어린 티츠도 대학교에
들어갔다. 일찍 진학하여 일찍 돈을 벌기 시작해 어머니를 부양하는
데 도움이 될 수 있었다. 티츠는 열네 살에 입학시험을 통과하였고
브뤼셀 자유 대학교에서 공부를 시작했는데, 대학교에 다니면서도
돈을 벌기 위한 과외는 계속하였다. 벨기에의 수도인 브뤼셀에는
지금은 두 곳의 자유 대학이 있다. 한 곳은 프랑스어를 사용하는
대학이고, 다른 한 곳은 플라망어(벨기에 북부 지역에서 사용되는
언어)를 사용하는 대학인데, 그 당시에는 프랑스어를 사용하는 학교
밖에 없었다. 티츠의 성은 플라망어였지만 프랑스어가 모국어였기
때문에 티츠에겐 아무런 문제가 되지 않았다. 1950년 열아홉 살의
어린 나이에 티츠는 박사 학위를 받았다.

티츠는 기하학적인 사고 방식을 갖고 있었으며 1950년대 초에
리의 변환군에 대한 기하학적인 접근 방법을 개발하고 있었다.
앞에서 보았듯이 리 군은 A형에서 G형까지 7개의 집합족으로
나뉘고, 딕슨은 기하학을 이용하여 A, B, C, D형과 $E6, G2$형에 대한

유한 버전을 얻어내었다. 티츠는 모든 집합족에 대해 같은 작업을 수행하여 모든 경우에 대해 리 군의 유한 버전을 얻기를 원했다.

티츠에게는 불행하게도 티츠보다 스무 살 정도 위인 경험 많은 수학자 클로드 슈발레가 이미 비슷한 작업에 착수했는데, 그는 기하학보다는 대수학을 이용하였다. "나는 기하학적 아이디어를 이용하여 작업을 하고 있었고, 슈발레는 일반적인 구성을 신속히 할 수 있는 방법을 갖고 있었는데, 그것은 내가 미처 달성하지 못한 부분이었다." 티츠와 다른 사람들은 곧 슈발레의 주제에 대한 변주를 만들어 냈지만, 티츠는 이 모든 변주를 포함하는 새로운 이론을 창조하기 위해 고심하고 있었다. 이 작업은 완전히 발전된 형태에 이르기까지 몇 년이 걸렸는데, 새로운 수학 이론은 마치 질 좋은 와인처럼 숙성하기까지 시간이 필요하다. 하지만 빌딩 이론이 준비가 되었을 때 부르바키 회원처럼 안목 있는 수학자들은 이를 열렬히 환영하였다. 이에 대해서는 잠시 후에 계속해서 이야기하기로 하고, 빌딩에 대한 것부터 살펴보기로 하자.

빌딩은 어떤 의미에서는 이제 곧 설명할 **다중 결정체**와도 비슷한데, 그림을 그려 눈부시게 아름다운 대칭성을 보여줄 수 있으면 좋겠다. 하지만 불행히도 이것은 불가능하다. 다중 결정체는 교차하는 세계에 존재하는데, 우리 세계에서 그림을 그리면 언제나 찌그러진 모습이 된다. 한쪽을 제대로 그리면 다른 쪽은 왜곡되고 유감스럽게도 대부분의 대칭성은 사라진다. 하지만 2차원 결정에 기반한 가장 간단한 경우를 살펴보기로 하자. 6개의 모서리를 갖고 있는 육각형을 생각하자.

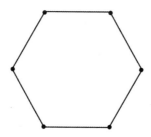

　육각형으로 만들어지는 빌딩 또는 다중 결정체는 다음 두 조건을 만족하는 그래프로서 첫째로 6개의 모서리보다 더 짧은 회로(출발점으로 되돌아가는 경로)가 존재하지 않고, 둘째로 어떤 2개의 모서리를 선택하더라도 이 둘을 포함하는 육각형 회로가 존재해야 한다.

　여기 간단한 예가 있다. 이 그림을 보면 맨 위의 꼭짓점에서 출발하여 맨 아래의 꼭짓점까지 도착하는 3개의 경로가 있고, 이 중에서 2개를 조합하면 육각형 회로가 만들어진다. 따라서 총 3개의 회로가 존재하고, 임의의 두 모서리는 이 셋 중 어느 하나에 포함되게 된다.

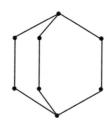

이 예는 풍부한 대칭성을 보여주기에는 너무 단순하다. 좀 더 풍부한 대칭성을 보여주기 위해 보다 복잡한 경우를 생각하는데 우선, 각 꼭짓점은 같은 수의 모서리에 연결되어 있어야 한다. 다음 그림을 보면 각 꼭짓점이 정확히 3개의 모서리에 연결되어 있다. 이 그림은 멋있긴 하지만 각각의 육각형이 찌그러져 있어서 대부분의 대칭성을 잃고 말았다.

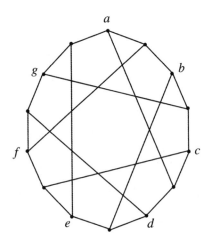

이제 이 그림을 읽는 방법을 설명하겠다. 이것은 14개의 꼭짓점이 바깥쪽에 위치한 회로 위에 놓여 있고, 모서리는 21개로서 이 중 14개는 바깥 회로에 있고, 조금 더 긴 7개는 안쪽에 서로 교차하며 위치하고 있다(안쪽에서 교차하는 모서리의 교점은 무시한다). 이 그림은 매우 우아하지만 풍부한 대칭성을 보여주기는 힘든 게 사실이다. 모든 모서리의 길이를 같게 하고 모든 육각형 회로가 정육각형이 되도록 그리는 식으로 완벽한 그림을 그리는 것은 불가능하다. 이 그래프 안에는 28개의 육각형 회로가 있는데, 아래에 표시한 것처럼 네 가지 서로 다른 모양이 각각 7개씩 있다.

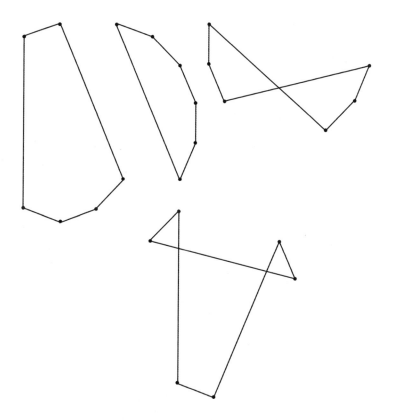

이 다중 결정체의 대칭성이 무엇을 의미하는지는 자명하지 않다. 14개의 꼭짓점에 대한 치환 중에서 모서리를 모서리로 보내는 것들이 치환을 구성한다. 다시 말해 한 모서리에 의해 연결된 두 꼭짓점은 치환 후에도 모서리에 의해 연결되어 있어야 한다. 이러한 치환들에 의해 만들어지는 군이 바로 이 **다중 결정체의 대칭성이** 의미하는 바이다.

이 설명이 어렵게 느껴지더라도 누구나 그럴 것이기 때문에 그리 걱정할 필요는 없다. 수학자들도 다중 결정체를 완전히 시각화하지는 못하고 그중 일부만 보여줄 수 있을 뿐이다. 예를 들어 단일 결정체를 눈으로 본 다음 상상력과 약간의 대수학으로 나머지를 채워 넣는다.

결정체 그 자체는 잘 알려진 패턴을 따르는데, 3차원 공간에서는 1장에서 보았던 정다면체가 된다. 아래 그림에서 보듯 정사면체, 정육면체, 정팔면체, 정십이면체, 정이십면체의 다섯 종류가 있다.

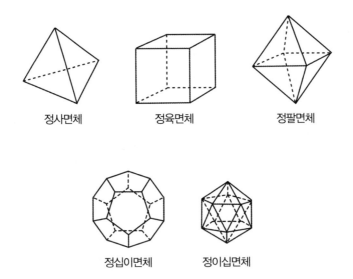

정사면체   정육면체   정팔면체

정십이면체   정이십면체

이들 정다면체 중 어느 하나에 기반한 다중 결정체는 그림으로 그리기 매우 복잡하다. 다중 결정체는 여러 개의 면을 갖고 있으며, 임의의 두 면에 대해 이를 포함하는 **단일 결정**이 존재한다. 어느 누구도 전체 모습을 그림으로 그릴 순 없지만 이것이 수학자들이 연구를 그만둘 이유가 되지는 못한다. 3차원이 넘는 고차원에서도 마찬가지이다. 표에 있는 모든 유한 단순군을 얻기 위해 티츠는 3차원보다 높은 차원에서의 결정을 필요로 했으며, 이러한 고차원 결정을 결합하여 다중 결정체를 만들어 냈다.

고차원 다중 결정체는 듣기만 해도 끔찍하지만, 고차원 공간에서의 단일 결정은 생각하기 나름이지만 그렇게 사악할 정도는 아니다.

차원	결정체 유형				
3	$A3$	$B3$			$H3$
4	$A4$	$B4$		$F4$	$H4$
5	$A5$	$B5$			
6	$A6$	$B6$	$E6$		
7	$A7$	$B7$	$E7$		
8	$A8$	$B8$	$E8$		
9이상	A와 B형만 존재함				

3차원에는 세 가지 유형의 결정이 있다. 정사면체는 $A3$형이고, 정육면체와 정팔면체는 $B3$형이며 정십이면체와 정이십면체는 $H3$형이다. 위 표를 보면 모든 차원에서 정사면체(A형)와 정육면체 및 정팔면체(B형)의 유사 모형이 존재함을 알 수 있다. 이러한 고차원 유사 모형에 대해 설명하는 것은 비교적 할 만해 보인다. 물론 전혀 자명하진 않지만 또 그렇게 사악하지도 않다.

*A*형은 2차원에서 3개의 꼭짓점을 갖는 삼각형이 된다. 3차원에서는 4개의 꼭짓점을 갖고 임의의 두 꼭짓점을 잇는 모서리가 존재하는 사면체가 된다. 4차원에서는 5개의 꼭짓점을 갖고 임의의 두 꼭짓점을 잇는 모서리가 존재하는 도형이 된다. 5차원에서는 6개의 꼭짓점을 갖는 식이다. 모든 경우에 임의의 두 꼭짓점을 잇는 모서리가 존재한다. 물론 각 면은 삼각형, 사면체 등이 되어 차원이 높아질수록 복잡해지겠지만 그 구조는 아주 단순하다.

*B*형은 2차원에서 정사각형이다. 3차원에서는 정육면체가 된다(정팔면체도 가능하지만 정육면체에만 집중하기로 한다). 4차원에서의 모습을 상상하기 위해서는 먼저 정육면체의 면들을 원근법으로 바라본다. 아래 그림에서 큰 정사각형은 앞면을 나타내고 작은 정사각형은 뒷면을 나타낸다. 나머지 네 면은 원근법에 의해 변형된 모습으로 그 사이에 나타나 있다.

 정육면체

정육면체의 4차원 유사 모형에서는 정사각형이었던 각 면이 한 차원 높아져 정육면체가 된다. 정사각형 안에 또 다른 정사각형이 들어 있는 대신에 정육면체 안에 또 다른 정육면체가 들어 있는 것으로 그림을 그린다.

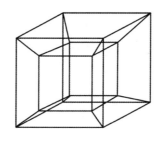

테서랙트

다시 한번 모든 것들을 원근법으로 바라본다. 4차원 입방체 (테서랙트(tesseract)라고 부르며, 이 이름은 숫자 4를 뜻하는 그리스어 *tessera*에서 왔다)를 3차원 공간에 투영시키고 그것을 다시 종이 위에 그린 것이다. 커다란 정육면체와 작은 정육면체는 각각 테서랙트의 앞면과 뒷면을 나타낸다. 그 사이에 있는 다른 육면체들은 테서랙트의 나머지 면들을 나타낸다. 테서랙트도 6개의 면을 갖고 있다. 4차원 공간에서는 완전한 대칭을 이루었으나 원근법으로 그렸기 때문에 모양이 찌그러진 것이다. 테서랙트가 회전하는 모습을 보여주는 4차원 공간에 대한 컴퓨터 시뮬레이션이 있다. 서로 다른 면들이 앞으로 나오면서 완전한 정육면체가 된다.

5차원에서 정육면체와 테서랙트의 유사 모형을 그리려면 하나의 테서랙트 안에 또 다른 테서랙트를 집어넣은 다음 꼭짓점끼리 연결하여 모서리를 만들면 된다. 이 모형은 펜택트(pentact)라고 부른다. 6차원에서는 하나의 펜택트 안에 또 다른 펜택트를 집어넣는 식이다. *B*형 결정은 모든 차원에서 존재한다.

앞의 표에서 보듯이 3, 4, 6, 7, 8차원에서는 다른 유형의 결정이 존재하는데 6, 7, 8차원에 존재하는 결정을 처음 발견한 사람은 수학자가 아닌 변호사였다. 물론 이들 결정은 법률 사건과는 아무런 관계가 없다. 19세기 후반 런던에 살던 소롤드 고셋(Thorold Gosset: 1869~1962)이라는 이름의 이 젊은 변호사는 여가를 활용해 고차원 공간을 연구하는 취미가 있었다. 1900년 고셋은 그동안의 연구 결과를 발표했는데, 고셋이 발견한 결정에 대해서는 나중에 다시 살펴보도록 하자.

앞에서 말했듯이 다중 결정체는 자크 티츠의 발명품이다. 티츠의 연구는 많은 관심을 끌었으며 티츠는 브뤼셀에서 독일 본 대학교로 옮겼다. 1974년 다중 결정체를 다룬 책이 출판되었고 티츠는 파리의 명망 있는 연구 기관인 콜레주 드 프랑스에 자리를 얻어 옮겼다. 이 책에서 티츠는 놀랄 만한 정리를 증명하였는데, 결정이 3차원 이상이 되면 다중 결정체는 굉장히 풍부한 대칭을 갖게 된다는 것이다. 티츠는 이 정리를 이용하여 모든 다중 결정체를 발견하고 주기율표에 나오는 유한 단순군에 대한 충분히 만족스러운 기하학적 설명 방법을 제시할 수 있었다.

이것은 우아한 수학이지만 이 다중 결정체가 매우 복잡하기 때문에 어떻게 모든 다중 결정체를 만들어낼 수 있었는지 궁금할 것이다. 티츠는 유한 단순군으로부터 어떻게 다중 결정체를 얻을 수 있는지 보인 다음, 슈발레의 대수적인 방법을 이용하여 구성될 수 있음을 보였다. 그러나 이것은 다소 돌아가는 방법으로, 다중 결정체를 먼저 구성하고 나중에 유한 단순군을 얻는 식으로 보다 기하학적으로 접근하는 것이 좋다.

수학에서는 어떤 문제를 먼저 다루다가 약간 상이한 문제의 해답을 발견하는 경우가 종종 있다. 1984년 티츠는 독일 남서부 삼림지대에 위치한 마을인 오베르볼파흐의 아름다운 수학 연구소에서 열린 학회에서 강연을 했다. 사냥꾼들의 숙소로 사용되던 곳에 1944년 수학 연구소가 세워졌다. 제2차 세계대전 이후에 이곳을 총괄하던 빌헬름 쥐스가 기금을 마련하여 재건축과 확장을 했다. 지금은 수학 학회를 개최하는 곳 중에서 전세계적으로 가장 아름다운 곳 중 하나로 손꼽힌다. 티츠의 강연은 다중 결정체에 대한 것이었는데, 각각의 결정은 평면으로서 이등변삼각형들이 욕실 벽의 타일처럼 붙어 있는데, 이 평면은 모든 방향으로 무한히 뻗어 있어서 이렇게 만든 다중 결정체 역시 무한이 되어 유한군과는 직접적으로 관련이 없었다. 나는 그 당시에 다중 결정체에 대해 고민하면서 한 꼭짓점에서 출발하여 바깥 방향으로 옮겨가면서 결정을 키워 나가는 방법을 발견하였다. 비결은 각각의 꼭짓점에 앞으로 어떻게 자라나게 될지 지시해주는 작은 '유전 암호'를 마치 꽃잎처럼 붙여 넣는 것이었다. 이것은 실험실에서 값비싼 장비를 조심스럽게 다룰 필요 없이 순수히 이론적으로만 구성하는 것을 의미한다.

다음 해 여름, 티츠와 나는 파리에서 만나 이 방법을 다중 결정체에 적용하였는데, 무한 평면에 타일을 붙이는 것이 아니라, 각각의 결정이 팔면체와 같은 다면체인 경우를 생각하였다. 이것은 힘든 작업이었는데, 평면에 타일을 붙이는 것처럼 무한히 계속되는 것이 아니라, 다면체의 뒷면으로 돌아가면서 다면체의 면들을 서로 이어 붙여야 하기 때문이다. 그러나 티츠는 이 문제를 어떻게 공략할 것인지 아이디어가 있었으며 이를 나와 피에르 들리뉴(Pierre Deligne; 1944~)라는 또 한 명의 수학자에게 설명해 주었는데, 들리뉴는 브뤼셀의 고등학교에 재학하던 시절에 티츠가 강의하는 대학 수업을 들었던 인연이 있다.

이것은 어떻게 수학 연구가 이루어지고 있는지 보여주는 한 단면이다. 사람들이 둘러 앉아 이야기를 하는데, 아마도 한 손엔 분필이 들려 있을 수도 있다. 그들은 이야기를 하면서 자신의 생각을 명확히 만든다. 들리뉴는 말을 잘 했는데, 후에 그는 20세기에 가장 위대한 수학자 중 한 명이 된다. 티츠는 들리뉴에 대해 이렇게 말한 적이 있다. "그는 놀라워. 누군가 그에게 무언가를 설명하면 들리뉴는 2분 만에 모든 걸 이해하고, 게다가 더 많은 걸 알게 된다네." 우리는 어느 화창한 날에 1층 사무실에 앉아 있었고, 티츠는 망설이며 칠판에 몇 가지 기호를 적고 있었는데, 들리뉴가 이의를 제기하며 멈춰 세웠다. 들리뉴는 해답도 없이 복잡한 문제에 대한 해답 그 너머의 것을 그 즉시 봤던 것인데, 이것은 나중에 중요한 것으로 드러나고 나는 놀라고 말았다.

마침내 성장하는 3차원 다중 결정체에 유전 암호[37]를 결합함으로써 우리는 3차원 이상의 모든 차원에서 다중 결정체를 성장시킬 수 있었다. 슈발레가 했던 대수적 방법이 아닌 기하학적 방법으로 거의 모든 유한 단순군을 얻어낼 수 있게 된 것이다. 3차원으로 충분하다는 것은 놀라운 일인데, 수학에서는 낮은 수준에서 문제를 해결했더니 높은 수준의 문제도 자연히 해결되는 일이 종종 일어난다. 우리의 유전 암호는 기초적이었지만 $E8$형의

다중 결정체와 같은 복잡한 대상도 만들어 낼 수 있었는데, 이
형태를 갖는 가장 간단한 다중 결정체도 우주에 존재하는 입자의
개수보다도 많은 면을 갖고 있다.

　다중 결정체에 대한 이야기를 마치기 전에 다중 결정체로부터
온갖 종류의 매력적인 패턴이 나온다는 것을 언급하고자 한다.
그중에 하나로 138쪽에 나오는 다중 결정체 그림을 보면, 꼭짓점을
하나씩 건너뛰며 7개의 꼭짓점에 a부터 g까지 문자가 대응된다.
나머지 7개의 꼭짓점은 세 개의 문자가 있는 꼭짓점과 연결되어
있다. 이렇게 연결된 세 개의 문자를 한 단어로 해서 해당 꼭짓점에
대응시키면, 다음과 같이 세 글자로 구성된 단어 7개를 얻게 된다.

$$abf$$
$$bcg$$
$$acd$$
$$bde$$
$$cef$$
$$dfg$$
$$age$$

　이렇게 7개의 꼭짓점에 세 글자로 이루어진 단어를 대응시키고,
잠시 다중 결정체는 잊어버리도록 하자. 이 단어들을 주의 깊게
살펴보면 임의의 두 문자가 정확히 하나의 단어에 포함되어 있음을

알게 될 것이다. 또한, 두 단어는 정확히 하나의 문자를 공통으로 갖고 있다.

정말 놀라운 패턴이지 않은가? 그렇다면 혹시 네 개의 문자로 구성된 단어들 사이에도 유사한 패턴이 존재할 수 있을까? 즉, 두 문자가 정확히 하나의 단어에 포함되고, 두 단어는 정확히 하나의 문자를 공통으로 갖는 것이 가능할까?[38] 정답은 '가능하다'이다. 13개의 문자로 구성된 네 글자짜리 단어 13개로 이러한 패턴을 만들어 낼 수 있다.

이러한 패턴은 유용하게 응용될 수 있다. 예를 들어 일련의 실험을 계획하는데, 임의의 한 쌍의 실험 대상이 정확히 하나의 실험에 포함되고, 두 실험이 정확히 하나의 대상을 공유하게끔 만들고 싶다고 가정하자. 각 실험 대상을 각 문자로 표현하고, 각 실험을 단어로 표현하면 정확히 위 문제와 같아진다.

단어의 길이를 늘려도 이런 패턴이 가능할까? 단어의 길이가 5와 6인 경우에는 가능하지만 7인 경우에는 불가능하다. 7이 불가능한 것은 어렵지 않게 증명할 수 있다. 그러나 단어의 길이가 8, 9, 10인 경우에는 이런 패턴이 존재한다. 여기에 어떤 규칙이 있는 것일까?

어떤 길이는 가능하고 어떤 길이는 불가능하다. 단어의 길이를 $q+1$로 놓자. 왜 이렇게 놓는지는 잠시 후면 알게 된다. 우리는 이 길이를 갖는 단어를 모으는데, 두 가지 성질, 즉 임의의 쌍의 문자가 한 단어에 포함되고, 한 쌍의 단어는 정확히 한 문자를 공유하는 성질을 갖는 모임을 생각한다.

만일 q가 소수이거나 소수의 거듭제곱이면 가능하다. 다시 말해 q가 2, 3, 5, 7, 11이거나(소수인 경우) $4=2^2$, $8=2^3$, $9=3^2$ 이면(소수의 거듭제곱인 경우) 가능하다. 그렇지 않고 q가 6이고 단어의 길이가 7이 되면 불가능하다. 6 이후에 문제가 되는 수는 10이다. 즉, $q=10$이고 단어의 길이가 11이 되는 경우 위 성질을 갖기 위해서 문자의 개수가 111개가 되어야 한다.

그런데 과연 이 경우에 해당 성질을 만족하는 패턴이 존재할까? 1950년대 후반에 이것은 이미 오래된 난제 중 하나였고, 일부 사람들은 컴퓨터를 이용해 문제를 풀려는 생각을 갖기 시작했다. 이 생각은 1990년대에 들어 컴퓨터가 굉장히 강력해지면서 마침내 실현되었는데, 컴퓨터를 통한 증명은 손으로 확인할 수 없기 때문에 여전히 만족스럽지 못한 측면이 있다. 이 이야기는 나중에 다시 하도록 하자.

6과 10 이후에 문제가 되는 수는 12이다. 이상한 대상을 만들어 내는데 정통하고, 나중에 우리 이야기에도 등장하는 어떤 인물이 q가 12인 경우에 대한 예를 만들어내려고 시도하였다. 그는 이 문제를 풀기 위해 많은 생각과 강력한 컴퓨터를 사용하며 몇 년간 매우 열심히 연구하였지만 결국 포기하고 말았다. 만약 누군가 q는 소수이거나 소수의 거듭제곱이어야만 한다는 것을 알았다고 말해도 그리 놀랍진 않을 것이다. 만약 이 사실의 참과 거짓 여부에 내기를 해야 한다면 참 쪽에 걸 것이다. 하지만 거짓이 될 수도 있기 때문에 많이 걸지는 않을 것이다. 그리고 여기에 수학의 어려운 점이 있다. 많은 그럴듯한 예가 있어도 충분치 않다. 참이든 거짓이든 증명을 해야만 한다. 증명은 기술적 어려움과 추상화는 말할 것도 없고 많은 사람들을 수학에서 멀어지게 하는 좌절감을 주는 과정이 될 수 있다. 반드시 증명을 해야만 한다는 점에 대해서 대학 행정을 하는 높은 자리로 간 동료 수학자는 내게 이런 말은 한 적이 있다. "수학은 인정사정없는 과목이야."

9장을 시작할 때 나는 다중 결정체를 '빌딩'이라고 불렀는데, 이 용어의 유래에 대해 설명하며 이 장을 마치려고 한다. 이 용어를 만든 사람은 자크 티츠로 처음에는 다른 말로 불렀었다. 티츠는 처음에 점, 선, 면을 포함하는 전통적인 의미에서의 기하학을 연구하면서 빌딩이라는 개념을 만들어 냈고, 이 새로운 개념에 대해 (물론 정확히 그가 의미하는 것을 적절히 정의한 다음에) 기하적인 용어를 계속해서 사용했었다. '빌딩'이란 용어는 부르바키가 처음 사용하였다. 이 부활한 프랑스 장군은 고급 수학의 기초를 올바르게 세우는 임무를 띠고 활동했음을 기억하기 바란다. 물론 부르바키는 프랑스어를 사용했기 때문에 빌딩에 해당하는 프랑스어로 건물이란 뜻을 지닌 'immeuble'이라는 단어를 사용했고, 빌딩은 이를 영어로 번역한 것이다. 그럼 부르바키는 왜 이 단어를 선택했을까?

티츠의 다중 결정체는 결정들을 결합시킨 것이다. 이 결정들은 리 군에서 자연스럽게 등장하는데, 결정의 면을 '방'(chambers)'이라고 불렀다. 티츠는 결정을 '뼈대'(skeletons)'라고 부르기도 했는데, 그것은 결정이 이 이론의 뼈대를 이루기 때문으로 일종의 비유라고 볼 수 있다. 방이라는 용어를 염두에 두고 부르바키는 결정을 '아파트'라고 불렀고, 전체 모습을 빌딩이라고 불렀다.

대정리

유클리드가 그토록 사랑했던 귀류법은 수학자들이 명제를
증명하는 데 사용하는 가장 강력한 무기 중 하나이다. 수학을
체스에 비유하자면 귀류법은 가장 훌륭한 초반 전략이다.
체스 선수는 경기의 승리를 위해 폰이나 다른 기물을
희생양으로 삼는 데 반해 수학자는 경기 자체를 건다.

G.H. 하디,『어느 수학자의 변명(*A Mathematician's Apology*)**』,** 12장

아포스톨로스 독시아디스가 쓴 소설『그가 미친 단 하나의 문제,
골드바흐의 추측(*Uncle Petros and Goldbach's Conjecture*)』에는 한 수학자가
평생에 걸쳐 한 수학 난제를 해결하려 노력하는 모습이 나온다.
임의의 짝수를 언제나 소수 두 개의 합으로 고쳐 쓸 수 있을까?
컴퓨터를 이용하여 살펴본 결과 60,000,000,000,000,000이하의
짝수에 대해서는 언제나 두 개의 소수로 쓸 수 있음을 확인하였다.
하지만 정말 모든 짝수에 대해 이 성질이 성립하는지 어떻게 증명할
수 있을까? 아직까지는 그 누구도 증명하지 못했다.

이 책에 나온 가공의 수학자처럼 대부분의 순수 수학자들은

정말로 수학적 난제를 증명하는 데 도전하기를 좋아한다. 그런데 무엇 때문에 증명이 어려운 걸까? 골드바흐의 추측처럼 어떻게 풀어야 할지 아무도 알지 못해서일까, 아니면 에베레스트 산을 오르기 위해서는 산 기슭에 베이스 캠프를 차리고 적절한 장비와 따뜻한 옷이 필요한 것처럼 증명이 매우 복잡해서 많은 준비가 필요해서일까? 골드바흐의 추측이 첫 번째 부류에 해당하는 것은 분명해 보이고, 어쩌면 두 번째 부류에도 해당될지 모르겠다. 짝수와 관련된 명제 중에 두 번째 부류에 해당될 것이 분명한 것이 하나 있는데, 이것은 대칭을 다루는 수학 분야인 **군론**에 속한다. 이 명제는 믿을 수 없을 정도로 단순한 주장을 하고 있는데, 소수 순환군을 제외한 단순군은 모두 짝수 위수를 갖는다는 것이다. 앞에서 얘기했듯이 단순군은 보다 단순한 부분군으로 분해할 수 없는 군을 말하며, 이 명제를 다시 표현하면 홀수 위수를 갖는 군은 소수 순환군들로 완전히 분해될 수 있다는 것이다. 이런 의미에서 이 정리를 '홀수 위수 정리(odd order theorem)'라고 부르기도 한다.

나중에 설명하겠지만, 이 정리는 매우 중요해서 이로부터 많은 결과들이 뒤따라 나오고 결국은 모든 유한 단순군의 발견과 분류로 이어진다. 발터 파이트(walter feit; 1930~2004)와 존 톰슨이 증명한 이 명제는 에베레스트 산을 오르는 것과 같이 복잡하다.

이처럼 대단히 중요하고 단순 명료하게 표현되는 결과라면 세상의 모든 수학 학술지들로부터 두 팔 벌려 환영받지 않았을까? 사실은 그렇지 않았다. 많은 학술지가 논문의 길이를 이유로 들어 게재를 거부하였다. 255쪽에 달하는 세밀한 논증은 학술지에

게재하기에 너무 길었던 것이다. 학술지에 게재되는 논문들의 길이는 보통 10쪽에서 20쪽이고 대단히 중요한 결과인 경우에도 40쪽이나 50쪽인데, 255쪽이라니! 이 논문은《퍼시픽 수학 저널(*Pacific Journal of Mathematics*)》에 게재되었는데, 한 권의 지면을 모두 채웠고, 편집자들은 이 논문의 출간을 매우 자랑스러워했다.

수학자가 논문을 학술지에 제출하면, 편집자는 심사위원에게 조언을 구한 후 게재를 결정한다. 보통 심사위원들이 논문의 수락을 권고하기 전에 논문 전체를 꼼꼼히 읽어보고 편집자에게 상세한 발견사항을 전달하는데, 표현이 부적절하거나 기술적인 세부 사항 중 불분명한 부분을 지적하거나 때로는 지름길을 제안하기도 한다. 파이트와 톰슨의 논문의 경우 이러한 점을 기대하기는 무리였고 이러한 부분이 심사위원의 의무도 아니다. 만일 이미 게재된 논문에 잘못된 부분이 있다는 것이 나중에 밝혀진다면 당황스러운 일이겠지만 가장 당황스러운 것은 저자일 것이다. 이 논문의 저자인 파이트와 톰슨은 어떤 사람들이고 왜 이 정리가 그토록 중요할까? 먼저 두 번째 질문에 답해보도록 하자. 이 질문에 대답하기 위해 1933년에 미국으로 이주한 독일 수학자의 연구를 이야기하지 않을 수 없다.

1933년 1월 30일, 히틀러와 나치는 독일 정부를 장악했고, 1933년 4월 7일 새로운 공무원법이 시행되면서 대부분의 유대인, 정확히는 비아리아인으로 분류되는 사람들을 대학에서 쫓아냈는데, 조부모 중 한 명만 유대인이면 이렇게 분류했다. 32세의 젊은 수학자였던 리하르트 브라우어(Richard Brauer; 1901~1977)는 쾨니히스베르크 대학교(현재는 칼리닌그라드 대학교)에 이미 8년 전부터 수학자로 재직하고 있었는데, 나치의 새로운 포고령으로 인해 브라우어는 직장을 잃었고, 이에 다급하게 해외에서 일자리를 찾아야 했다. 리하르트 브라우어는 미국으로 갔지만, 그에게 수학에 대한 사랑과 영감을 주었던 그의 형인 알프레드 브라우어는 베를린 대학교에 있는 자리를 유지하였고 독일에 남았다. 제1차 세계대전에 참전했던 사람들을 위한 예외 조항이 있었기에 가능했는데, 그러나 1935년 가을에 열린 뉘른베르크 나치 전당대회에서 이 법을 무시할 수 있는 결정이 이루어지면서 알프레드 역시 일자리를 잃고 말았다.

1933년에 일어난 일은 참으로 경이적이었다. 손더스 매클레인(Saunders Mac Lane; 1909~2005)이라는 이름의 젊은 미국 수학자는 공부를 위해 독일에 가기로 결심했다. 시카고 대학교에서 보낸 대학원 생활에 약간 실망한 후에 수학의 중심지였던 독일 괴팅겐 대학교로 갔다. 1931년 독일에 도착한 매클레인은 매우 활기찬 대학의 분위기에 고무되었지만, 얼마 안 있어 1933년에 내려진 반유대인 조치에 의해 야기된 대대적인 파괴를 목격하였다. 5월 3일 매클레인은 어머니에게 쓴 편지에서 이렇게 썼다. "많은 수의 교수와 강사들이 해고되거나 학교를 떠났고 수학과는 완전히 무력화되었습니다."[39] 브라우어의 학위 논문 지도교수였던 베를린 대학교의 이사이 슈어(Issai Schur; 1875~1941) 역시 동료 교수들의 반대에도 불구하고 1933년에 해고되었는데, 슈어가 러시아인이었기 때문이었다. 한 동시대인은 당시의 상황을 이렇게 묘사하고 있다.

"슈어는 주변에서 존경과 사랑을 받고 있었기 때문에, 슈어의 강의가 폐강되자 학생들과 교수들이 격렬히 항의했다." 그러나 시간이 지나자 사람들은 나치의 행동에 익숙해졌다. 슈어는 자신에게 가해진 수많은 박해와 굴욕을 이해할 수 없었는데, 한 동시대인은 1935년 1월, 슈어의 60세 생일에 관련된 일화를 다음과 같이 전하고 있다.

> 슈어는 내게 베를린 대학교 수학과 사람들 중에서 자신에게 친절하게 대한 사람은 당시 젊은 강사였던 그룬스키(Helmut Grunsky)가 유일했다고 말했다. 전쟁이 끝나고 오랜 시간이 지난 후에, 그룬스키를 만나게 되어 이 이야기를 했더니 그룬스키는 문자 그대로 울면서 말하기 시작했다. "내가 한 일이 무엇인지 압니까? 나는 슈어 선생님께 60세 생신을 축하하는 엽서 한 장을 보냈습니다. 슈어 선생님을 존경하고 있었기에 그 마음을 엽서에 담아 보냈을 뿐입니다. 얼마나 외로우셨으면 그런 사소한 일을 기억하고 계셨을까요?"[40]

1933년 이전에 독일의 대학들은 학문의 길을 안내하는 불빛이었다. 제1차 세계대전 이후 부르바키의 수학자들도 독일로 가서 새로운 발전을 배워 왔다. 리하르트 브라우어가 스스로 쓴 글에서 "그 당시 독일 대학의 지적 분위기를 경험했던 사람들은 누구나 향수를 갖고 기억하고 있다."라고 했듯이 독일의 대학

체계는 그 당시 세계에서 가장 활발하였다.[41] 나치의 위협이 짧은 일탈로 끝나고 모든 것이 정상으로 되돌아갈 것이라는 희망을 갖고 있었다. 그러나 역사는 그러지 못했고 독일에 남아 있던 리하르트의 여동생은 전쟁 기간 중에 강제수용소에서 죽음을 당했다.

그 사이에, 리하르트 브라우어는 1933년 미국 켄터키 대학교에서 1년 동안 계약직으로 일했고, 그 후 프린스턴 고등연구소에서 1년 동안 있었다. 이 연구소는 1930년 막 설립된 시점으로 브라우어는 독일의 재외국민이었던, 위대한 수학자인 헤르만 바일의 보조 연구원이 되었는데, 바일과 함께 일하게 된 사실에 브라우어는 흥분하여 이렇게 말했다. "나는 박사학위 논문을 준비하던 시절부터 언젠가 바일 선생님을 만나고 싶다는 소망이 있었는데, 그 꿈이 지금 실현되었다."[42] 바일은 수학과 물리학의 연관성에 열정적으로 연구하고 있었는데, 리하르트 브라우어와 함께 쓴 논문에서 양자역학에서의 전자 스핀 개념의 수학적인 배경을 제공하였다.

이듬해에 브라우어는 캐나다 토론토 대학교에 자리를 잡았는데, 브라우어는 이곳에서 13년간 머물렀다. 이후 1948년 미시간 대학교로 옮겼다가 1952년 다시 하버드 대학교로 옮겼다. 리하르트 브라우어는 '수학은 언제나 젊은 사람들의 영역'이라는 통념을 깨뜨린 장본인이었다. 브라우어는 51세에 하버드 대학교에 임용되었는데, 브라우어의 전기 작가 중 한 사람은 이렇게 썼다. "브라우어의 경력을 보면 죽을 때까지 이렇게 독창적이고 깊이 있는 연구를 지속적으로 내놓았다는 것이 경이롭다."[43] 브라우어가 발표한 논문의 반 정도는 쉰 살이 넘어서 쓴 것으로, 그중 하나가 모든 유한 단순군을 발견하는 방법을 다루고 있는데, 이에 자극을 받아 파이트–톰슨 정리가 나왔다.

이 논문의 핵심은 다음과 같다. 만일 유한 단순군의 크기가 짝수이면 코시(갈루아의 논문을 잃어버렸던 바로 그 사람이다)의 정리에 의해 위수가 2인 부분군이 존재한다. 이 말은 두 번 연달아 적용하면 모든 것을 원래대로 되돌려 놓는 대칭이 존재한다는 뜻이다. 예를 들어 거울 대칭은 위수가 2이다. 거울 대칭을 한 번 수행하면 모든 것이 거울 건너로 가서 뒤바뀌고, 이를 한 번 더 수행하면 모든 것이 원래 있던 곳으로 되돌아온다. 유한 단순군 내에서 거울 대칭은 아주 작은 부분에 불과하지만 이로부터 중요한 결과를 이끌어냈다. 대부분의 부분군은 한 거울을 다른 거울로 옮기는 역할을 하지만 어떤 것은 거울을 고정시킨다. 이 거울을 고정시키는 부분군을 가리키는 전문적인 용어가 있지만 나는 이 책에서 그것을 **절단면**(cross–section)이라고 부를 것이다.[44]

유한 단순군은 하나의 절단면만을 가질 수는 없는데, 왜냐하면 유한 단순군을 절단면에 작용시키면 서로 다른 지점으로 절단면을 옮기게 되기 때문이다. 이것은 같은 모양을 갖는 여러 개의 절단면을 형성하게 되고, 거꾸로 이러한 절단면으로부터 유한 단순군을 재구성할 수도 있는데, 이것은 인체의 단층 촬영으로부터 장기의 모습을 재구성하는 것에 비유할 수 있다. 여기서 브라우어가 자신의 학생이었던 파울러(K. A. Fowler)와 함께 증명한 사실은 같은 모양의 절단면들을 재결합하는 방법의 수가 굉장히 제한적이라는 것이다. 다시 말해 절단면을 알면 유한 단순군이 거의 정해진다는 것이다. 브라우어는 일부 리 집합족의 경우에는 절단면에 의해 전체 군이 유일하게 결정됨을 증명하였다. 이것은 엄청난 결과였는데, 왜냐하면 모든 유한 단순군을 찾아내는 방법이 있을 수 있다는 뜻이기 때문이다.

아이디어를 설명하면 이렇다. 이미 알고 있는 단순군들에 대해 절단면을 살펴본다. 각각의 경우마다 그런 절단면을 갖는 다른 단순군은 더 이상 없다는 것을 증명하거나 그렇지 않으면 해당 절단면을 갖는 또 다른 단순군을 발견한다. 다른 가능한 절단면에 대해 같은 작업을 반복한다. 해당 절단면을 갖는 단순군이 존재하지 않음을 보이거나 새로운 단순군을 발견한다. 만일 새로운 단순군을 발견하면 그것을 절단면으로 삼는 더 큰 단순군을 찾는다. 이것이 몬스터가 발견된 바로 그 방법으로 먼저 절단면을 찾았던 것이다. 이 이야기는 나중에 더 자세히 하겠다. 이 작업이 끝나면 모든 유한 단순군의 목록을 얻게 되는 것이다.

이것은 놀라운 계획이었다. 하지만 여기에는 작은 문제가 하나 있었는데 모든 단순군이 절단면을 갖는지 어떻게 알 수 있을까? 즉, 모든 단순군의 크기가 짝수인지 어떻게 확신할 수 있겠는가? 이것이 바로 파이트와 톰슨이 증명한 것이다. 그것은 대단한 결과였고 나중에 모든 유한 단순군을 발견하고 분류하는 프로그램을 지휘한 다니엘 고렌슈타인(Daniel Gorenstein; 1923~1992)은 이렇게 말했다. "단 하나의 결과로서 유한 단순군의 완전한 분류라는 광대한 작업을 시작하고 이 분야를 개척한 것은 무엇보다도 발터 파이트와 존 톰슨의 정리라고 기억될 것입니다."⁴⁵ 그런데 파이트와 톰슨은 어떤 사람들이고 어떻게 그런 정리를 얻어냈을까?

나치 정부가 리하르트 브라우어를 쫓아낸 1933년, 발터 파이트는 세 살이었으며 비엔나에 살고 있었다. 1939년 파이트의 부모님은 킨더트랜스포트*에 어린 아들을 보냈다. 파이트는 1939년 9월 1일 비엔나를 떠났다. 파이트의 부모님은 보름 후에 뒤따르기로 했지만, 이틀 후인 1939년 9월 3일 제2차 세계대전이 발발했다. 어린 발터 파이트는 영국에 도착했고, 런던의 이모 집에 머무르려고 했지만 영국 정부는 이미 어린이들을 대도시에서 시골 지역으로 대피시키고 있었다. 발터 파이트는 여러 번 이주해야 했고 결국 옥스퍼드에 있는 한 학교에서 장학금을 받으면서 전쟁이 끝날 때까지 머무를 수 있었다.

1946년 후반, 발터 파이트는 학교를 떠나 미국으로 건너갔고, 도착 이틀 후에 뉴욕에서 400명이 넘는 사람이 모인 유대인 가족 모임에 참여했다. 그 다음 날 새로운 환경에 대한 희망과 행복감으로 런던에 있는 이모에게 편지를 썼다.

　　프리다 이모에게,
　　지금까지 너무 바빠 편지를 쓸 틈도 없었습니다. …

---

* 유대인 어린이들을 해외로 대피시키는 작전

어젯밤은 미국에서 맞는 새해 전야였습니다. 중요한 명절이라 저는 저녁 행사에 참여했습니다. 거기에는 400명이 넘는 사람들이 있었습니다. … 월요일에 저는 마이애미로 갈 채비를 했습니다. 저는 다섯 벌의 새로운 바지와 두 벌의 새로운 상의와 새로운 신발이 있습니다. 여기에 작은 시계까지 있습니다. … 이 나라에는 앞으로 익숙해져야 할 것들이 많이 있습니다. 예를 들면, 저는 지금 아저씨의 부엌에 앉아 있는데, 그는 특별히 잘 사는 게 아닌데도 커다란 냉장고와 태양등, 전자시계 등이 보이고, 중앙난방을 포함하여 영국의 평범한 가정에서 볼 수 없는 것들도 다수 있습니다.[46]

마이애미가 발터 파이트의 다음 정착지였는데, 그곳에서 그는 친척과 머물다가 9월에 공부를 위해 시카고 대학교로 갔다.

나치를 피해 탈출한 다른 많은 사람들처럼 발터 파이트는 자신의 어릴 적 이야기를 과거 속에 남겨두고 말하길 꺼려했다. 그러나 1990년 옥스퍼드에서 열린 학회에서 그의 60세 생일을 기념하며 한 강연에서 파이트는 시카고 대학교에 가기 전에 옥스퍼드에 있던 학교에 다녔다는 사실을 말해 청중을 놀라게 하였다.

시카고 대학교에서 파이트는 석사 학위를 받고 일주일 뒤에 학사 학위를 받았다(일반적인 경우와는 순서가 다르다). 그 후에 미시간 대학교로 가서 리하르트 브라우어의 지도를 받았다. 이후 약 25년 후에 브라우어가 죽었을 때, 파이트는 브라우어의 생애에 대한 우아하고 상세한 글을 써서 미국수학학회에 보냈다. 이 글에는 독일에서의 삶과 미국으로 건너오게 된 사연을 다루었는데, 발터 파이트가 쓴 글은 다가오는 위협을 아슬아슬하게 피했던 본인이 아니면 아무도 몰랐을 내용을 담고 있었다. 파이트를 비엔나에서 해외로 안전하게 도피시켰던 킨더트랜스포트 작전은 파이트가 마지막 대상이었다.

브라우어가 하버드 대학교로 자리를 옮긴 후에 파이트는 미시간 대학교에 머물며 박사 학위를 받았고, 졸업 후에 코넬 대학교에 자리를 잡았다. 당시 22세였던 파이트는 곧바로 미국 군대에 징집되었고 18개월 후에 코넬 대학교에 돌아온 뒤 젊은 존 톰슨을 만났다.

톰슨은 예일 대학교에서 학부과정을 지냈는데, 처음에는 신학을 공부하기 시작했다. 그러나 1년 후에 수학으로 전공을 바꿨고 매우 뛰어난 실력을 보였으며 이에 매클레인이 대학원 공부를 위해 시카고 대학교로 초대하였다. 톰슨은 유한군과 같은 유한의 세계를 다루는 수학에 흥미가 있었는데, 그 당시에는 그리 유행하던 주제가 아니었기에 한 저명한 교수는 톰슨에 대해 의심을 표현하였다. "존 톰슨이라는 친구를 조심해. 그의 말은 전혀 신뢰할 게 못 돼." 이 교수의 태도는 대학원생들에게도 전염되어 일부 학생들은 유한 수학을 조롱하는 시를 적어 놓기도 하였다. 하지만 타탄 무늬의 넥타이와 겉옷을 자랑스럽게 입고, 연구 분야 역시 그 당시 매우 유행하던 수학을 하던 매클레인은 젊은 톰슨을 박사과정 학생으로 받아들였다. 매클레인은 유한군 이론이 굉장히 기술적인 주제임을 알았고, 자신이 이 주제를 할 수 없을 것 같다고 말했음에도 이 분야를 공부하는 학생을 받은 것은 다소 무모한 결정이었다. 그러나 톰슨은 스스로 공부하고 독립적으로 생각할 수 있는 학생이었기에 매클레인은 1958년 얼마 동안 학교를 비우면서, 별 걱정없이 막 이 학교에 부임한 다른 수학자에게 톰슨의 지도를 맡겼다.

이 새로운 수학자의 이름은 댄 휴즈(Dan Hughes)로, 톰슨에 대해 아찔한 속도로 수학을 하던 걸 회상했다. "아직도 톰슨이 만들어내던 노란 종이들이 생각납니다. 매일같이 그는 10장에서 12장이나 되는 종이를 내게 가져왔죠." 톰슨은 의지가 굳은 학생이었고 마침내 약 60년 동안이나 풀리지 않았던 오래된 가설을 풀어냈다. 이러한 내용을 포함한 박사 학위 논문은 화려할 수밖에 없었지만 다른 평범한 학생들처럼 톰슨도 구술 고사를 치러야 했다. 처음 톰슨에 대해 의구심을 표현했던 교수 역시 심사위원에 포함되었는데, 이렇게 말했다. "이렇게 훌륭한 학생을 평가한다는 것 자체가 바보 같은 일이다." 하지만 구술 시험은 치러졌고, 시험이 끝나자 톰슨은 잠시 방에서 나가 있어야 했다. 심사위원들은 적절성을 논의할 정도로 충분한 시간을 끈 다음에 톰슨을 다시 불렀다. "음, 존, 논의를 했지만 결정내리기 힘들었네. 하지만 우리는 결정을 내렸고, …" 대학원생이었던 톰슨은 심사위원들이 자신에게 짓궂은 장난을 쳤던 것을 몰랐을 것이다.

파이트와 톰슨은 처음에 서신 교환을 통해 의견을 나눴고, 공동 연구를 시작했으며, 높은 목표를 세우게 되었다. 위에서 말했던 대로 모든 유한 단순군의 크기는 짝수라는 것을 보이는 것이 목표였다. 이것은 홀수 크기를 갖는 군은 단순군이 될 수 없다는 것을 의미하고 이것이 파이트와 톰슨이 접근한 방법이었다. 때마침 스즈키 집합족을 발견했던 미치오 스즈키가 최근에 이 문제의 특별한 경우를 다루었고, 그 방법이 파이트와 톰슨의 연구에 개념적인 틀을 제공해주었다. 톰슨은 이렇게 회상한다. "1959년까지 우리는 맹렬히 전진했다." 그리고 캘리포니아 공과대학교(칼텍)의 마셜 홀(Marshall Hall, Jr; 1910~1990)과의 공동 연구를 통해 스즈키의 결과를 조금 더 일반적인 경우로 확장했다.

그 사이에 톰슨은 박사학위를 받고, 정보기관과 긴밀한 협력 관계에 있던 시카고 대학교 수학과 교수였던 애드리언 알베르트(Adrian Albert)의 추천을 받아 미국 국방연구원(Institute for Defense Analyses, IDA)에 취직했다. 톰슨은 1959년에서 1960년까지 학계에서 벗어나 그곳에 있었는데, 톰슨의 학위 논문 지도교수였던 매클레인은 시카고 대학교로 돌아온 뒤 이 사실을 알고 분노하고 말았다. 그러나 톰슨은 국방연구원에서도 수학 연구를 계속했으며, 그 사이 시카고 대학교에서는 1년간을 유한 수학을 위한 특별한 해로 지정하였다.

이러한 노력 덕분에 톰슨은 시카고 대학교로 돌아올 수 있었고 톰슨은 파이트와의 공동 연구를 심화시켰다. 두 사람은 정리가 성립하지 않는다는 가정에서 출발하여 모순을 이끌어내는 방법을 사용하였다. 다시 말해 크기가 홀수인 단순군을 잡은 다음 이러한 단순군은 존재할 수 없음을 보였다. 두 사람은 번사이드가 앞서서 사용했던 지표 이론을 매우 정교하게 사용하였는데, 파이트는 이 중요한 기법의 전문가였다. 그러나 고렌슈타인은 이렇게 말했다. "불행히도 훨씬 더 큰 장애물이 파이트와 톰슨을 기다리고 있었는데, 마지막 구성 중 하나가 원하던 모순을 완전히 피해갔고 톰슨은 1년이 꼬박 지나서야 이 마지막 구성을 제거할 방법을 찾을 수 있었다."[47] 톰슨의 방법은 매우 기술적이고, 간결하고, 영리했다. 오직 미치도록 전념하는 사람만이 그러한 논리를 발견할 수 있었다. 시카고 대학교에서 톰슨의 동료로 있던 조나단 앨퍼린(Jonathan Alperin; 1937~)은 최근에 이렇게 말했다. "톰슨은 여러 해 동안 1분의 시간도 허투루 쓰지 않고 연구에 매진했다. 내가 아는 사람 중 그처럼 집중할 수 있는 사람은 체스 경기자인 보비 피셔(Bobby Fischer; 1943~2008) 밖에 없다."

여러 해가 지난 1970년, 톰슨은 그동안의 업적을 인정받아 필즈상 수상자로 선정되었는데, 이것은 수학에 있어서 최고의 포상으로서 노벨상보다도 부러움을 받는다. 1936년에 처음 도입된 이래로 2018년까지 61명의 수상자가 있었는데, 같은 기간 노벨 물리학상을 받은 사람은 176명이다. 필즈상은 4년마다 수상자를 선정하며, 각 수상자마다 연배가 있는 수학자가 수상자의 업적에 대한 연설을 한다. 톰슨의 경우 리하르트 브라우어가 이 역할을 맡았는데, 연설에서 파이트–톰슨 정리를 언급한 것은 너무나 당연하였다.

여기 논문의 저자는 유명한 가설을 증명하여 모든 유한
단순군의 크기가 짝수라는 사실을 알게 되었습니다. 이
가설을 처음 얘기한 사람이 누군지는 잘 모르겠습니다.
50년 전에 이것은 이미 오래된 가설로 여겨졌습니다만 …
그 누구도 이 가설에 손도 대지 못했는데, 그것은 어떻게
시작해야 할지 조차 알 수 없었기 때문입니다.[48]

이와 같은 정리를 증명한 후에 후속 연구로 무엇을 해야 할까? 파이트-톰슨 정리의 핵심은 그것이 모든 유한 단순군을 분류할 수 있는 길을 열었다는 데 있고, 따라서 이 임무를 수행하는 것은 너무나 당연해 보였다. 사람들은 톰슨이 짧은 시간 내에 이 문제를 해결할 것이라는 말을 했지만, 그런 행운은 없었다. 사실 예외적인 군들로 인해 이것이 아주 복잡한 문제라는 것이 밝혀졌으며, 결국 이것은 우리가 앞으로 이야기할 몬스터와 연관되어 있다.

아이디어가 무엇이었는지 기억해보자. 알고 있는 단순군에 대한 절단면을 찾은 다음, 이 절단면을 갖는 다른 단순군은 없음을 보인다. 브라우어는 일부 집합족에 대해 이 작업을 했지만 아직도 해야 할 일이 너무도 많이 남아 있었다. 시카고 대학교에서의 특별한 1년 후에 톰슨은 하버드 대학교로 가서 파이트-톰슨 정리의 증명을 마무리하고 브라우어와도 함께 연구를 했다.

1962년 시카고 대학교에 돌아온 톰슨은 $A1$형의 절단면에 대한 연구를 시작하였다. 이 유형의 절단면 중 일부는 특별한 단순군의 집합족에서 나타났지만 나머지는 알려진 어떤 단순군에서도 나타나지 않았다. 톰슨은 이것이 이야기의 끝임을 증명하길 바랬다. 톰슨은 $A1$형의 절단면을 갖는 가상의 단순군을 가정한 다음에 이것이 원하는 집합족 안에 있음을 보이거나 모순을 야기함을 보이려고 했다.

여기서 어쩌면 여러분은 $A1$형의 절단면이 더 높은 계수를 갖는 $A2$, $A3$보다 상대적으로 다루기 쉬울 것으로 생각할지 모른다. 하지만 이 경우에는 전혀 그렇지 않다. 비유를 하자면 $A1$, $A2$, $A3$형을 각각 외발자전거, 두발자전거, 세발자전거로 생각할 수 있다. 외발자전거는 가장 다루기 힘들고 두발자전거나 세발자전거로는 할 수 없는 묘기를 부릴 수도 있다. 수학에서도 그렇다. 계수가 낮은 경우가 가장 다루기 힘들고 색다른 일들이 일어날 수도 있다. 톰슨은 매우 열심히 이 문제를 풀었고 마침내 결과를 논문으로 정리하기 시작했다.

톰슨이 아직 출판 준비를 하지 못한 채 다른 연구를 하고 있던 차에, 1964년 호주에 있던 즈보니미르 얀코(Zvonimir Janko; 1932~)라는 수학자로부터 편지 한 통을 받았다. 얀코는 스스로의 연구 결과를 이용하여 정확히 같은 문제를 풀고 있었는데, 절단면이 $A1$ 집합족에 있는 가장 작은 단순군인 경우에는 요구하는 모순을 얻을 수 없음을 발견하였다. 앨퍼린은 그 당시를 이렇게 회상했다. "나는 그때를 명확히 기억한다. 톰슨은 차를 마시며 나에게 그 편지 이야기를 했는데, 그는 미소를 띠고 있었다. 다음 날 아침 그는 웃을 수 없었다."

톰슨은 이미 얀코에게 답장을 한 상태로, 답장을 보내자마자 자신의 논의 방식에 오류가 있었음을 알아챘다. 톰슨은 두 번째 편지를 보냈고 두 사람은 서신을 통해 의견을 교환했고, 처리하기 곤란한 경우는 남겨둔 채로 나머지 내용에 대한 논문을 공동 저자로 출판하기로 결정하였다. 얀코는 이미 이에 대한 연구를 진행하고 있었으며, 그 후로도 지속적인 노력을 기울였다.

Symmetry and
the Monster **11**

판도라의 상자

버섯 한 송이 또는 자신만의 무언가를 발견했다면 주위를 잘
살펴보라. 이들은 무리를 지어 나타나기 때문이다.

죄르지 포여(George Pólya; 1887~1985)

다른 창조적인 활동과 마찬가지로 수학에서도 완전히 정체되어,
가설을 증명하는 방향으로 나아가지도 못하고, 반례를 발견하여
가설이 틀렸음을 보이지도 못하는 상황이 발생할 수 있다. 10장에서
톰슨과 얀코는 $A1$형의 절단면에 대한 결과를 출판할 준비를 하고
있었고, 얀코는 톰슨이 모순을 얻어낸 방법이 작동하지 않았던 골치
아픈 경우에 대한 연구를 계속하고 있었다.

얀코는 골치 아픈 절단면을 갖는 가상의 단순군을 상정한 후,
이러한 단순군이 존재할 수 없음을 보여 모순을 이끌어내기 위해
모든 노력을 기울였다. 얀코가 시도한 방법 중에는 단순군을
특성지을 수 있는 어떤 양을 정의하고 가상의 단순군에 대해 이

수를 계산해낸 다음 이 수를 갖는 단순군이 존재할 수 없음을 보이려 하였다. 계산에 실수가 없다면 골치 아픈 절단면을 갖는 단순군은 없다고 결론내릴 수 있었다. 이렇게 모순을 이끌어낸 다음 얀코는 자신의 계산을 상세히 검토하기 시작했다. 그러나 검토할 때마다 오류가 발견되었고 발견한 모순도 함께 사라졌다. 혹시 이것은 진짜로 해당 절단면을 갖는 단순군이 존재하기 때문이 아닐까? 얀코는 그럴 가능성도 염두에 두고 생각해 보았는데, 이 가상의 단순군에·대해 상세한 계산을 해보니 이번엔 다른 종류의 모순이 나타났다.

그렇다면 주기율표에 없는 단순군이 있다고 생각하는 것이 합리적이지 않을까? 19세기 중반에 이미 주기율표에 없는 다섯 개의 예외적인 군이 발견되었기 때문에 이러한 의심도 일리가 있다. 하지만 이들 다섯 개의 예외적인 단순군은 매우 독특한 성질이 있었기 때문에 또 다른 예외적인 단순군이 있으리라고는 아무도 진지하게 생각하지 못했다. 만약 다른 예외적인 군이 있었다면 이미 발견되었을 것이라고 생각하였다. 따라서 만약 예외적인 군이 더 존재한다면 아마도 그것은 기존의 것과는 아주 많이 다를 것임이 분명하였다. 잠시 얀코가 이 문제에 고민하도록 놔두고 우리는 19세기로 돌아가 이 다섯 개의 이상하고 예외적인 군이 어떻게 발견되었는지 살펴보도록 하자.

19세기 중엽, 갈루아의 연구가 출판된 이후, 수학자들은 서서히 치환군에 흥미를 갖게 되었으며 '추이성(transitivity)'이라는 개념을 개발하였는데, 어떤 집합에 대한 치환군이 추이성을 갖는다는 것은 이 군에 포함된 치환을 적용하여 임의의 원소를 다른 원하는 원소로 바꿀 수 있다는 것을 의미한다. 추이성은 비교적 흔한 성질이다. 예를 들어 정사각형에 대한 대칭군은 네 개의 꼭짓점에 대해 추이성을 갖는다. 어떠한 꼭짓점이라도 다른 꼭짓점으로 옮겨갈 수 있다. 추이성은 흔하게 발생하는 성질이지만 **다중 추이성**은 훨씬 드물게 나타난다.

치환군이 임의의 원소들의 쌍을 원하는 다른 쌍으로 보낼 수 있으면 '2중 추이성'이 있다고 말한다. 2중 추이성은 그렇게 흔하진 않다. 정사각형의 예를 생각해보면 모서리로 연결된 두 꼭짓점은 모서리로 연결되지 않은 두 꼭짓점과 크게 다르다. 모서리로 연결된 두 꼭짓점을 대칭 변환 이후에 모서리로 연결되지 않은 두 꼭짓점으로 바꿀 수 없고, 그렇기 때문에 정사각형에 대한 대칭군은 네 개의 꼭짓점에 대해 추이적이긴 하지만 2중 추이적이지는 않다. 조금 더 구체적으로 아래 그림에서 꼭짓점에 있는 문자들을 시계 방향으로 90도 회전시키면 (a, b)쌍이 (b, c)쌍으로 바뀐다. 하지만 (a, b)쌍이 (b, d)쌍이 되는 대칭 변환은 존재하지 않는다.

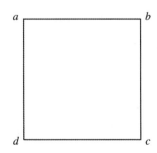

물론 모든 치환들을 포함하는 군을 생각하거나 모든 짝치환들을 포함하는 군을 생각하면 2중 추이성도 문제가 아니지만, 이러한 군은 너무 크고 너무 많은 것을 포함하고 있다. 이렇게 큰 군은 모든 것을 너무 많이 섞어 놓아 흥미로운 패턴을 보존하지 못한다. 그렇다면 (모든 치환들을 모아 놓은 군보다) 더 작은 군 중에서 2중 추이성을 갖는 것이 존재할까? 더 나아가서 3중 추이성, 4중 추이성 등은 어떠할까? 여기서 3중 추이성이란 임의의 세 원소의 순서모임을 원하는 세 원소의 순서모임으로 보낼 수 있음을 의미한다.

대칭군이 2중 추이적이긴 하지만 3중 추이적이지는 않은 패턴의 예를 9장에서 이미 살펴본 적이 있다. 7개의 문자로 구성된 세 글자짜리 단어 7개로 이루어진 패턴에서 임의의 한 쌍의 문자가 단어를 유일하게 결정하기 때문에 전체 패턴에 대한 대칭군은 문자 한 쌍을 다른 쌍으로 보낼 수 있다. 여기 패턴을 다시 적어본다.

$$abf$$

$$bcg$$

$$acd$$

$$bde$$

$$cef$$

$$dfg$$

$$age$$

이 패턴을 보존하는 치환군은 2중 추이적이지만 3중 추이적이진 않다. 예를 들어 한 단어를 구성하는 세 문자의 순서 모임 (a, b, f)는 단어를 구성하는 문자 모임으로만 보내질 수 있다. 예를 들어 (a, b, f)가 (b, c, d)로는 변환되지는 못한다. 왜냐하면, (a, b)가 (b, c)로 변환되면 f는 반드시 g로 변환되어야 하기 때문이다.

다중 추이성은 희귀하고, 추이성의 수준이 높을수록 가능한 한 군은 전체 치환군 또는 최소한 짝치환군은 되어야 한다. 6중 추이성을 만족하는 것은 이 두 가지 경우를 제외하고는 존재하지 않는다. 이 사실은 모든 단순군의 목록을 확인하면 증명할 순 있지만,[49] 증명의 방법으로서 이 방법은 우아하지 못하고, 모든 단순군의 목록을 얻은 후에야 가능하다. 모든 단순군의 목록을 얻고, 이것이 완전함을 증명하는 것은 처음 원자 폭탄을 만들 때처럼 수많은 사람들의 협업과 노력이 필요한 일이었다. 비유하자면 이렇게 증명하는 것은 단단한 호두를 깨기 위해 원자 폭탄을 이용하는 것과 같다. 그렇게 해서 증명할 수는 있겠지만 다른 방법이 있다면 그것을 찾기를 원하고 있다. 하지만 아직까지는 아무도 그 방법을 찾지 못했다.

문제의 난이도를 조금 낮춰서 5중 추이성에 대해 생각해보면 두 가지의 매우 이상한 경우가 나타난다. 이것을 발견한 사람은 19세기 중반 프랑스의 수리 물리학자로서 수줍음을 많이 타던 에밀 마티외(Émile Mathieu; 1835~1890)였다. 마티외는 1835년 프랑스 북동부 메스에서 태어났는데, 이 마을은 룩셈부르크와 독일의 접경지였다. 마티외는 갈루아가 들어가려다 실패했던 에콜 폴리테크니크에서 공부했으며, 18개월만에 대학 공부를 마치고 다중 추이성을 주제로 박사 학위 논문을 쓰기 시작했다. 이 논문에서 마티외는 다섯 개의 보석 같은 예외적인 단순군을 찾아냄으로써 순수 수학자로 유명해지는데, 마티외 자신은 수리 물리학자로서의 명성을 더욱 추구했다. 마티외는 수리 물리학자로서 동료들에게 유명했으며 매우 존경을 받고 있었지만, 명성이라는 표현은 이 수줍음 많고 내성적인 성격을 가진 조용한 사람에게는 어울리지 않을 수 있겠다. 그는 경력을 인정받아 고향에서 50킬로미터 밖에 떨어지지 않은 낭시 대학교 의장이 되었으며 1890년에 죽을 때까지 평생 그곳에서 살았다.

마티외는 자신이 발견한 내용을 1861년에 발표했다. 마티외는 5중 추이성을 갖는 두 개의 치환군을 발견했는데, 하나는 12개의 원소를 치환시킨 것이고, 다른 하나는 24개의 원소를 치환시켜 얻은 것이다. 이 둘은 각각 $M12$, $M24$로 불린다. 불행히도 마티외는 이들 군이 실제로 존재함을 모든 사람들에게 납득시키는 데에는 실패했다. 마티외 스스로는 $M12$의 존재성을 충분히 설명했다고 생각했으며, 논문의 끝에 "유사한 방법으로 24개의 원소를 치환시켜 5중 추이성을 갖는 군을 발견하였다."라고 썼다. 1873년에 발표한 후속 논문에서 마티외는 $M24$의 존재성에 대해 논의했는데, 의심 많은 도마*와 같은 사람들이 있다는 것을 지적하며, 이번

---

* 의심이 많은 사람을 가리킨다. 성경에서 예수의 제자 도마가 예수가 부활했다는 이야기에, 자신이 직접 그의 못 자국 난 손을 보고, 옆구리의 상처에 손을 넣어 보지 않고는 그가 부활한 것을 믿을 수 없다고 한 말에서 유래하였다.

논문으로 이러한 의심이 해소될 수 있을 것으로 기대했다. 하지만 여전히 모든 비평가들을 만족시키지는 못했고, 미국 수학자인 밀러(George Abram Miller)는 자신의 의심을 논문 제목에 공공연히 표현하기도 했는데, 그 논문의 제목은 이러하다: 「5중 추이성을 갖는다고 주장된 마티외 군에 대하여」. 밀러는 불신감을 갖고 여러 숫자들을 계산했고 이로써 모순을 이끌어냈으나 계산에 오류가 있었기 때문에 이 논문은 쓸모가 없게 되었다. 나중에 밀러는 이 사실을 분명히 알았지만, 자신의 논문 모음집에 아무런 설명 없이 포함시켰다. 이들 마티외 군에 대한 의심이 완전히 해소되기까지는 오랜 시간이 걸렸다. 마침내 1934년에서 1935년 사이에 독일 함부르크에서 있었던 세미나에서 에른스트 비트(Ernst Witt; 1911~1991)는 거의 완벽한 설명을 제공했는데, 대칭군이 $M24$가 되는 24개의 원소로 구성된 놀라운 패턴을 제시하였다. 이로써 모든 사람이 $M24$의 존재성을 인정하게 되었다.

비트는 세계 최고의 수학과가 있던 괴팅겐 대학교에서 공부했다. 괴팅겐 대학교는 그 위대한 다비드 힐베르트가 있던 곳으로, 힐베르트는 대학은 목욕하는 곳이 아니라며 여성 수학자였던 에미 뇌터(Emmy Noether; 1882~1935)의 종신 교수직을 주장하기도 했었다. 비트는 뇌터의 지도 아래 1933년에 박사 학위를 받는데, 이 해는 나치가 권력을 잡던 해이기도 하다. 에미 뇌터는 유대인이었기 때문에 교수직을 잃었고, 비트는 생각 없이 5월 1일에 나치 돌격대(SA, Strumabteilung)가 되었다. 어느 날 뇌터의 집에서 세미나가 있었는데, 비트가 나치 제복을 입고 나타났다. 이것은 도리를 벗어난 행동으로 보일 수도 있지만 그를 아는 사람들이 말하길 비트는 다소 모자랄 정도로 순진했다고 한다. 비트는 정치에 전혀 관심이 없어 보였으며 나치의 반유대인 정책에도 동의하지 않았고, 나중에는 분명히 나치를 탈퇴하고 싶어했다. 한때 괴팅겐에서 공부했던 라인홀트 배어(Reinhold Baer; 1902~1979)가 영국 맨체스터에 자리를 잡았을 때 그곳에 자신의 자리를 알아봐 달라는 부탁을 하기도 했다. 배어는 할레—비텐베르크 마틴루터 대학교에 자리를 잡았으나, 유대인이었기 때문에 나치가 정권을 잡자 교수직에서 쫓겨나고 다른 나라로 떠나 일자리를 잡게 됐는데, 시간이 지나 1956년 독일로 되돌아간다. 그에 대한 이야기는 나중에 다시 들려주겠다. 비트는 독일에 머물렀으며 전쟁이 끝난 후 함부르크 대학교에서 자리를 얻었다. 이 도시는 전쟁 후 영국이 관할하고 있었는데 영국 군부는 비트를 해고하였다. 계좌는 지급정지되고, 대학은 출입금지 되었으며 식량배급도 중단되었다. 비트는 해임에 대해 항소했고 독일 수학자 몇이 그가 정치적으로 활발한 활동을 하지 않았다며 그를 변호했는데 1937년 8월에 강사들이 의무적으로 참석해야 했던 나치의 강연에서 나치가 비트의 헌신에 대해 부정적인 평가를 내렸던 것이 증거로 채택됐다. 비트는 복귀했으며 1979년 은퇴할 때까지 함부르크 대학교의 수학과 교수로 있었다. 비트는 성정이 솔직한 편이었고 정치적으로 무관심하여, 자신이 잠깐 나치당에 가입했던 사실이 사람들에게 얼마나 충격적인 일이 될 수 있는지 전혀 깨닫지 못하였다. 일례로 1960년과 1961년 사이에 비트는 프린스턴 고등연구소에 방문했는데, 함께 동행했던 그의 제자인 이나 케르스텐(Ina Kersten; 1946~)은 그 당시 일어났던 일을 이렇게 전한다. "어느 날 나치 당원이었던 한 인물에 대한 이야기가 나왔는데, 선생님은 당신도 나치 당원이었던 사실을 밝혔습니다. 아마도 사실을 숨기는 것은 스스로에게 진실되지 못한 행동으로 여기고 진실을 말할 의무감을 느끼셨던 것 같습니다. 그 후로 자신을 대하는 동료들의 태도가 갑자기 모질어진 것을 아시고는 큰 충격을 받으셨습니다."[50]

비트는 훌륭한 수학자였고, 자신의 분야에만 관심을 갖는 전형적인 학자였다. 비트는 수학은 대수학, 기하학 등 개별적으로 가르치는 것이 아니라 통일된 방법으로 가르쳐야 한다고 생각했고, 함부르크 대학교 수학과의 교육 과정을 새롭게 짰다.

마티외의 $M24$군에 대해 비트가 제시한 패턴은 우리가 앞에서 살펴본 7개의 문자로 구성된 세 글자짜리 단어 7개로 만들어진 패턴과 유사하다. 이 패턴에서 한 쌍의 문자는 정확히 한 단어에서 등장하고, 대칭군은 7개 원소에 대한 2중 추이성을 만족했다. 비트가 설계한 패턴은 문자 개수가 24개이고 단어의 길이는 8이며 다섯 개의 문자 모임은 정확히 하나의 단어에 나타난다. 즉, 이 패턴의 대칭군은 5중 추이성을 갖는다. 단어의 수는 759개로 부록 2에 자세한 설명을 추가하였다. 이 패턴은 매우 예외적이고, 매우 중요하다. 이것은 몬스터로 가는 길의 첫 번째 이정표가 되는데, 이에 대해서는 나중에 다시 살펴볼 것이다.

정리하면 마티외는 $M11$, $M12$, $M22$, $M23$, $M24$(M 뒤에 나오는 수는 치환하는 원소의 개수를 가리킨다) 이렇게 총 다섯 개의 예외적인 단순군을 발견하였다. 나는 대학원생 시절 이들 군에 대해 이해하기를 원했다. 달리기 전에 걷는 것처럼 나는 $M11$에서 시작하여 그 다음에 $M12$를 공부하고 점점 더 큰 군으로 옮겨갔다. 이것은 실제로 마티외가 이들 군을 발견한 순서와 일치하기도 했다. 하지만 일단 $M24$가 알려진 이상, $M24$에서 시작하여 아래로 내려가는 쪽이 공부하기에 더 쉽다. 어쨌든 내가 $M22$를 공부할 때 궁금한 점이 생겨 티타임에 이 분야의 전문가에게 물어보기로 마음먹었다. 내가 공부하던 곳은 옥스퍼드 대학교 수학 연구소였고, 그곳에서는 티타임이 하나의 오래된 전통으로 자리잡아 언제나 여러 사람들을 만날 수 있었다. 나는 다소 기술적인 질문을 정리하여 피터 카메론(Peter Cameron; 1947~)에게 가지고 갔고, 그는 대답했다. "그건 존재하지 않네." 나는 조금 놀랐고 얼떨떨한 표정이 되었다. 나는 $M11$이 $M22$의 부분군이라고 가정했는데, 카메론은 $M11$은 $M22$의 부분군이 아니라고 설명했다. 만약 $M11$이 $M22$의 부분군이라고 가정하면 새로운 예외적인 단순군이 존재한다는 결론을 얻게 된다는 것이다. 그가 이미 살펴봤지만 그것은 존재하지 않았다는 것이다.

나는 그 당시 약간 다른 분야를 연구하던 학생이었기에 관련된 지식이 부족했고 이렇게 전문적인 지식은 매일같이 공부하고 훈련한 뒤에야 얻을 수 있었다. 그리고 대가로부터 배우는 젊은 사람들이 없다면 이러한 지식은 사라질 것이다. 모든 유한 단순군의 발견과 분류에 대해 이야기한다면, 여기에 사용된 기법들이 너무 어마어마해서 후세의 사람들이 이를 이해하지 못할까 두렵다. 그 후에는 이집트의 상형문자에 대한 지식처럼 사라질 것이다.[51] 다시 우리 이야기로 돌아가보자.

가상의 단순군을 대상으로 모순을 찾아내려 애쓰고 있었던 얀코를 찾아가보자. 모순을 찾았다고 생각했다가 조금 더 살펴보면 모순이 아닌 것으로 밝혀지는 일이 반복되면서 얀코는 연구를 하면 할수록 그곳에 정말로 무언가가 있다는 생각이 들기 시작했다. 더욱더 많은 시간을 들일수록 더욱더 잘 이해하게 되었고 얀코는 모순을 찾는 걸 포기하고 가상의 단순군이 실제로 존재한다고 가정한 다음 본격적인 연구를 시작했다.

절단면에 의해 알려진 단순군의 존재성을 확인하는 첫 번째 단계는 지표표(character table)를 작성하는 것이다. 지표표는 군에 대한 정보를 적는 매우 효율적인 방법이다. 이것은 정사각형 모양의 표에 숫자들을 적어 놓은 것으로 군에 대한 많은 양의 유용한 정보를 제공한다. 예를 들어 주어진 군의 부분군을 찾는 데 매우 유용한데, 마치 직소 퍼즐처럼 조각들을 모아 전체 그림을 알 수 있게 된다. 더 많은 조각이 제자리에 있을수록 더욱 쉽게 전체 모양을 알 수 있다.

얀코는 전체 지표표를 채운 다음, 이 이상한 단순군을 구성할 수 있었는데, 만약 이것이 존재한다면 11-순환 산술을 이용하여 7차원에서 작용할 수 있어야만 했다.* 이 말이 좀 기괴하게 들릴 수 있다. 그러나 얀코는 7차원에서 두 개의 대칭 연산을 정의했고

---

* 7 × 7 행렬로 나타낼 수 있다는 뜻이다. — 옮긴이

이들로 전체를 생성해 냈는데, 이것은 마치 루빅스 큐브에서 6개 면에 대한 90도 회전만으로 엄청난 수의 대칭을 만들어낼 수 있는 것과 같다. 곧이어 컴퓨터를 이용하여 이 두 개의 대칭 연산이 전체를 생성하는 것을 보일 수 있었다. 새로운 단순군이 탄생한 것이다.

이 시간 동안 얀코는 톰슨과 지속적으로 연락을 하고 지냈다. 새로운 단순군이 등장하기 시작하자 톰슨은 지난번 모순은 어찌됐냐고 묻는 편지를 썼다. 얀코는 이렇게 답했다. "어느 부분이 잘못됐는지 찾을 수가 없었습니다." 그러자 톰슨이 답했다. "예외적인 단순군들이 얼마나 다루기 까다로운지 보여주는 예군요. 왼쪽, 오른쪽, 가운데 할 것 없이 샅샅이 찾아 뒤졌는데도 거기에 잘 숨어 있었네요." 얀코는 1965년에 논문을 제출했고(출간은 1966년), 이 새로운 단순군을 J라고 불렀다. 얀코는 그 이후에도 몇 개의 예외적인 단순군을 더 찾아냈기 때문에 지금은 그것을 $J1$이라고 부른다.

$J1$이 발견되자 몇몇 사람은 $J1$이 7차원에서 보존하고 있는 기하학적인 패턴을 잡아낼 수 있으면 $J1$을 더욱 잘 이해할 수 있을 것으로 기대했으나, 이런 일은 일어나지 않았다. 왜냐하면 이 패턴이 다소 비정상적이었기 때문이었다. 저 위대한 유한군의 분류 프로젝트를 지휘했던 다니엘 고렌슈타인은 1982년에 이런 글을 썼다. "$J1$과 연관된 자연스러운 기하학은 없다. … 따라서 $J1$의 존재성에 딱 들어맞는 근거 역시 발견되지 않았다. … 이것은 일반적인 분류 문제를 해결하는 과정에서만 발견될 수 있었을

것이다."[52] 만약 얀코가 $J1$을 발견하지 못했다면 누군가 다른 사람이 발견했겠지만 굉장한 양의 연구가 뒤따라야 했을 것이다. 예를 들어 칼텍의 마셜 홀은 크기가 백만 이하인, 즉 달리 말해 백만 개보다 적은 연산을 갖는 모든 유한 단순군들을 체계적으로 결정했는데, 이 작업 과정에서 크기가 175,560인 $J1$을 찾아냈을 지도 모른다. 그런데 이 크기는 예외적인 단순군에서는 작은 편이다. 예외적인 단순군 중 가장 크기가 작은 것은 $M11$로 크기가 7,920이고, 그 다음이 $M12$로 크기가 95,040이며, $J1$이 세 번째로 작다.

얀코의 발견은 비유하자면 비둘기들 사이에 고양이를 풀어 놓은 격이었다. 이제 어느 누구도 주기율표에 있는 단순군에 마티외 군을 더한 것이 완전한 유한 단순군의 목록이라고 생각하지 않았다. 하나가 빠져 있었다면 얼마나 많은 단순군들이 더 있을 것인가?

얀코 자신도 $J1$을 발견하자마자 다른 것들을 찾기 시작했다. 얀코는 많은 경우를 조사하였는데, 만일 조사 결과에서 흥미로운 것을 발견하지 못하면 그 다음으로 넘어가는 식이었고 실패한 것을 정리하느라 시간을 쓰지 않았다. 이것은 마치 보물 찾기에 비유할 수 있는데, 보물이 있을 것 같은 방의 구석구석을 살펴본 다음 그 다음 방으로 건너가는 식이었다. 만일 얀코가 이미 살펴본 곳을 다른 사람이 살펴보려 한다면 그것은 그들의 사정이고, 얀코는 예외적인 단순군이 있는 위치를 찾아내는 뛰어난 감각이 있었고, 곧 또 다른 단순군이 있을 만한 곳을 찾아냈다. 마티외 군의 절단면이 얀코의 흥미를 강하게 불러 일으켰는데, 왜냐하면 얀코는

$J1$에 있는 절단면을 이용하여 마티외 군의 절단면을 확장할 수 있었기 때문이다. 크기가 커진 이 절단면은 그 당시 알려진 어떠한 단순군에서도 나타나지 않았던 것이고 얀코의 예상은 적중한 것이다. 게다가 이렇게 발견한 단순군은 하나가 아니라 두 개였다.

처음에는 하나만 있는 줄 알았고 얀코는 그 크기를 50,232,960으로 계산했다. 이 군은 모든 절단면들이 같은 모양이었는데, 희박하지만 두 개의 서로 다른 절단면을 갖는 또 다른 예가 존재할 가능성이 있었다. 그 당시 얀코는 호주 멜버른 근처의 모내시 대학교에 있었는데, 디터 헬트라는 독일인 수학자도 같은 학교에 있었다. 헬트는 당시 상황을 이렇게 회상했다.

> 얀코는 내게 두 종류의 절단면을 갖는 단순군이 존재할 수 있다는 얘기를 했다. 얀코는 10달러에 이 발견을 팔겠다고 제안했고, 난 거절했다. 그 당시 우리는 그 연구로 새로운 단순군이 발견될 가능성은 거의 없다고 생각했기 때문이었다. 하지만 다음 날 얀코는 크기가 604,800인 두 번째 예외적인 단순군을 찾아냈다. 이 두 개의 새로운 단순군에 대하여 아직 $J1$과 같은 존재성 증명을 완성한 것은 아니었지만, 얀코가 자신의 두 번째와 세 번째 단순군을 발견한 것이 거의 확실해 보였다.

물론 헬트는 얀코가 진지하게 10달러에 두 번째 발견을 자신에게 양보할 것이라고는 믿지 않았기 때문에 좋은 기회를 놓쳤다고 생각하지는 않았다. 그리고 2년 뒤에 헬트 자신도 새로운 단순군을 발견하는 행운을 가졌는데, 이번에도 절단면 방법을 사용하였다.

얀코는 이제 두 개의 새로운 단순군에 대한 강력한 증거를 찾아내었다. 이들은 나중에 얀코의 이름을 따서 $J2$, $J3$라고 불렀는데, 발견 순서가 아닌 크기 순서로 이름을 붙였다. $J2$가 작고 $J3$가 큰 것이다. 논문이 세상에 발표되었을 때에는[*], 이미 $J2$가 100개의 원소에 대한 치환군으로서 구성되어 있었는데, 이 이야기는 잠시 후에 이어서 하자. $J3$는 만들기가 쉽지 않았는데, 최소한 6,156개의 원소에 대한 치환군으로 나타낼 수 있었다.[**] 따라서 1968년에 발표된 논문이 다음과 같이 시작되는 건 다소 이상하다. "다섯 개 마티외 군의 구조를 연구하다 보면 누구라도 알려진 단순군의 목록에 빈틈이 있다는 것을 발견할 수 있을 것입니다." 아마도 얀코는 자신의 발견을 누구라도 할 수 있었던 사소한 것으로 겸손하게 표현하고 싶었던 것 같다. 하지만 얀코가 발견한 첫 번째 군에 자신의 이름을 따서 J라는 이름을 붙인 걸 보면, 그는 분명 자신의 연구를 매우 자랑스럽게 생각했던 것 같다. 사실 얀코는 충분히 그럴 만한 자격이 있다.

얀코는 원래 크로아티아의 자그레브 출신이지만 정치적으로

---

[*] 제출된 논문이 심사되어 출판되기까지는 짧게는 두세 달에서 길게는 1년 넘게 걸리기도 하는데, 권위 있는 학술지일수록 이 시간은 길어지기 마련이다. 중요한 연구 결과들은 논문이 심사되는 기간 동안 세미나나 학회 등을 통해 학계에 널리 퍼지게 되고, 후속 연구도 어느 정도 진행되어 있는 경우가 많다. — 옮긴이

[**] 하나의 군을 치환군의 형태로 나타내는 방법은 유일하지 않고 여러 가지가 있을 수 있다. — 옮긴이

의심받는 상황이었기 때문에 대학에서 자리를 잡을 수 없었고, 보스니아에 있는 모스타르에서 고등학교 선생이 되었다. 1950년 후반인 그 당시에는 크로아티아와 보스니아가 공산주의 국가인 유고슬라비아 사회주의 연방공화국의 일원이었기 때문에, 위에서 시키는 대로 하지 않는 사람은 누구라도 정치적으로 의심을 받았다. 다행히도 1960년대 초 얀코는 수학 분야의 연구장학금을 얻어 독일로 갔고, 프랑크푸르트에서 헬트를 처음 만났다. 얀코는 유고슬라비아로 돌아가지 않았고 여권 기간이 만료되었기 때문에 얀코는 다른 대학에서 일자리를 찾아봐야 했다. 처음에는 캐나다로 가려고 했으나 그러기 위해선 영어 시험을 치러야 했기에 그러한 요구 조건이 없었던 호주로 갔다. 호주의 수도인 캔버라에서 1년 동안 있다가 종신직을 얻게 되었고, 나중에 미국으로 옮겼다가 마침내 독일에 정착하였다. 얀코가 새롭게 발견한 단순군과 몇 년 후 발견할 네 번째 군의 강력한 증거는 예외적인 단순군을 발견하는 그의 천재성을 잘 보여주었으며 그것을 인정받아 독일 하이델베르크 대학교의 정교수가 되었다.

$J2$의 존재성은 얀코가 증거를 발견한 뒤 신속히 확립되었다.[53] 자크 티츠와 마셜 홀은 독립적으로 $J2$의 구성 방법을 제시하였다. 두 사람은 모두 원소 100개에 대한 치환군을 만들었는데, 티츠는 기하학적인 방법으로, 홀은 군론의 방법으로 만들어냈다. 홀은 1967년 옥스퍼드 대학교에서 있었던 학회에서 자신의 구성 방법에 대해 강연을 했다. 100개의 원소에 대한 치환군으로서 $J2$는 2중

추이성에 가까운 성질을 갖고 있었고, 청중 중에 두 사람은 이 사실에 매우 흥분했는데, 왜냐하면 이 두 사람은 해당 내용을 더 잘 이해할 수 있는 상황이었기 때문이었다. 미국 미시간 대학교에서 온 도널드 히그먼(Donald Higman; 1928~2006)과 러트거스 대학교에서 온 찰스 심스(Charles Sims; 1937~2017)는 기존에 알고 있던 유사한 문제에 이 구성 방법을 적용시킬 수 있을지 궁금해하였다. 두 사람은 세부 내용까지 들여다보기 시작했고, 하루 이틀 동안 계속해서 이 문제를 숙고했다.

학회의 마지막 날인 9월 2일 토요일, 마지막 순서로 저녁 만찬만이 남아 있었다. 심스는 그날의 일을 이렇게 회상했다. "주요리에 대한 식사가 끝나자 서빙직원이 식탁을 정리하고 후식과 커피를 준비하기 위해 잠시 홀에서 나가 달라고 요청했습니다. 도널드와 저는 안뜰의 주위를 걸으면서 그 문제에 대해 의견을 나누었습니다." 함께 걸으면서 두 사람은 계산을 했고 서로 잘 맞아떨어지는 숫자들을 얻어냈다. "우리는 우리가 의미 있는 결과를 얻어냈다고 확신했습니다. 그리고 후식을 먹을 시간이 되어 우리는 자리로 되돌아갔습니다. 후식을 마치고 우리는 도널드의 방으로 가서 연구를 계속했습니다."[54] 종이와 연필만으로 진행된 연구는 밤새 계속되었고, 1967년 9월 3일 일요일 이른 아침, 두 사람은 새로운 단순군을 발견하였다. 이것은 정말 놀라운 일이다. 다른 사람들은 몇 년을 노력해서 성공한 일을 히그먼과 심스는 48시간도 안 되는 시간 동안에 해낸 것이다.

옥스퍼드에서 학회가 있던 날로부터 10년 뒤의 어느 날, 옥스퍼드 대학교 대학원생이었던 나는 수학연구소를 향해 거리를 걷고 있었다. 내 앞에는 처음보는 머리가 센 한 노인이 구부정한 자세로 천천히 걷고 있었다. 수학연구소 건물의 입구에 도착했을 때 나는 그 노인을 다 따라잡았고, 나는 어떻게 해야 할지 망설이게 되었다. 그 노인을 제치고 앞으로 나가자니 약간 무례해 보였고, 천천히 뒤따르자니 너무 느린 것 같았다. 그러던 차에 노인이 왼쪽으로 돌아 건물 안으로 들어가자 나는 깜짝 놀랐다. 나는 노인에게 이 건물은 수학연구소라고 말해주어야 하는 건 아닌지 생각했다. 이유 없이 산책 삼아 들어올 곳은 아니었기 때문이다. 하지만 괜한 참견인 것 같아 가만히 있었고, 곧이어 차와 비스킷을 먹으러 휴게실로 향했다. 시간이 딱 오후 티타임이었다.

그런데 잠시 후, 그 노인이 휴게실로 와서 내 맞은편에 앉는 것이 아닌가. 나는 예의상 인사를 건네야 한다고 느꼈고, 혹시 다른 대학에서 방문을 했냐고 물었다. "정확하진 않네만." 입을 뗀 노인은 지금은 은퇴한 상태로 캘리포니아 남부에서 와서 영국을 방문했다고 대답했다. 예의상 노인의 이름을 물어봐야 한다고 느꼈고, 노인은 마셜 홀이라고 대답했다. "오, 세상에나." 나는 말했다. "학부 때 선생님 책으로 공부했습니다. 비록 일부만 공부했지만요." 그리고 나는 마셜 홀이 동전을 수집하는 취미가 있다는 말을 들었던 기억이 나서 그것이 사실이냐고 물었다. 홀은 그렇다고 대답했고, 나는 나 역시 10대 시절에 동전을 모으는 취미가 있었는데 특히 고대 영국 동전에 관심이 많았다며 어떤 종류의 동전을 수집했냐고 물었다.

그러자 홀은 우아한 동작으로 윗옷 안에서 비닐로 된 동전 수첩을 꺼냈는데, 수첩에는 여러 개의 주머니가 있었고, 각 주머니마다 동전이 들어 있었다. 거기에는 고대 그리스 금화가 완벽한 상태로 있었다. 나는 그러한 동전은 난생 처음 보았다. 여기 집 한 채는 아니더라도 포르쉐 한 대는 살 만큼의 가치가 있는 최고 상태의 고대 그리스 주화를 들고 거리를 걸어 다니는 연로한 수학자가 있었다니. 잃어버리기라도 하면 어찌하려고. 나는 그런 값나가는 동전을 들고 거리를 홀로 걸어 다니는 게 걱정되진 않냐고 감히 물어보진 못했다. 하지만 다시 생각해보니 호텔에 두고 다니는 것보다 몸에 지니고 다니는 게 나을 것 같았다. 런던의 한 주화 상인이 시카고에서 열린 주화 전시회에 참여했다가 시카고 오헤어 국제공항에서 비행기를 타기 위해 희귀 동전이 든 가방을 금속 탐지기에 넣었다고 한다. 그 상인은 다시는 그 동전을 보지 못했다고 한다.

10년 전, 홀이 옥스퍼드에서 강연을 하고, 그에게 영감을 받은 히그먼과 심스가 또 하나의 예외적인 단순군을 발견했을 때, 예외적인 단순군들은 흔한 것처럼 생각되었다. 제일 먼저 얀코가 하나를 발견했고, 곧이어 다른 것을 찾다가 두 개를 발견했다. 그 다음 히그먼과 심스가 하나를 발견했고, 그 뒤로도 몇 개가 더 발견되었는데, 이들은 모두 절단면 방법을 사용하거나 치환군에 대한 연구를 통해 이루어졌다. 이것들은 마치 축제 마당이면 반드시 등장하는 도깨비처럼 여기저기서 나타날 것 같았다. 판도라의 상자는 열렸고, 곧이어 다중차원 기하학을 이용한 놀라운 결과가 등장할 차례였다. 아직 완전히 조사된 것은 아니지만 24차원의 놀라운 구조가 최근에 발견되었다. 이로부터 예외적인 단순군들이 더 발견되는데, 처음에 24차원을 연구한 이유는 새로운 단순군을 발견하고자 한 것이 아니라 무선 방송의 문제를 해결하기 위한 것이었다.

12

리치 격자

군이 자신의 모습을 드러내거나 무언가 군을 필요로 할
때마다 혼돈 속에서 단순함이 결정을 이룬다.

E.T. 벨,

『과학의 여왕이자 시녀인 수학(*Mathematics, Queen and Servant of Science*)』

무선 방송이 처음 시작되던 시기에는 배경 잡음이나 왜곡으로
인해 수신이 방해받는 일이 빈번했다. 청취자가 음악을 듣는데,
방송국에서 아무리 깨끗한 음향의 높은 품질을 유지해도 아무
상관없는 잡음이 소리를 방해했다. 이 문제를 완화시키는 방법을
찾고 있었던 벨 연구소의 클로드 섀넌(Claude Shannon; 1916~2001)은
1950년대에 한 해결책을 제안했다. 섀넌은 무선 신호를 아주
짧은 단위로 쪼개고, 각각의 조각에 대한 수신 오류를 자동적으로
교정하여 왜곡을 줄였다. 이 방법에서 각각의 조각은 한 격자의
점에 대응되고, 이 점의 좌표를 전송하게 된다. 신호에 왜곡이
생기면 점의 좌표가 격자에서 살짝 벗어나게 되고, 이렇게 수신한

점을 가장 가까운 격자점으로 옮김으로써 교정할 수 있는 것이다. 이 방법이 잘 동작하기 위해서는 다중차원 공간에서의 격자가 필요했고, 수학자들은 좋은 격자를 찾기 시작했다.

왜 다중차원 공간이라야 할까? 격자점들은 작은 왜곡에 의해 한 격자점에서 다른 격자점으로 옮겨질 정도로 너무 가깝지 않아야 하면서도, 동시에 가능한 한 많은 점들을 빼곡히 포함해야 하기 때문이다. 간단히 설명해보자. 점들을 충분한 거리를 떨어져 위치시키도록 만들기 위해 각각의 점이 상자의 중심에 있다고 생각해보자. 그런 다음 백만 개의 상자를 배열해보자. 만약 이 상자들을 일렬로 놓으면 상자 백만 개 만큼의 길이가 필요하다. 만약 이를 정사각형 모양으로 배열하면 각 변은 상자 천 개 만큼의 길이가 될 것이고, 3차원에서 정육면체 모양으로 배열하면 각 변은 상자 백 개 만큼의 길이만 있으면 될 것이다. 그리고 만약 이 상자들을 6차원에서 배열할 수 있다면 각 변은 단지 상자 열 개 만큼의 길이가 될 것이다. 차원이 높아질수록 점들 사이의 거리를 충분히 떨어뜨리면서도 주어진 지름 안에 더욱더 많은 점들을 포함시킬 수 있게 되는 것이다.

몇 차원인지도 중요하지만 배열 방식 자체도 중요하다. 다음 그림의 평면에서 배열하는 두 가지 방식이 표현되어 있다.

오른쪽에 있는 것이 더 조밀하다. 두 점 사이의 최소 거리는 둘 다 같지만 같은 영역에 보다 많은 점을 포함시킬 수 있는 쪽은 오른쪽이다. 이를 보다 명확히 나타내기 위해 각 점마다 그 점을 중심으로 하는 원을 그려 넣는다. 만일 최소 거리를 1센티미터로 하고 싶다면 원의 반지름은 0.5센티미터로 잡으면 된다. 두 점이 정확히 1센티미터 만큼 떨어져 있다면 두 원은 접할 것이다. 두 점이 1센티미터보다 멀리 떨어져 있다면 두 원은 서로 만나지 않을 것이다.

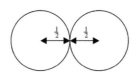

평면에서 점들 사이의 거리를 최소한 1센티미터가 되도록 배열하는 것은 반지름이 0.5센티미터인 원들을 서로 겹치는 일 없이 배열하는 것과 정확히 같다. 이렇게 하는 최선의 방법은 책상 위에 같은 크기의 동전을 배열해보면 알 수 있다. 위에서 제시한 격자들은 다음 그림과 같이 원들의 배열로 생각할 수 있다.

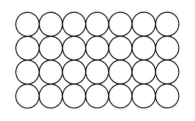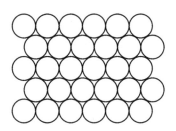

오른쪽 배열이 더 조밀하다는 것은 전체 가용한 공간의 면적 대비 원 내부의 넓이의 비율을 정량적으로 계산하여 비교해보면 알 수 있다. 이 비율을 **채우기 밀도**라고 부른다. 왼쪽의 채우기 밀도는 79퍼센트가 조금 안되지만 오른쪽은 90퍼센트가 넘는다. 또 다른 관점에서 두 배열의 차이를 살펴보면, 왼쪽의 배열은 각 원이 주변의 원들과 네 개의 점에서 접하는데 반해 오른쪽 배열은 여섯 개의 점에서 접하고 있다. 더 많은 원들이 서로 접할수록 채우기 밀도는 커진다. 2차원에서 원이 다른 원과 접할 수 있는 최대 개수는 여섯 개이다.[*]

2차원에서 문제를 해결했으니 이제 3차원에서 문제를 생각해보자. 같은 크기의 공을 공간에 채우는 최선의 방법은 무엇일까? 그리고 얼마나 많은 공들과 접할 수 있을까? 수학자들은 이 문제들에 대한 답을 계산해왔다. 공간에 공을 채우는 최선의 방법은 과일 가게에서 한 무더기의 오렌지를 쌓을 때 종종 볼 수 있는 방법이 최선의 방법이다. 우선 1층에는 오렌지를 마치 탁자

---

[*] 반지름이 같은 두 원이 서로 접할 때, 한 원의 중심에서 다른 원에 그은 두 개의 접선 사이의 각이 60도가 된다. 원의 둘레를 한 바퀴 돌 때 각이 360도이므로, 최대로 접할 수 있는 원의 개수는 360 ÷ 60 = 6개가 된다.

위에 동전을 배열하는 것처럼 배열한다. 아래 그림에서 중심에 *a*라고 표시한 원이 1층의 오렌지를 나타낸 것이다.

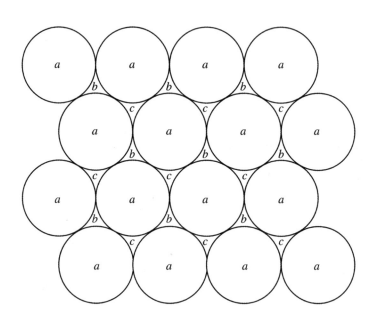

그런 다음 2층을 비슷한 방법으로 쌓는데, 하나의 오렌지 바로 위에 다른 오렌지를 올려 놓는 방식은 최선의 방법이 아니다. 대신에 2층의 오렌지들이 1층의 오렌지 세 개 사이에 있는 공간에 포근하게 자리잡듯이 채우는 것이 더 좋은 방법이다. 이렇게 하는 방법에는 두 가지가 있다. 그림에서 2층의 오렌지의 중심이 *b*에 위치하도록 하거나 *c*에 위치하도록 할 수 있다. *b*와 *c*에 동시에 오렌지를 놓는 것은 이 둘 사이가 너무 가깝기 때문에 불가능하다.

3층을 쌓을 때에도 역시 두 가지 선택이 있다. 만약에 2층을 쌓을 때 오렌지의 중심이 *b*에 위치하도록 했다면, 3층 오렌지의 중심은

a, 즉 1층 오렌지 바로 위쪽에 놓거나 c자리에 놓아야만 한다. 이 두 가지 선택은 서로 다른 결과를 가져온다. 첫 번째 방법은 1층 바로 위쪽에 3층이 위치하며, 두 번째 방법은 그렇지 않다.

이러한 채우기 방법에서 주어진 오렌지에 얼마나 많은 오렌지가 접할까? 2층에 있는 오렌지에게는 1, 2, 3층에 있는 오렌지만 접할 수 있다. 2층에서는 여섯 개가 접하고, 1층과 3층에서 세 개씩 접하여 총 열두 개가 접할 수 있다. 이것이 하나의 공에 접할 수 있는 최대 개수이다(물론 모든 공의 크기는 같다고 가정한다).

하나의 공에 열두 개의 공을 접하도록 만드는 배열에는 두 가지 방식이 있는데, 처음 두 개 층을 배열한 다음 3층의 공들을 1층의 공들 바로 위쪽에 위치하게끔 하거나, 그게 싫으면 비스듬한 위치에 놓을 수 있다. 2차원에서 하나의 동전 주위에 여섯 개의 동전을 접하게 만드는 방법이 오직 한 가지 방법밖에 없는 것과 비교하면 3차원 공간은 2차원보다 복잡하기 때문에 지금까지 설명한 방식이 3차원에서 할 수 있는 최선의 공 채우기 방식이라는 것을 증명하기는 매우 어렵다. 아마도 이것은 수학자를 제외하고는 증명할 것도 없이 분명해 보이지만, 수학에서는 빈틈없는 증명이 필요하고 이 문제는 '케플러의 추측(Kepler conjecture)'이라고 불리는 유명한 난제가 되었다. 케플러가 1611년 처음 가설을 제시한 이후로 오랫동안 다양한 시도에도 증명되지 않다가 1998년 피츠버그 대학교의 토마스 헤일즈(Thomas Callister Hales; 1958~)가 마침내 풀어냈다. 헤일즈는 증명에 컴퓨터를 사용했는데, 먼저 무한개에 대한 문제 하나를 (케플러의 추측에서는 무한히 넓은 공간에 있는 무한히 많은 수의 공을 고려했다) 아주 많긴 하지만 유한개에 대한 문제 여러 개로 바꿨다. 각각의 문제는 유한개의 구조를 포함하는데 이 구조는 버팀대와 줄로 만든 조각품에 비유할 수 있다. 개략적으로 십만 개 정도의 구조가 있었는데, 컴퓨터를 이용해 이 구조들을 모두 분석함으로써 케플러의 추측에 대한 증명을 완성할 수 있었다. 이를 모두 확인하는 데 수년이 걸렸으며 논문은 2005년에서야 발표되었다.

케플러의 추측에서는 구의 중심이 격자점이 되어야 한다는 가정이 없었다. 만약 이러한 가정을 도입한다면 상대적으로 간단한 증명이 가능하지만, 이렇게 가정해서는 안 되는 이유는 구의 중심이 격자점에서 벗어나면서도 그렇지 않은 채우기 만큼 조밀한 채우기가 존재하기 때문이다. 그러나 우리는 이러한 점을 신경 쓸 필요가 없는 것이 대칭을 생각하면 구의 중심이 격자점에 위치할 수밖에 없기 때문이다.

우리는 무선 방송에서의 왜곡을 줄이기 위한 섀넌의 방법에서 출발하여 격자라는 주제에 도달했고, 이것은 3차원 이상의 좋은 격자 구조를 찾아야 한다는 것을 의미한다. 어떻게 이러한 격자를 찾아야 할까? 차원이 4, 5, 6, 7, 8인 경우에는 9장에서 살펴봤던 다차원 결정을 사용할 수 있는데, 특별히 E형의 예외적인 것을 쓸 수 있다. 이들은 일부 훌륭한 격자의 기저를 형성하는데 8차원 이상에서는 예외적인 결정이 사라지고 조밀한 격자는 점점 찾기 어려워진다. 그러나 24차원에서 매우 특별한 것이 나타난다. 이것을 발견한 사람은 존 리치(John Leech; 1926~1992)로, 그의 이름을 따서 '리치 격자'라고 불린다.

존 리치는 수학자로서 컴퓨터 발전 초기부터 이를 활용한 계산에 관심을 갖게 되었다. 리치는 산업체에서 몇 년간 일하다가 스코틀랜드 글래스고 대학교 계산 연구소로 옮겨갔고, 나중에는 같은 스코틀랜드 스털링 대학교 컴퓨터과학과 학과장이 되었다. 1960년대 초 리치는 비트의 설계를 이용하는 뛰어난 발상을 하게 되었다. 비트는 마티외 군(176쪽 참조)을 만들기 위해 24개의 원소를 사용했는데, 리치는 이를 이용하여 24차원의 격자를 만들었다. 리치는 1964년 이에 대한 첫 번째 논문을 발표하였고, 1967년에 채우기 밀도를 향상시킨 방법을 추가한 논문을 발표하였는데, 이 논문에 발표된 격자를 리치 격자라고 부른다. 이것은 더 이상 향상될 수 없다. 즉, 24차원의 격자 채우기 중 밀도가 가장 높은 방식으로 이에 대한 증명은 2004년에야 이루어졌다.[55]

리치 격자에서 각각의 24차원 구는 196,560개의 구와 접한다. 이 수는 부록 3에 설명되어 있는데, 나중에 몬스터가 등장할 때 다시 등장한다. 물론 리치가 논문을 발표할 때에는 몬스터는 그림자도 보이지 않을 때였다. 앞의 11장에서 소개한 새로운 단순군의 발견 소식이 전해지자 리치도 이에 대해 흥미를 갖게 되었다.

리치는 자신이 만든 격자 구조가 마티외의 가장 큰 치환군(M24)과 함께 다수의 거울 대칭을 포함하고 있음을 보이고 나서, 그 외에 다른 것은 또 없는지 궁금해하였다. 왠지 새롭고 거대한 단순군이 있을 것 같은 느낌이 들었다. 리치가 발견한 격자가 상당히 이례적인 것이었기 때문에 이와 관계된 단순군 역시 주기율표에 없을 것이 분명할 것이었다. 리치는 자신의 격자에 군론 전문가들이 관심을 갖도록 노력했는데, 이에 대해 이렇게 말하고 있다. "나는 이 문제를 여러 사람들 코앞까지 들이밀었는데, … 처음 미끼를 문 사람은 콘웨이였다."

존 호턴 콘웨이는 1937년 영국 리버풀에서 태어났고 열여덟 살에 케임브리지 대학교에 입학했다. 콘웨이는 한때 지나치게 수줍음이 많았던 적이 있었지만, "내가 대학생이 되기 위해 리버풀에서 케임브리지로 가는 기차에 올라탔을 때, 케임브리지에는 내가 수줍음이 많다는 것을 아는 사람이 없을 테니 내향적인 사람 대신 외향적인 사람이 될 수도 있겠다는 생각이 불현듯 들었다."고 한다. 콘웨이는 그때부터 외향적이고 매력적인 성격이 되었는데 많은 다른 창조적인 사람들이 그렇듯 모든 일에 뛰어난 학생은 아니었다. 콘웨이는 교과과정의 내용을 공부하는 것보다 자신이 흥미 있는 것에 집중하는 것을 좋아했다. 콘웨이는 게임을 좋아해서 자신의 게임을 개발하기도 했지만 시험 성적에는 아무런 도움이 되지 못했고, 박사 학위를 받기까지 계속 공부해야 할지 확신하지 못했다. 다행히 콘웨이는 공부를 계속했고, 졸업이 다가오자 새로운 일자리를 찾아야 했다.

학과장이었던 카셀(John William Scott Cassels; 1922~2015)은 콘웨이에게 취업을 위해 지원서를 낸 곳이 있는지 물은 다음 이렇게 말했다. "우리 학교에 자리가 하나 있네. 지원하게." 콘웨이가 "지원하려면 어떻게 하면 되나요?"라고 묻자, 카셀은 그 자리에서 종이를 하나 꺼내더니 킹스칼리지 외벽에 대고 "친애하는 카셀 교수님에게 본인은 수학과에 지원하고자 합니다. …"라고 지원서를 써 내려가기 시작했다. 콘웨이는 그해에 자리를 잡지 못했지만 다음 해에 비슷한 자리가 나자, 카셀은 이렇게 얘기했다. "다른 말이 없다면 지난번 지원서를 이번에도 사용하겠네." 이번에는 다행히 교수로 임용되었고 20여 년이 지난 1986년에 프린스턴으로 옮겨갈 때까지 케임브리지에 있었다.

콘웨이의 첫 번째 큰 성과는 리치 격자에 대한 연구였다. 1967년 가을, 존 리치는 영국 하웰의 아틀라스 연구소에서 1년을 보냈다. 이 연구소는 옥스퍼드 근처에 위치한 영국 최고의 컴퓨터 연구소였다. 나중에 문샤인 추측의 주인공인 존 맥케이도 이곳에 있었는데, 리치와 맥케이는 옥스퍼드 대학교에서 열린 세미나에 함께 참석했다. 옥스퍼드 대학교에 있던 그레이엄 히그먼(Graham Higman; 1917~2008)[56]은 얀코의 세 번째 군인 $J3$에 대해 연구하고 있었고, 맥케이는 히그먼의 결과를 이용하여 $J3$를 치환군의 형태로 표현하는 일에 참여하고 있었다. 리치는 히그먼이 자신의 격자에 관심을 갖도록 노력하고 있었고, 맥케이는 케임브리지에서 사람들을 대상으로 같은 노력을 기울였다. 맥케이는 케임브리지를 방문하여 톰슨과 다른 사람들에게 $J3$를 구성하는 작업에 대해 이야기를 한 후, 리치 격자에 대한 이야기를 꺼내었지만 즉각적인 반응은 없었다. 최근에 새로운 단순군이 발견된 이후로 많은 사람들이 새로운 단순군이 숨어 있을 만한 곳에 대한 제안을 했고, 대부분이 실패로 판명됐던 것이 문제였다.

하지만 같은 자리에 있던 콘웨이에게 이것은 완전히 다른 문제였다. 콘웨이는 사실 정식으로 군론을 공부하지 않았는데, 콘웨이가 케임브리지에 임용되던 1962년에는 수리논리학과 유한 수학 분야에서 연구를 하고 있었다. 연구는 원활히 진행되지 않았고 이에 대해 콘웨이는 나중에 이렇게 썼다. "나는 매우 우울해져 있었다. 나는 내가 진짜 수학을 하지 못하고 있다고 느꼈다. 논문 한 편 없기 때문에 그로 인해 죄책감마저 들었다."[57] 콘웨이는 리치 격자에 흥미를 느꼈고 리치의 첫 번째 논문을 살펴보았다. 콘웨이는 리치에게 전화를 걸었고 리치는 마침 새로 나온 논문을 읽어보라고 말했다. 새 논문을 읽은 콘웨이는 좀 더 큰 단순군이 있을 것 같다는 생각에 동의했고, 톰슨에게 리치 격자에 관심을 가지라고 설득하기 시작했다. 톰슨은 거절하면서 만약 콘웨이가 막연한 추측이 아니라 단순군의 크기를 계산해낼 수 있다면 그 말을 믿어보겠다고 말했다.

이것은 매우 힘든 일처럼 보였다. 콘웨이는 어린 네 딸이 있었고, 생계비를 벌기 위해 추가 강의를 하고 있었다. 이 흥미롭지만 어려운 문제에 집중하기 위한 시간을 어떻게 벌 수 있을까? 콘웨이는 여름 방학이 오기까지 기다렸다가 아내와 상의했다. "이 일을 성공하면 명성을 알릴 수 있게 돼." 콘웨이는 아내에게 장담했고, 일주일에 아무런 방해 없이 일할 수 있는 두 번의 시간을 갖는 것에 동의했다. 첫 번째는 수요일 오후 6시부터 자정까지였고, 두 번째는 토요일 정오부터 자정까지였다. 첫날의 연구가 어떠했는지에 대해 이야기하기 전에 문제가 무엇인지에 대해 설명하는 게 좋을 것 같다.

리치 격자에서 한 점을 고정하면 그 점 주위의 점들을 세 개의 서로 다른 집합으로 나눌 수 있다. 첫 번째 논문에서는 두 개의 집합이 있었는데, 첫 번째 집합에 97,152개의 점이 포함되고 두 번째 집합에 1,104개의 점이 포함되어 있었다. 두 번째 논문에서 98,304개의 점이 포함된 세 번째 집합을 추가하였다. 그래서 주어진 점 주위에 있는 점의 총 개수가 97,152＋1,104＋98,304＝196,560개가 되는 것이다. 이 세 집합이 각각 유지되는 대칭은 매우 많았지만 콘웨이는 세 집합이 서로 섞여 한 집합에 있던 점이 또 다른 집합으로 옮겨가는 그러한 대칭을 필요로 했다. 물리학자들도 기본 입자에 대해 유사한 문제를 갖고 있다. 기본 입자들은 몇 가지 서로 다른 종류로 나눌 수 있는데, 물리학자들은 한 종류의 입자들이 다른 종류로 바뀌는 변환이 있는지 알고 싶어한다. 어떻게 이것을 찾을 수 있을까? 그리고 이러한 방식으로 어떤 군이 드러날 것인가? 콘웨이의 첫 번째 작업은 리치 격자의 경우 이러한 일이 일어날 가능성을 살펴보는 것이었다. 만약 한 점과 그 점에 이웃한 한 점을 택한다면, 이 두 점 모두에 이웃한 점의 개수는 몇 개가 될까? 만약 임의의 이웃한 두 점에 대해 같은 결과가 나온다면, 이것은 모든 이웃한 두 개의 점이 서로 동등하다는 증거라고 할 수 있다. 다음에는 삼각형 모양으로 서로서로 이웃한 세 개의 점에 이웃한 점 하나를 추가한 다음 비슷한 계산을 한다. 콘웨이는 이러한 계산을 착착 수행해 나갔다. 증거가 쌓였고 커다란 대칭군이 있으리라는 확신을 갖게 되었다. 이제 콘웨이는 그 대칭군의 크기를 계산해내고 싶었다.

토요일 정오, 아내와 약속한대로 연구를 시작했다. "나는 마지막 한 모금의 커피를 마시고 아내와 아이들에게 작별 키스를 한 다음 방 안에 들어가 문을 잠그고 연구를 시작했다." 열두 시간을 확보한 그는 먼저 기다란 종이 위에 리치 격자에 대해 알고 있는 모든 것을 적어 내려가기 시작했다. 오후 6시가 되었을 때 단순군의 크기는

$$2^{22} \times 3^9 \times 5^4 \times 7^2 \times 11 \times 13 \times 23 = 8,315,553,613,086,720,000$$

가 되거나 이 절반 크기이어야 한다는 결론을 얻었다. 콘웨이는 톰슨에게 전화했다.

콘웨이와 톰슨은 케임브리지 대학교 같은 학과 동료 교수였기 때문에 거의 동등한 위치라고 보일지 모르겠지만 전혀 그렇지 않았다. 콘웨이는 자신의 이름으로 된 성과가 거의 없는 신참 교수였고 군론에 대한 기술적인 수준도 형편없었던 반면에 톰슨은 그야말로 대가였다. 콘웨이 스스로 이렇게 말했다. "나는 톰슨 선생님께 경외감을 갖고 있었는데, 모두가 알다시피 선생님은 세계 최고의 군론 전문가였기 때문이었다. 그리고 나는 선생님이 굉장히 근엄한 분이라고 생각하고 있었다."

나중에 콘웨이가 리치 격자에서의 대칭성을 상당히 세세하게 분석한 이후에 이곳저곳에서 초청되어 강연을 하게 되었다. 처음

그를 초청한 곳 중 하나가 옥스퍼드였는데, 강연이 끝날 때 즈음한 대학원생이 질문을 했다. "그 군이 단순군인지 어떻게 알 수 있습니까?" 달리 말해 그 군이 보다 단순한 군들로 분해되지 않는지를 어떻게 알 수 있는지 물었던 것이다. 사실 콘웨이는 명확한 근거가 없었기 때문에 약간 주저했는데, 마침 옥스퍼드 대학교의 피터 노이만(Peter Michael Neumann; 1940~2020)*이 칠판에 간단한 근거를 적으면서 질문에 대답하였다. 콘웨이는 "나는 이 강연에서 마치 사기꾼이 된 듯한 느낌이었다."고 말했다. 하지만 피터 노이만은 이 강연에 매우 깊은 인상을 받았으며, 신속한 출판을 약속하며 《런던수학회 회보(London Mathematical Society)》에 투고할 것을 요청했다. 콘웨이는 그해 가을 논문을 썼고 곧이어 출판되었다. 1969년의 일이었다.

콘웨이는 그 시기에 기술적인 전문성이 부족하다고 느꼈을지 모르지만, 젊은 수학자를 훌륭하게 만드는 요소는 독창성과 창조성이다. 기술적인 숙련도는 이미 그것을 갖고 있는 자들에게 배워 높일 수 있지만 창조성은 그렇지 않다. 수학에는 엄청난 속도로 배울 수 있는 총명한 젊은이들이 상당히 많다. 이 중에는 기술적인 내용들을 엄청난 속도로 자신의 것으로 소화하는 이들도 많지만 자신만의 창조성이 없으면 앞으로 더 이상 나아가지 못한다. 콘웨이는 독창성과 창조성을 모두 갖추고 있었기 때문에 걱정할 필요가 전혀 없었다.

---

* 코로나-19로 2020년에 사망하였다. ─ 옮긴이

콘웨이가 톰슨에게 전화를 걸어 $2^{22} \times 3^9 \times 5^4 \times 7^2 \times 11 \times 13 \times 23$ 이거나 이 수의 절반이 단순군인 것 같다고 얘기를 하자, 톰슨은 20분 후에 전화를 걸어 이 수를 반으로 나누어야 하고, 그것과 연관된 두 개의 단순군이 더 있다고 얘기했다. 콘웨이는 그때를 이렇게 회상했다. "우리는 농담 삼아 이렇게 얘기했습니다. 새로운 단순군을 원하면 그 크기를 계산한 다음 톰슨 선생님에게 전화를 걸어 그 수를 말하기만 하면 된다고. 그러면 엄청난 결과를 얻을지 모른다고."

하지만 아직 커다란 문제가 남아 있었다. 콘웨이가 크기를 계산해냈고, 톰슨이 그 가능성을 확인해 주었지만 새로운 단순군이 정말로 존재할 것인가? 콘웨이는 24차원에서 연구를 진행하고 있었고, 기존에 알려진 거울 대칭과 마티외 군을 이용해서는 보이지 않았던 새로운 대칭을 필요로 했다. 거울 대칭은 마티외 군에 의해 서로 교환되는 16차원 거울들에 의해 생성되고, 여기에 하나의 대칭을 추가하면 새로운 단순군을 생성할 수 있어야 했다. 24차원의 대칭을 기술하기 위해서는 24개의 축을 잡고, 각각의 축이 어떻게 옮겨가는지 기술해주어야 한다. 이것은 24개 점의 좌표를 적어야 하고, 각 점마다 24개의 좌표 성분을 갖고 있기 때문에 24개의 숫자로 구성된 24개의 집합을 행렬의 형태로 적게 된다. 콘웨이는 이 행렬의 각 성분을 하나씩 채워 나갔다.

이 작업은 쉽지 않았는데, 이 행렬은 576개의 성분을 갖고 있고 단 하나의 실수도 있어서는 안되기 때문이다. 마침내 작업이 완료되었고, 이 행렬이 제대로 동작하는지는 확인하지는 못했지만 첫날은 그만하면 충분하다고 생각했다.

어쨌든 나는 다시 톰슨에게 전화를 걸어 행렬을 얻었고, 아직 밤 10시 밖에 되지 않았지만 지쳤기 때문에 이제 그만 자야 겠다고 말했다. 다음 날 다시 전화하겠다고 말하고 전화를 끊었다.
   그런 다음 생각했다. "아니, 그러지 않는 게 좋겠어. 일단 최소한 제대로 동작하는지는 볼 필요가 있어. 앞으로 어떻게 할지 방향만 확인해보자." … 어쨌든 전화를 끊자마자 내가 잘못 생각했다는 걸 깨달았다.

콘웨이는 어떻게 이 행렬을 검증해야 할지 생각해냈다. 이 방법은 40개의 계산 과정을 포함하고 있었다. 콘웨이는 그중 하나를 계산했고 결과는 만족스러웠다. 같은 방법으로 39개의 계산만 해내면 이 문제를 해결하는 것이다. 그러나 이때 매우 피곤했기 때문에 이렇게 중얼거렸다. "그래 이렇게 확인하면 되겠네. 지금은 진짜로 자러 가야 겠어." 콘웨이는 자기 위해 누웠지만 이렇게 흥분되는 경험의 끝을 보지 못하고 놔둔다는 것이 다소 불만족스럽게 느껴졌다. 그래서 콘웨이는 조금 더 일어나 있기로 결정했다.

나는 이렇게 중얼거렸다. "여기서 포기하는 건 멍청한 짓이야." 그리고 계산을 계속했다. 12시 15분에 나는 다시 톰슨에게 전화를 걸어 이렇게 얘기했다. "이제 모두 끝났습니다. 단순군이 거기 있었습니다." 그것은 내 인생을 바꿔 놓은 정말로 환상적인 열두 시간이었다. 특히 나는 이 작업을 위해 몇 달 동안은 사흘에 한 번씩 여섯 시간에서 열두 시간은 일해야 할 것이라고 생각하고 있었기 때문에 더욱 환상적이었다.

콘웨이가 그 놀라운 열두 시간 반 동안에 보인 결과는 리치 격자의 단순군이 지금까지 알려진 어떠한 것보다 훨씬 크고 복잡하다는 것이었다. 그는 나중에 이렇게 얘기했다. "그 열두 시간 반은 내 인생에서 가장 중요한 순간이었다."

그 다음 날은 일요일이었는데, 콘웨이와 톰슨은 케임브리지 대학교 수학과 건물 안에서 만났다. 두 사람은 하루 종일 새로운 군에 대해 연구했고 논의는 일주일 내내 이어졌다. 콘웨이는 말했다. "나는 톰슨에게 환상적인 가르침을 받았다." 첫 번째 것에서 두 개의 새로운 단순군이 나와 총 세 개의 단순군이 나왔다. 이들은 콘웨이의 이름을 기념하여 차례대로 $Co1$, $Co2$, $Co3$으로 불리는데, 콘웨이 자신은 ·1, ·2, ·3(·은 닷(dot)이라고 읽는다)이라고 불렀다. ·1은 리치 격자의 한 점을 고정하여 얻었다. 만약 최소 거리에 있는 두 점을 고정하면 ·2를 얻는다. 그리고 만약 두 번째로 가까운 두 점을 고정하면 ·3을 얻게 된다.

이 군들이 전부가 아니다. 다른 거리에 있는 두 점을 고정하면 두 개의 예외적인 단순군을 더 얻는데, 이들은 각각 ·5, ·7로 표기된다. 이 둘 중에서 두 번째 것(·7)은 6개월 전 옥스퍼드 대학교 학회에서 히그먼과 심스가 발견한 군(히그먼-심스 군)과 동일하고, 첫 번째 것(·5)는 미시간 대학교의 잭 매클로플린(Jack McLaughlin)에 의해 발견된 새로운 단순군과 동일하다. 이건 정말 흥미로운 물건이다. 매클로플린 군은 아직 발표되기 전이고, 콘웨이는 이에 대해 전혀 들은 바가 없었다. 그러나 톰슨은 이 내용에 대해 들은 바가 있었고 콘웨이는 이렇게 회상했다. "이 결과로 선생님도 확신을 갖게 되었다."

이제 톰슨은 이 새로운 군이 진짜라는 것을 확신했고 조금 더 자세히 살펴보았다. 그리고 두 개의 예외적인 단순군을 더 끄집어 냈는데, 하나는 얀코의 두 번째 군인 $J2$이고, 다른 하나는 스즈키에 의해 다른 방식으로 발견된 치환군이었다. 만일 콘웨이가 리치 격자를 1~2년 먼저 연구하기 시작했다면 그가 발견한 새로운 단순군은 3개가 아니라 7개가 되었을 것이다.

이렇게 해서 리치 격자로부터 12개의 예외적인 단순군이 나왔다. 5개의 마티외 군, 3개의 콘웨이 군, 그리고 다른 4개의 군. 이 새로운 발견은 콘웨이의 인생을 바꿔 놓았다. "나는 항상 연구에 대한 중압감을 느꼈고, 내가 좋은 수학자가 아니라고 느꼈다. 하지만 1968년의 발견으로 나는 그런 걱정에서 벗어날 수 있었고 무언가 정말로 멋진 것을 할 수 있게 되었다."

콘웨이는 혼자 하는 것이나 같이 하는 것이나 가리지 않고 게임에도 지속적인 흥미를 가졌다. 이 분야에 관한 책도 2권이나 썼으며[58] 그의 『인생 게임(*Game Of Life*)』(이 게임은 일반적인 의미에서의 게임이 아니라, 철학적인 의미를 내포하고 흥미로운 패턴을 생산해낸다)은 텔레비전 프로그램에서 소개된 적도 있으며 인터넷에서 손쉽게 찾을 수 있다.

콘웨이는 수학 게임 분야에서 세계 최고였고 복잡한 현상을 연구하기 위한 영리한 표기법과 방법을 찾는데 천재적이었다. 젊은 시절 콘웨이는 괴짜처럼 보였는데, 겨울에도 샌들을 신고 케임브리지 대학교를 돌아다녔다. 한번은 1970년대에 캐나다의 맥길 대학교에서 학회가 열렸는데, 밖에는 눈이 45센티미터가량 쌓여 있었다. 콘웨이가 강연장에 도착했을 땐 샌들이 흠뻑 젖어 있었고, 그는 샌들을 벗고 맨발로 강단에 섰다. 콘웨이를 청중에게 소개하던 수학자는 다음과 같은 짧은 시를 지어 읊었다.

> 존 콘웨이를 위해 건배를 듭시다.
> 이 유명한 케임브리지 교수에게.
> 그를 알아보려면, 다듬지 않은 머리와
> 양말 벗은 발을 보면 알 수 있다네.[59]

이 책의 뒷부분에 콘웨이의 놀라운 이야기가 다시 한번 나온다.

피셔의 몬스터

위대한 수학 이론에는 필연성과 간결성과 함께 높은 수준의
의외성이 뒤따른다.

G.H. 하디, 『어느 수학자의 변명(*A Mathematician's Apology*)』

어떠한 창조적인 활동에서든 기본으로 돌아가는 것이 매우
유용할 때가 있다. 예를 들어 이탈리아 르네상스 시대에는 과거의
전통적인 미술과 건축 양식을 되살렸다. 수학도 이와 같아서
기본적인 질문으로 되돌아감으로써 놀라운 진보가 이루어지기도
한다.

베른트 피셔(Bernd Fischer; 1936~2020)는 피셔 이전의 많은 뛰어난
수학자들이 그래 왔고 앞으로도 계속할 그것을 했다. 그것은 바로
단순하게 들리는 문제로 되돌아가는 것이다. 여기 하나의 치환군이
있다고 가정하자. 가장 단순한 치환은 두 기호의 위치를 바꾸고
나머지는 그대로 두는 호환이다. 우리는 3장에서 짝치환과 홀치환을

생각하면서 호환을 소개한 적이 있다. 추상적인 연산으로서 호환은 위수가 2이다. 즉, 같은 호환을 두 번 하면 모든 것이 원래 자리로 되돌아간다. 피셔는 간단한 질문을 물었다. 호환처럼 행동하고 위수가 2인 연산들에 의해 어떤 치환군이 생성되는가? 이 연산들은 꼭 호환일 필요는 없고 단지 잠시 후에 정의하는 방식으로 호환처럼 행동하면 된다. 피셔는 단순군 혹은 최소한 단순군과 매우 가까운 군에 초점을 맞췄다. 이로부터 피셔는 세 가지 놀라운 결과를 얻었고, 이것이 결국 피셔를 몬스터로 인도했지만 이 당시엔 이러한 사실을 깨닫지 못했다.

어린 시절 이래로 수학은 피셔의 변치 않는 흥밋거리였는데, 자신보다 나이 많은 형들의 학교 숙제를 대신하기를 즐겼다. 피셔는 후에 자신을 고무시키는 선생님을 만나는 행운을 얻었다.

> 고등학교에서 나는 매우 훌륭하신 수학 선생님을 만났다. 선생님은 전쟁 전에는 독일 남부 다름슈타트에서 3년 동안 로켓 궤적을 연구하는 조수로 계셨다. 이것은 미분 방정식을 사용하는 정교한 수학으로 고도에 따른 기압의 변화를 고려해야만 했다. 선생님은 환상적인 수학 교사였는데, 나는 프랑크푸르트 대학교에 입학했을 때 미분 방정식에 대한 강의를 들을 필요가 없었다.

독일은 로켓 과학에 있어서 선두에 있었고, 제2차 세계대전의 후반기에 V2 로켓을 개발하였다. 피셔의 선생님은 로켓 과학자는 아니었지만 수학자로서 도움을 주었고, 수학을 이용하여 물리학적 문제를 다루는 방법은 피셔에게 큰 감명을 주었다. 피셔는 대학에 가서 물리학에서 석사학위를 받은 다음 수학에서 박사 학위를 받아야겠다고 마음먹었다. 하지만 피셔는 대학에서 라인홀트 배어 교수를 만나게 된다. 배어는 미국에서 독일로 돌아와 있었다. "배어 선생님을 처음 본 순간부터 선생님이 수학을 하는 모습과 내 또래의 학생들에게 말씀하시는 방식을 보고 난 큰 감명을 받았다. 나는 해석학 수업을 들었는데, 선생님은 일부러 틀린 부분을 포함시켜 학생들이 바로잡을 수 있게끔 하셨다." 배어의 영향으로 피셔는 응용 수학을 공부하려는 마음에서 순수 수학으로 돌아섰다. 피셔는 배어의 태도를 존경했다. "선생님은 학문의 폭이 매우 넓었고, 세미나 시간에 수학의 모든 분야를 다루길 원하셨다. 선생님은 지도력이 뛰어난 교수였다. 누구나 자신이 원하는 무엇이든 연구할 수 있었는데, 그 당시 독일 대학에서는 흔치 않았다." 배어는 창조적인 연구를 적극적으로 유도하는 환경을 제공하였다. "선생님은 학생들과 방문 연구자들을 한데 묶어 뛰어난 연구 그룹을 만드셨다." 몇몇 방문자들은 체류기간을 연장했고, 단순히 일회성 강연을 위해 방문하는 사람들도 있었다. "이 분야를 전공하는 거의 모든 수학자들이 프랑크푸르트에 왔다. 티츠는 자주 들렀고, 톰슨도 왔고, 얀코도 왔다. 오지 않은 사람이 거의 없었다."

전쟁 전인 1933년 봄, 배어는 장기 휴가를 내고 아내와 아들과 함께 이탈리아로 여행을 떠났다. 히틀러가 권력을 잡자 유대인 이었던 배어는 집으로 돌아가지 않기로 결정하고 독일의 간섭이 없는 영국으로 갔다. 그해 가을 새로운 나치 법에 따라 교수직을 잃었다. 배어는 맨체스터 대학교에서 새로운 자리를 잡았고, 2년 후에 미국으로 건너갔지만 항상 고향을 그리워하다가 1956년에 독일로 돌아갔다. 피셔는 이렇게 회상한다. "배어 선생님은 독일의 대학 체계를 사랑하셨다. 독일의 대학 교수에게 주어지는 독립성을 진심으로 좋아하셨고 19세기에 독일의 대학 체계가 어떻게 발전했는지, 마치 자신이 만든 것처럼 매우 잘 알고 계셨다."

피셔는 학생 시절 수학의 여러 분야를 진지하게 살펴보며 자기 자신의 생각을 발전시켜 나가기 시작했다. "나는 도서실로 가서 아무 책이나 펼쳐 읽기 시작했다. 내가 읽은 책 중에 '분배적 준군 (distributive quasi-group)'에 관한 내용이 있었다." 분배적 준군은 군은 아니었지만 피셔는 흥미를 느꼈다. "그 근처에 분명히 군이 있을 것 같았다." 피셔는 제대로 방향을 잡았고, 이때부터 호환처럼 행동하는 연산에 의해 생성되는 군에 관심을 갖게 되었는데, 이것은 나중에 **베이비 몬스터**(Baby Monster)로 가는 길을 여는 데 도움이 됐다. 그런데 호환처럼 행동하는 연산이란 어떤 것일까?

평범한 호환부터 살펴보자. 두 개의 호환을 연이어 적용하면 두 종류의 결과가 나올 수 있다. 탁자 주위에 여러 사람이 둘러 앉아 있는데, 다른 사람은 그대로 앉아 있고 두 사람만 자리를 바꾸면 이것은 호환이 된다. 이러한 자리 바꿈을 연이어 두 번 하자. 예를 들어 먼저 앤서니와 베아트릭스가 자리를 바꾸고 찰스와 다이애나가 자리를 바꾼다.

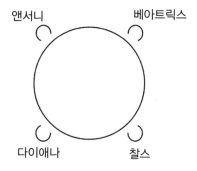

앤서니   베아트릭스

다이애나   찰스

　탁자 주위에 많은 사람들이 있을 수도 있지만 오직 네 사람만
이 자리 바꿈에 관여한다. 두 개의 분리된 자리 바꿈이 일어나면
그 결과로 얻어지는 치환은 위수가 2가 된다. 즉, 위 자리 바꿈을
두 번 반복하면 앤서니와 베아트릭스도 원래 자리로 되돌아가고
찰스와 다이애나도 원래 자리로 되돌아가서 모두가 원래 자리로
되돌아가게 된다. 반면에 두 개의 자리 바꿈이 한 사람을 공통으로
포함하고 있으면 그 결과로 얻어지는 치환은 위수가 3이 된다. 예를
들어 베아트릭스가 먼저 앤서니와 자리를 바꾼 다음 다시 찰스와
자리를 바꾸면 그 결과 이 세 명이 시계 방향이나 반시계 방향으로
회전하게 된다(위 그림의 경우에는 시계 방향으로 회전하게 된다).
이 치환의 위수가 3이라는 얘기는 위 자리 바꿈을 세 번 반복하면
모든 사람들이 원래 자리로 되돌아 간다는 뜻이다.

　두 개의 호환을 연이어 시행하면 결과로 얻어지는 치환의 위수는
2 또는 3이 된다. 이제 호환은 잠시 잊고 위수가 2인 치환들을
생각하는데, 두 개를 연이어 시행하면 위수가 2 또는 3이 되는
성질을 추가하자. 이것이 피셔가 생각한 것이다. 이러한 치환은 꼭

호환일 필요는 없지만 피셔는 그저 '호환'이라고 불렀고,[60] 이들이 어떤 군을 생성하게 될지 연구하기 시작했다.

피셔는 연구할 때 자정을 넘기진 않았는데, 연구 결과를 간단히 줄여서 말하면 피셔는 다음에 얘기하는 놀라운 정리를 증명했다. 만일 어떤 단순군 또는 거의 단순군과 같은 군이 피셔의 호환에 의해 생성될 수 있으면, 거기에는 여섯 가지 경우가 있다는 것이다. 첫 번째 경우로, 주어진 원소에 대한 모든 치환을 포함하는 군이 될 수 있는데, 이 군은 원소의 개수가 늘어날수록 매우 빠르게 커지고 별 재미없는 경우이다. 나머지 경우들이 흥미로운데, 이 중에 네 가지 경우는 전형적인 단순군이 생겨난다.[61] 만일 마지막 경우가 없었다면 피셔의 연구는 깔끔한 수학적 정리를 발견한 데에 그쳤을 것이다. 하지만 이것이 끝이 아니었다. 마지막 경우가 완전히 환상적이었다.

피셔의 여섯 번째 경우로부터 거대한 세 개의 단순군이 나왔는데, 각각은 마티외의 치환군 중 크기가 큰 세 개의 군과 밀접한 관계가 있다. 마티외 군 중 크기가 큰 세 개는 $M22$, $M23$, $M24$인데, 피셔가 발견한 군에는 $Fi22$, $Fi23$, $Fi24$라는 이름이 붙었다. 마티외 군과 비교하면 크기가 엄청났다. 처음 두 개는 단순군이고 세 번째는 크기가 $1,255,205,709,190,661,721,292,800$인 단순군을 포함하고 있었다. 이것은 1조의 1조배 보다도 큰 크기로서 그때까지 발견된 예외적인 단순군 중 가장 큰 것이었다.

피셔 군들이 마티외 군과 어떻게 연관되어 있는지 설명하기 위해서는 피셔의 호환을 거울 대칭으로 이해하는 것이 좋다. 피셔의 호환은 두 대상을 서로 바꾸고 나머지는 놔둔다. 이 두 대상을 거울의 양쪽에서 서로 마주보고 있는 점들이라고 생각하고, 나머지 대상들을 거울 위에 있는 점들이라고 생각하자. 거울 대칭은 거울의 양쪽에 있는 처음 두 점을 서로 바꾸고 나머지는 고정시킨다. 다시 말해 호환으로 작용한다.

하나의 거울 대칭 후에 또 다른 거울 대칭을 적용할 때 그 결과는 두 거울 사이의 각에 따라 달라진다. 예를 들어 두 거울이 직교한다고 가정하자. 한 거울은 남과 북을 바꾸지만 동과 서는 고정하고, 다른 거울은 동과 서를 바꾸지만 남과 북을 고정시킨다. 이 두 거울 대칭을 조합하면 남과 북이 바뀌고 동과 서가 바뀌어 결과적으로 180도 회전이 된다. 이 각도는 정확히 두 거울 사이의 각도인 90도의 두 배가 되는데, 이는 임의의 각에 대해서도 항상 성립한다. 즉, 두 개의 거울 대칭을 조합시키면 회전이 되고, 회전각은 두 거울 사이의 각의 두 배가 된다. 이 원리에 의하면, 두 거울 대칭을 조합시켜서 위수가 2 또는 3이 되었다면 이 둘 사이의 각은 90도 또는 60도가 되어야만 한다.

피셔의 호환을 거울 대칭으로 다루는 것은, 사실 전체 공간의 차원과 거울 자체의 차원에 대해 정확히 얘기하지 않았기 때문에 완전히 정확한 표현은 아니지만 이러한 상상이 도움이 될 것이다. 2차원에서는 상황이 간단하고, 3차원에서는 조금 더 복잡하고 흥미롭지만 피셔는 차원을 어떠한 식으로든 전혀 제한하지 않았다. 만약 피셔의 결과를 순수한 기하적인 관점에서 이해하길 원한다면 너무 높은 차원으로 인해 어려움을 느끼겠지만 피셔는 기하적인 접근 방법을 취하지 않았다. 그렇다면 피셔가 취한 방법은 무엇이었을까?

피셔 군이 마티외 군과 연결되는 한 가지 중요한 요소는 다음과 같다. 수많은 거울들 중에 피셔는 서로서로 직교하는 거울들의 집합을 생각했고, 이러한 집합 중 가장 큰 것을 찾았다. 그런 다음 이 거울들을 치환하는 대칭 부분군을 연구하여 임의의 한 쌍의 거울을 어떠한 쌍으로도 보낼 수 있음을 증명하였다. 피셔는 이 사실을 이용하여 그것이 간단하고 잘 이해하고 있는 구조를 갖거나 세 개의 마티외 군인 $M22$, $M23$, $M24$ 중 하나이어야 함을 보였다. 이 마지막 가능성들이 놀라운 여섯 번째 경우를 이끌어 냈고, 세 개의 피셔 군인 $Fi22$, $Fi23$, $Fi24$를 얻은 것이다. 1971년에 출간된 첫 번째 논문에서 피셔는 이들을 $M(22)$, $M(23)$, $M(24)$로 표기하고 '확장 마티외 군'이라고 불렀다. 피셔가 자기 이름의 첫 자인 F를 사용할 수 있었음에도 M을 사용한 것은 감탄할 만큼 겸손한 행동이다.

피셔 군은 매우 크지만 거울들의 배치만 살펴보면 이해할 수 있다. 거울의 수는 군의 크기에 비하면 훨씬 적다. 가장 큰 피셔 군인 $Fi24$의 경우 1조의 1조배보다 크지만 거울의 수는 백만의 3분의 1도 안 되는 306,936개에 불과하다. 이것도 커 보이지만 진짜 거울을 상상할 필요는 없다. 우리는 거울 대신 꼭짓점을 사용하여 문제를 단순화시킬 수 있다. 각각의 거울을 꼭짓점으로 두 거울이 직교하면 두 꼭짓점을 모서리로 연결함으로써 하나의 네트워크 또는 그래프를 만든다. 거울을 생각하고 또 그것을 네트워크로 표현함으로써 우리가 이해하는 것이 훨씬 쉬워진다.

가장 큰 피셔 군인 $Fi24$에 대한 네트워크는 각각이 거울을 나타내는 306,936개의 꼭짓점을 가진다. 이 네트워크에서 한 꼭짓점에 연결되는 다른 꼭짓점들의 개수, 즉 주어진 거울에 직교하는 다른 거울들의 개수는 31,671개이다. 이 거울들이 부분 네트워크를 이루고, 이로부터 얻어지는 군이 그 다음 큰 피셔 군인 $Fi23$이 된다. 이 부분 네트워크에서는 각각의 꼭짓점이 3,510개의 다른 꼭짓점들과 연결되고 이 3,510개의 꼭짓점으로 이루어진 작은 네트워크로부터 얻어지는 군이 마지막 피셔 군인 $Fi22$이다. 이 네트워크는 각 꼭짓점이 693개의 다른 꼭짓점들과 연결되고 다시 이 693개의 꼭짓점들로 구성된 네트워크에서는 각 꼭짓점이 180개의 다른 꼭짓점들과 연결된다. 중요한 점은 이 작업을 반대 방향으로도 할 수 있다는 것이다. 즉, 작은 네트워크에서 시작해서 꼭짓점을 추가해 가며 점점 더 커다란 네트워크를 만들어 낼 수 있는데, 특히 마티외 군에서 시작해서 이 작업을 할 수 있다.

이것은 쉬워 보이지는 않지만 그렇다고 해서 불가능한 것도 아니다. 수학자들은 복잡한 대상을 다룰 때 종종 간단한 요소로부터 시작해서 규모를 키워 나가는 방법을 사용하곤 한다. 어떤 점에서 이것은 하나의 문양을 설계하고 이것을 여러 개 복제해서 전체 문양의 일부를 만든 다음, 이러한 부분들을 결합하여 전체적인 복잡한 문양을 만드는 것과 비슷하다. 이것이 피셔가 한 일인데, 피셔가 $Fi23$과 $Fi24$로부터 시작해서 위로 확장시키려 할 때 서로 크기가 다른 두 가지 가능성이 있음을 발견하였다. 이 둘 중 하나는 터무니없이 커 보였다. "이 크기는 100,000보다 큰 소수로 나누어 떨어졌는데, 이것은 말도 안 되는 것이 분명해 보였다. 하지만 이 경우를 어떻게 제외시켜야 할지 몰랐다." 피셔는 파이트에게 편지를 썼고, 파이트는 스즈키, 파이트, 톰슨에 의해 사용되었던 정교한 기법을 이용하여 이 경우를 제외시켰다. 하지만 피셔는 스스로의 방법으로 이를 증명하고자 했고, 결국 해냈다. 이때는 1969년 말로 피셔는 자신의 연구 결과를 정리하는 논문을 쓸 준비가 되었다.

피셔의 논문은 1971년에 출간되었다. 이 논문에는 1부라는 부제가 붙어 있었고, 앞으로 여러 가지 경우들을 상세하게 다룬 2부와 3부 논문이 나올 것이라고 언급하였다. 하지만 이 논문들은 세상에 나오지 않았는데, 왜냐하면 피셔가 영국 워릭 대학교에서 일련의 강의를 해달라는 요청을 받으면서 이 모든 경우를 분석하는 강의노트를 작성했기 때문이다. 이 강의노트는 누구나 무료로 사용할 수 있도록 했으며, 내가 10년 뒤에 워릭 대학교 수학과에 한 부를 요청했을 때에도 기꺼이 제공해주었다. 하지만 물론 대학 도서관에서는 강의노트를 구할 수 없었기 때문에 다른 수학자들이 이 강의노트를 발전시키거나 논문을 발표하기도 했지만 피셔는 전혀 상관하지 않았다. 피셔는 자신의 연구 결과에 대한 문의에 즉각적으로 대답하였고, 다른 이들에게 영감을 주었으나, 출판을 위한 저작 활동은 거의 하지 않았다. 피셔의 목표는 오로지 연구와 여러 수학자들과의 직접적인 교류에 있었다. 그는 주변 사람들에게 막대한 흥분을 불러 일으켰다.

피셔의 연구 대부분은 출간되지 않았지만 강의노트는 널리 읽혔으며 다른 사람들이 피셔의 연구를 분석하고 정리하여 출판하였다. 피셔는 전혀 상관하지 않았다. 피셔는 정력적인 사람이었고 아주 열심히 일했으며 커피와 줄담배의 도움을 받아 몇 개의 새로운 단순군들을 발견하였다. 지금까지 세 개를 살펴보았고 두 개가 더 있는데 그 다음 차례는 베이비 몬스터이다. 이 역시 출간되지 않았다.

베이비 몬스터에 대한 이야기를 하기 전에 어떻게 피셔가 다른 사람들에게 영감을 주었는지 말하는 게 좋겠다. 거울 대칭에 의해 생성된 피셔 군들에서 거울들 사이의 각은 90도 또는 60도이고, 이것은 두 거울 대칭을 조합하면 위수가 2가 되거나(180도 회전) 3이 된다는(120도 회전) 뜻이다. 캘리포니아에 있던 젊은 수학자 마이클 애시배커(Michael Aschbacher; 1944~)는 이 방법을 따르되 거울 사이의 각에 변화를 주었다. 애시배커는 90도(조합하면 위수가 2가 되는)는 그대로 유지했지만 60도는 조합했을 때 위수가 홀수 n이 되는 각으로 바꾸었다. n이 3이 되면 각은 60도가 되어 피셔의 경우와 일치하고 요상한 피셔 군이 나온다. 애시배커는 n이 5이상인 홀수인 경우에 대해 연구했고 이 연구들을 네 편의 논문에 나누어 발표했는데, 이 논문들은 1972년에서 1973년에 걸쳐 출간되었다. 애시배커는 이런 식으로 얻을 수 있는 모든 단순군들을 분석했다. 이것은 흥미로운 목록이지만 기대했던 새로운 단순군은 나오지 않았다. 피셔가 발견한 또 하나의 크게 놀랄 만한 결과가 있지만 먼저 애시배커에 대한 이야기를 좀 더 하도록 하자.

유한군의 '분류 프로젝트(Classification project)', 즉 모든 단순군의 목록을 발견하고 이 목록이 전부라는 것을 증명하는 프로젝트는 위대한 '파이트-톰슨 정리'로부터 시작되어 톰슨의 연구 결과로 인해 한 발 더 나아갔다. 톰슨 다음으로 가장 중요한 공헌을 한 사람이 바로 애시배커로, 애시배커의 연구는 1970년대 초반에 등장했다. 애시배커는 이 프로젝트에 관련된 실재적인 문제들을 직접 다루었고 잇달아 낸 연구 결과들을 통해 다른 사람들이 연구하려고 계획을 세웠던 절단면 문제들 중 일부를 완전히 해결해버렸다. 이 주제로 연구 경력을 쌓으려던 수학자들은 갑자기 땅이 꺼지는 듯한 상황이었을 것이다. 그러한 상황을 목격했던 한 사람은 이렇게 말했다. "그들은 모두 매우 침울한 표정으로 어떻게 해야 할지 몰랐다. 왜냐하면 애시배커가 손이 닿는 곳에 있는 모든 문제를 해결했기 때문이었다. 애시배커는 절단면에 대해 연구를 하고 있던 많은 사람들을 모두 한 방에 날려 버렸던 것이다."

애시배커는 놀라운 속도로 연구를 해 나갔고, 그 결과들은 모두 출판 전에 심사 과정을 거쳐야만 했다. 이를 위해 여러 사람들이 막대한 시간을 들여야만 했는데, 캔자스 주립 대학교의 어니 슐트(Ernie Shult)는 1970년대 중반에 그 논문들에 치었던 일을 이렇게 회상했다.

나는 여러 편의 애시배커 논문을 심사하게 되었는데,
모든 부분을 책임지고 확인하는 것이 불가능한 지점에

이르렀다. 1년 동안 여섯 편의 논문을 심사하는 통에 내 자신의 연구를 할 시간이 없었다. 논문들 중 어떤 것은 100쪽이 넘어갔는데, 기억하기로 한 편은 120쪽가량 되었다.

이 논문들은 상세했고 기술적이었는데, 이러한 논문을 쓰는 것은 굉장한 양의 일을 요구했다. 아무리 머리 속에 증명의 개요가 들어 있더라도 그것을 논문으로 조직화하는 것은 굉장한 노력이 필요하다. 단순히 주요 정리를 기술하고 그 증명을 적는 것도 매우 복잡하고 번거로운 일이 될 수 있다. 증명의 여러 부분에서 비슷한 기법을 사용하는 경우, 이 기법을 주 증명에서 따로 떼어 내 별도로 다루게 된다. 이러한 기법을 하나의 명제로 표현하고 이 명제를 증명한다. 이 작은 결과를 우리는 보조정리(lemma)라고 부르는데, 그 자체로는 별 의미가 없더라도 보다 중요한 무언가를 증명하는 데 유용하게 사용될 수 있다. 모든 수학자들은 더 큰 결과를 얻는 중간 과정으로 보조정리를 사용하는데, 이 과정은 마치 여러 개의 관을 서로 연결하는데, 새지 않도록 서로 잘 맞아 떨어져야 하는 것과 같다. 애시배커는 논문에서 자기 자신이 만든 보조정리를 사용하였는데, 전제 조건이 항상 동일하지는 않았다. 애시배커 자신은 논문의 내용이 어디로 가고 있는지 정확하게 알고 있을지 모르지만, 불쌍하게도 심사위원은 그 과정을 뒤에서 쫓아가기 위해 애를 써야 했다.

애시배커는 논문을 매우 빨리 썼기 때문에 보통은 퇴고를 거칠 시간이 없었고, 증명은 많은 내용을 간결하게 썼기 때문에 결과적으로 읽기가 매우 어려워졌다. 슐트는 자신이 논문의 심사위원이란 사실을 애시배커가 알고 있다는 것을 알고 있었기 때문에, 두 사람은 익명성 원칙을 내던지고 편집자를 거치지 않은 채 직접 연락을 하며 일부 증명에 대한 의견을 주고받았다.

애시배커는 홀로 연구하는 것을 좋아했지만 나중에 애시배커와 함께 연구를 했던 다른 사람들은 그가 세부 내용들을 속속들이 파악하고 있는 것에 감탄했고 출판을 위해 제출하지 않은 연구 결과들에 크게 놀랐다. 예를 들어 오리건 대학교의 게리 세이츠(Gary Michael Seitz; 1943~)는 미국 남부 패서디나에서 애시배커와 함께 시간을 보낼 기회가 있었다고 한다. "나는 애시배커에게 한 가지 문제를 제안했는데, 그는 벌써 그 문제를 풀었다고 했다. 애시배커가 책상 서랍을 열자 거기에 이미 해답이 있었다! 그래서 나는 내가 고민하고 있던 다른 문제를 얘기했더니 이번엔 또 다른 서랍을 열었다." 애시배커가 또 어떤 일을 했는지는 나중에 다시 살펴보기로 하자.

피셔에게로 다시 돌아가도록 하자. 피셔는 사이각이 90도이거나 60도인 거울들의 집합을 포함하는 모든 단순군들을 생각하였다. 여기에 45도까지 허용하는 것은 매우 자연스러운 발상이었고, 피셔는 이 문제를 매우 유능한 박사과정 학생이었던 프란츠 티메스펠트(Franz Georg Timmesfeld; 1943~)에게 제안하였다. 이 문제는 끔찍하게 어려웠지만 티메스펠트는 이에 도전했고, 하나의 가정을 추가하면 완전한 해답을 얻을 수 있다는 것을 발견하였다. 1970년에서 1975년 사이에 출간된 세 편의 논문을 통해 이 문제를 정확히 풀어냈다. 티메스펠트는 피셔와 애시배커와 같은 관점에서 군에서 일어나는 내부 구조를 연구하기 위해 기하적인 방법을 사용하였고, 또한 이들처럼 그 결과로 얻어지는 모든 단순군의 목록을 제시하였다. 이들 군은 모두 주기율표 안에 있었고 예외적인 군은 없었다.

이제 피셔 본인이 이 무대에 다시 등장할 때가 왔다. 피셔는 티메스펠트가 추가한 조건을 제거하고 무엇이든 나올 때까지 살펴보기 시작했다. 피셔는 예외적인 군을 발견하는 뛰어난 감각이 있었고 또 다른 군이 숨어 있을 만한 곳을 추측했지만, 연구에 집중할 시간이 필요했다. "1970년 여름에 나는 미시간 주립 대학교에 가서 두 달 정도 이 문제를 생각할 시간을 갖게 되었다." 피셔는 자신이 발견한 군인 $Fi22$를 사이각이 90도, 60도, 45도인 거울들의 집합을 이용해 확장하였다. 그 결과 주기율표에 등장하는 군으로서 $Fi22$를 포함하는 군을 얻을 수 있었다. 피셔는 이 내용을 갖고 미국 메인 주에 위치한 보든 칼리지에서 강연을 했는데, 발터 파이트(파이트-톰슨 정리의 바로 그 파이트이다)가 청중으로 참석하였다. 파이트는 스테인베르그의 논문에 의하면 피셔의 결과는 성립할 수 없다고 반론을 제기하였고, 피셔는 자신의 연구 결과에 확신이 있었기 때문에 그 반론을 받아들이지 않았다. 피셔는 당시를 이렇게 회상했다. "파이트는 스테인베르그의 논문을 살펴본 사람이 100명이 넘는다고 말했다. 그들은 내 결과를 스테인베르그에게 알려 주었고, 2～3일 뒤에 스테인베르그는 자신의 논문에 오류가 있었음을 시인하였다."

피셔의 연구에서 이 같은 일은 여러 번 있었다. 피셔가 어떤 새로운 군에 대한 증거를 발견하면, 누군가 반론을 제기하기를 아무개가 증명한 결과에 의하면 피셔가 발견한 군이 포함해야만 하는 부분군에 이상한 일이 벌어진다. 하지만 피셔는 언제나 자신의 근거에 확신을 갖고 있었다. 피셔는 그 이상하다는 부분군의 존재에 확신을 갖고 있었으며, 후에 이 부분군의 존재성을 거부하던 결과에 오류가 있었음이 밝혀졌다.

사실 피셔는 나중에 매우 큰 단순군으로 판명되는 매우 흥미로운 대상을 추적하고 있었는데, 불행히도 피셔는 이에 집중할 시간이 없었다. 미시간 주립 대학교에서 두 달을 보낸 후, 피셔는 독일 빌레펠트 대학교로 돌아가 새로 시작되는 학기부터 학과장으로 일해야 했다. "학과장으로서는 끔찍한 시간이었다. 우리에게는 베를린에서 오는 많은 학생들이 있었고, 그 학생들은 어떻게 대학을 망쳐 놓을 지 아주 잘 알고 있었다. 그 학생들은 1968년에 있었던 학생 소요사태로부터 전술을 배워 왔다." 지금으로서는 무엇이 문제였고 왜 학생들이 대학의 체계를 무너뜨리려 했는지 상상하기 힘들지만 피셔는 이렇게 말했다.

> 어떤 학생들은 수학을 재정의하길 원했다. 예를 들어 한 학생은 '수학자로서 칼 마르크스의 이점'이란 제목으로 석사 학위 논문을 써도 되는지 나에게 물어 왔다. 나는

괜찮다고 했고, 나중에 그 학생이 가져온 논문을 보니
정리는 하나도 없고 적분 기법만 포함되어 있었다. 그건
공부 잘하는 고등학생이 쓴 고등학교 수준의 논문이었다.

피셔는 이상주의와 정치적 속임수에 잘 대처했고, 어떤 일에든
신중하게 대응했다. 나는 냉정을 잃은 피셔의 모습을 상상하기
힘들다. 하지만 학과장으로서의 일은 분명히 힘들었던 것 같다.
"회의를 했는데 오전 10시에 시작해서 오후 9시에 끝났다. 나는
모든 중요한 일을 결정하는 자리에 학과장이 참석해야 한다고
말했다. 사람들은 나를 밖으로 내보내려 하였다." 학생 정치와
이념과 싸우는 피셔를 잠시 내버려두고 모든 유한 단순군을
발견하고 분류하는 일에 어떤 다른 일이 벌어졌는지 살펴보기로
하자. 우리는 잠시 후에 피셔에게로 돌아올 것이다.

14

아틀라스

이러한 수학적인 논의는 초자연적인 것과 자연적인 것,
영원한 것과 유한한 것, 지적인 것과 감각적인 것, 단순한
것과 복잡한 것, 나눌 수 없는 것과 나눌 수 있는 것 사이에
놀랄 만큼 중립적이고 기묘하게 조화시킨다.

존 디(John Dee; 1527~1608), 유클리드의 『원론』에 붙인 서문

피셔가 행정적인 책임에 붙들려 있는 동안, 다른 수학자들은
이상한 괴물이 숨어 있을지 모르는 한두 개의 틈을 제외하고는
지금까지 발견한 예외적인 군과 주기율표에 있는 단순군이
존재하는 전부임을 증명하기 위해 바쁜 시간을 보내고 있었다.
사람들은 '만약 어떤 단순군이 이러저러한 성질을 갖는다면 그것은
이미 알려진 목록에 있다'와 같은 형태의 정리들을 증명하고 있었다.
이러한 결과들은 엄청난 속도로 증명되고 있었고, 모든 단순군의
목록을 만들고 이 목록이 완전함을 보이는 전체 프로젝트는 '유한
단순군의 분류'로 알려졌다.

이것은 방대한 프로젝트였다. 수많은 수학자들이 서로 다른

측면을 살펴보고 있었기 때문에 연구 내용이 서로 겹치는 것은 필연이었고, 동시에 모든 부분을 꼼꼼히 살펴보지 않아 틈이 생기기도 쉬웠다. 전체를 지휘하고 일이 엇나가지 않도록 관리할 누군가가 절대적으로 필요하다는 것은 분명했고, 삶의 다른 측면들처럼 이 상황에 적합한 누군가가 나타나곤 한다. 이 경우에는 다니엘 고렌슈타인이 그런 사람이었는데, 고렌슈타인은 단순한 수학자가 아니라 주동자였고, 일이 진행되도록 만드는 해결사였으며, 사람들을 격려하고 전체 프로젝트를 살펴보는 사람이었다.

고렌슈타인은 이 프로젝트에 '30년 전쟁'이란 별명을 붙였는데, 그가 야전 사령관으로서 책임을 맡으면서도 러트거스 대학교 수학과의 운영을 관리하는 모습은 믿기 힘들 정도였다. 고렌슈타인의 동료 중 한 명은 몇 년 후에 내게 이렇게 말했다. "고렌슈타인은 내가 만나 본 사람 중에서 가장 능숙하다. 그는 여러 가지 일을 동시에 할 수 있었는데, 게다가 모두 잘하기까지 했다." 한 사람이 그러한 에너지와 능숙함을 모두 가지는 것은 보기 드문 재능이지만, "그와 대화하는 것은 마치 돌풍 속에 서 있는 것과 같아서 어떻게 균형을 잡아야 할지 알아야만 한다." 고렌슈타인은 경이로운 사람이었다. "고렌슈타인이 학과장이었을 때 회의가 있었는데 그의 입에서 아이디어가 계속해서 쏟아져 나왔다. 그러자 한 사람이 '우리 기품 있는 학과장님, 제발 한 문장씩 끊어서 얘기해주세요.'라고 요청했다. 하지만 그런 일은 일어나지 않았다."

고렌슈타인은 항상 전력을 다하는 사람이었고, 분류 프로젝트로 보내지는 수많은 수학적 아이디어와 그 아이디어를 생산하는 수학자들을 조율했다. 그는 최고의 조직에 엄청난 개인적인 추진력을 결합하였다. 고렌슈타인의 한 박사 과정 학생은 이렇게 말했다. "선생님의 강의를 받아 적은 노트를 다시 읽는데, 글자들이 종이 밖으로 튀어 나와 선생님의 음성이 들리는 듯했다. 그 이전엔 결코 경험해보지 못한 일이었다." 강의실 안에서는 50분 동안 끊임없이 에너지와 역동성을 표출하였다. 하지만 강의실 밖에서는 전혀 다른 상황이 벌어졌는데, 엄청난 속도로 일이 진행되고 있었다. "내가 선생님 연구실에서 30분 정도 있었는데, 끊임없이 전화가 와서 대화를 하기가 힘들었다. 나는 마치 군사 지휘 본부에 있는 느낌이 들었다."

고렌슈타인은 어떤 순수 수학 프로젝트에서도 들어 본 적이 없는 단합 정신을 만들어냈는데, 그가 1992년에 사망하자 커다란 비탄이 터져 나왔다. "선생님은 나에게 아버지 같은 분이셨습니다." 한 수학자가 내게 말했다. 1970년대에 젊은 수학자로서 분류 프로젝트에 참여했던 론 솔로몬(Ronald Mark Solomon; 1948~)은 고렌슈타인 사후 몇 년이 지난 1995년에 쓴 글에서 이렇게 얘기한다. "고렌슈타인은 낙관적인 생각과 조직을 제공하였고, 1972년에는 분류 프로젝트를 완성하는 '16단계 계획'도 수립하였다."

그때가 고렌슈타인의 이력에서 가장 중대한 시점이었는데, 그의 이력을 정리하면 다음과 같다. 고렌슈타인은 제2차 세계대전 기간 동안 하버드 대학교에 입학했다. 스승 중 한 사람이 손더스 매클레인이었는데, 매클레인은 1947년에 시카고 대학교로 자리를 옮기고 나중에 톰슨의 학위 논문 지도 교수가 된다. 전쟁이 끝난 후 고렌슈타인은 대학교에 돌아와 대학원생이 되었는데, 처음에는 대수 기하라는 수학의 다른 분야를 전공하지만 1957년 유한군에 흥미를 갖게 되고 1960년에 매클레인이 그해를 군론의 해로 삼은 시카고 대학교로 고렌슈타인을 초청한다. 시카고 대학교는 파이트와 톰슨이 위대한 정리를 연구한 곳이기도 하고, 고렌슈타인이 모든 유한 단순군의 발견과 분류에 대한 강한 흥미를 갖게 된 곳이기도 하다. 고렌슈타인은 스스로 이 문제를 연구하기 시작했으며 중간에 일리노이 대학교의 존 월터(John Harris Walter; 1927~)가 도움을 주었고 나중에는 많은 이들이 돕기 시작했다.

1970년대가 시작되는 시점에는 론 솔로몬이 1995년에 쓴 글의 내용처럼 상황이 빠르게 변하고 있었다. "70년대의 분류 프로젝트의 진척 속도는 너무 빨랐다. 1972년에는 고렌슈타인을 제외하고 어떠한 군론 전문가도 분류 프로젝트가 금세기 안에 끝날 것이라고 예상하지 못했다. 하지만 1976년에는 거의 모든 사람들이 분류 문제가 거의 '끝났다'고 믿었다."[62] 솔로몬이 '끝났다'고 말했던 뜻은 기본적인 문제는 모두 해결되었고, 남은 부분은 좀 어렵고 기술적인 수완이 필요할지는 몰라도 결국 해결될 것이라는 의미였다.

고렌슈타인 스스로도 다른 사람들이 이 커다란 그림 안에서 서로 협력하도록 격려하고 이 위대한 프로젝트를 이끌었지만, 고렌슈타인은 상황을 이렇게 빠르게 진척시킨 데는 애시배커의 공이 컸다고 거리낌없이 인정한다.

*1970년대 초반에 애시배커가 이 분야에 참여하면서
단순군의 경치는 돌이킬 수 없게 변형되었다. 신속히
선봉장의 역할을 받아들인 애시배커는 분류 프로젝트를
완전히 해결하겠다는 일념으로 그 후로 증명이 완성될
때까지 10년이 넘는 시간 동안 그를 뒤따르는 전체 팀을
이끌고 나아갈 수 있었다.*[63]

애시배커와 함께 칼텍에 있던 마셜 홀은 그를 '증기 롤러'라고
불렀다. 애시배커가 공격의 선봉장 역할을 맡았다면 고렌슈타인은
다른 사람들을 팀으로 조직하고, 미국의 동부 해안, 서부 해안,
중서부에 있던 사람, 독일, 영국, 프랑스에 있던 사람 등 이 분야의
최첨단에 있던 군론 전문가라면 누구에게라도 연락을 취했다.
심지어 두 명의 소련 수학자가 캘리포니아에서 열린 학회에 참석
허가를 받자 이들까지 팀원으로 끌어들이려 하였다.
    하지만 이것은 누구나 쉽게 참여할 수 있는 프로젝트가 아니었다.
갖추어야 할 전문적인 기술이 엄청났고 이 때문에 다른 수학자들이
쉽게 참여할 수 없었음을 고렌슈타인도 인정하였다.

*유한 군론은 접근하기 어렵다는 인식을 형성하고
있었는데, 이는 충분히 그럴 만했던 것이 과도한 길이의
논문들이 쏟아져 나오고 있었기 때문이다.《퍼시픽 수학
저널》의 한 회 전체 지면을 차지했던 255쪽짜리 파이트-
톰슨 정리의 증명은 이런 분위기를 잘 보여주지만, 이보다*

길이가 더 긴 논문도 있었다. 게다가 문제를 풀기 위해 개발된 기법은 현재 문제를 해결하는 데에는 강력해 보일지 모르지만 유한 군론을 벗어나면 어디에 쓰일지 알 수 없는 경우도 많았다. 수학자들 내부에서도 그동안의 성취에 감탄을 하기도 했지만 유한 군론 연구자들이 잘못된 길로 들어섰다고 느끼는 사람들도 점점 많아졌다. 어떤 수학 정리가 이처럼 긴 길이의 증명을 필요로 하겠는가? 이것은 분명히 군론 연구자들이 단순군에 대한 어떤 기하학적 특성을 놓치고 있는 것이고, 그렇지 않았다면 훨씬 더 짧은 증명도 가능했을 것이라는 의견이었다.

하지만 프로젝트를 수행하는 내부의 관점은 매우 달랐다. '우리가 했던 선택은 필연이었다. 이것은 우리가 괴팍하기 때문이 아니라 이 문제에 내재한 고유한 속성이 우리가 나아가야 할 방향을 조정하고 개발해야 할 기법까지 결정'했던 것처럼 보인다.[64]

분류 프로젝트에 들어가는 노력이 점점 더 거대해지면서 점점 더 많은 젊은 수학자들이 참여하게 되었고, 모든 사람들이 한데 모이는 커다란 국제 학회가 개최되었다. 이 이야기를 더 하기 전에 피셔와 그의 몬스터에 대한 얘기로 돌아가자.

피셔는 학장직을 그만두고 연구할 시간을 얻자 두 개의 거울들 사이의 각도가 90도, 60도, 45도인 경우의 거울 대칭으로 생성되는 단순군에 대하여 다시 생각하기 시작했다. 그 노력은 헛되지 않아서 1973년 여름에는 그 크기가 이제까지 본 것 중 가장 큰 4,154,781, 481,226,426,191,177,580,544,000,000이 되는 군을 찾아내었다. 이 시점에서 이 책을 읽는 독자들은 이렇게 큰 수를 보고도 크게 놀라지 않을 텐데, 왜냐하면 이 군이 거대한 수의 원소를 갖고 있더라도 그 군을 생성하는 대상물(거울, 꼭짓점 등 그 무엇이 됐든)은 훨씬 더 작은 크기가 될 것이기 때문이다. 그런데 이 새로운 군은 13,571,955,000개의 거울을 필요로 하고, 이와 비교하면 피셔가 이전에 발견한 것들은 작아 보이기만 하다.

여기에서 두 가지 질문이 생긴다. 첫 번째는 '어떻게 피셔가 이 수치를 얻어냈는가'이고, 두 번째는 '어떻게 이렇게 큰 군을 실제로 구성해낼 것인가'이다. 먼저 첫 번째로 어떻게 이 수치를 얻어냈는지 살펴보자. 여기 거울의 개수를 계산한 식이 있다.

$$1 + 3,968,055 + 23,113,728 + 2,370,830,336 + 11,174,042,880 = 13,571,955,000$$

이 숫자들이 어디에서 왔는지 간략하게 살펴보자. 먼저 하나의 거울을 고정한다. 이것이 위 덧셈식이 1로 시작하는 이유이다. 이 하나의 거울에 다른 거울들은 90도, 60도, 45도의 각을 이루고 있다. 90도의 각을 이루고 있는 거울들은 두 개의 집합으로 나뉘는데, 이것이 둘째 항과 셋째 항에 적힌 수의 의미이다. 넷째 항은 고정된 거울과 60도의 각을 이루는 거울의 개수를 나타내고, 다섯째 항은

45도의 각을 이루는 거울의 개수를 나타낸다. 피셔는 이 각각의 수치를 다른 군의 크기로 나누어 떨어지는 어떤 군의 크기로서 계산했고, 따라서 이 각각의 수치들은 나눗셈과 곱셈 과정을 거쳐 소인수분해의 형태로 얻어진 다음 덧셈을 하여 최종적으로 얻게 되었다. 그런데 이 시기는 휴대용 계산기가 없었던 1970년대 초였다. 이 당시에 회계법인에서 일하는 사람과 같이 많은 덧셈과 곱셈을 해야 했던 사람들은 계산 기계 기사를 불렀다. 이들은 다소 크고 무거운 기계 앞에 앉아서 엄청난 속도로 숫자들을 입력하였다.

1973년 이 수치들을 얻어낸 연구를 하던 시기에 피셔는 영국의 워릭 대학교와 버밍엄 대학교를 자주 방문하곤 했다. 가을에 피셔는 케임브리지에 방문했는데, 그곳에서 콘웨이는 오래된 기계식 계산기를 이용하여 피셔의 계산을 도와주려 하였다. 하지만 부품을 잃어버렸기 때문에 피셔는 아내와 함께 손으로 계산을 해야만 했다. 손으로 계산을 하면 당연히 실수할 가능성이 커지지만 피셔는 이렇게 얘기했다. "나는 계산하려는 답이 31로 나누어 떨어져야 한다는 것을 알고 있었기 때문에 쉽게 계산 오류를 찾아낼 수 있었다." 일단 거울의 총 개수를 알아내고 나자 피셔는 여기에 하나의 거울을 고정시켜 얻는 부분군의 크기를 곱하여 전체 단순군의 크기를 계산할 수 있었다.

9월에 독일 남서부의 아름다운 도시인 오베르볼파흐에서 열린 유한군 수학 학회에서 피셔는 새롭게 발견한 군을 발표하였다. 학회는 흥분에 휩싸였다. 지금까지 발견된 것 중에서 가장 큰 단순군이 소개되었던 것이다. 하지만 옥스퍼드 대학교의 그레이엄 히그먼은 호주에 있었기 때문에 그 학회에 참석하지 못했고, 동료들은 히그먼에게 엽서를 보내기로 하였다. 옥스퍼드에서 온 동료 한 사람은 이렇게 얘기했다. "길게 쓰면 안 읽을지도 모르니 짧게 쓰는 게 중요해요. 새로운 군의 크기만 적어 보냅시다." 그리고 그대로 했다. 수학자들은 이와 같은 경우 수를 적을 때 소인수 분해를 하곤 한다. 소인수 분해란 예를 들어 $24 = 2^3 \times 3$, $60 = 2^2 \times 3 \times 5$와 같이 나타내는 것이다. 이들은 히그먼에게 엽서를 보낼 때 인수분해를 해서 보냈으며 그 형태는 다음과 같을 것이다.

$$2^{41} \times 3^{13} \times 5^6 \times 7^2 \times 11 \times 13 \times 17 \times 19 \times 23 \times 31 \times 47$$

그 다음 달에는 피셔가 교수로 있던 빌레펠트 대학교에서 학회가 열렸다. 톰슨, 콘웨이, 애시배커 등이 참석했고 피셔가 발견한 새로운 군은 가장 뜨거운 주제였기 때문에 모두가 피셔에게 강연을 해달라고 했다. 하지만 독일에는 학회의 주최자는 강연을 하지 않는 전통이 있었기 때문에 일부 사람들만 초청하여 비공식 회의만을 가졌다. 이 전통은 매우 엄격해서, 몇 해 전 독일에서 열린 군론 학회에서 연사의 수가 모자르게 되자 주최 측 한 사람이 강연을 한 적이 있었다. 그러자 한 연배 있는 참석자는 자리에서 일어나 밖으로 나가 버렸다.

새로운 군의 크기와 거울의 개수를 알아냈으니 아주 중요한 문제에 답해야 할 차례이다. 이 군이 정말로 존재할까? 만일 그렇다면 그것은 13,571,955,000개나 되는 거울들 사이의 치환이 될 테고 이렇게 방대한 치환군을 어떻게 구성할 수 있을까? 이전에 언급한 것처럼 절단면 방법을 통해 발견된 기괴한 단순군을 구성하기 위해 컴퓨터의 도움을 얻을 수 있었던 것처럼 이 경우에도 컴퓨터를 활용하는 것이 자연스러웠다. 이 컴퓨터 기법은 단순군을 치환군의 형태로 구성하는데, 이를 위해서는 많은 기술적인 정보가 필요했기 때문에 피셔는 지표표부터 작성하기 시작했다.

동시에 피셔는 이 거대한 치환군이 훨씬 거대한 다른 군의 절단면이 될 수 있다는 것을 알아차렸다. 이때가 1973년 말이었고 미시간 대학교의 밥 그리스(Robert Louis Griess, Jr; 1945~) 역시 유사한 생각을 했다. 피셔와 그리스는 피셔의 새로운 군이 더 큰 다른 군의 절단면으로 나타날 수 있음을 확신하였다. 얼마나 큰 지는 아직 아무도 몰랐고 이 시점에서는 아직 다소 흐릿한 상황이었다.

여기까지 온 상황을 잠깐 되짚어 보자. 몇 년 전에 피셔는 자신의 '호환군'인 $Fi22$, $Fi23$, $Fi24$를 만들어냈다. 처음에는 이 군들이 마티외 군인 $M22$, $M23$, $M24$와 연관이 있었기 때문에 $M(22)$, $M(23)$, $M(24)$라고 불렀다. 피셔는 $Fi22$를 이용하여 새로운 거울 대칭 군을 찾았으며 이 군을 임시적으로 M^{22}라고 불렀다. 이 군은 무언가 훨씬 큰 군의 절단면으로 나타날 것처럼 보였고, 이 큰 군이 $Fi24$와 연관 있는 것이 분명했기에 피셔는 이를 M^{24}라고 불렀다. 그럼 이 둘 사이에 M^{23}이라고 불릴 만한 것은 없을까? 피셔는 케임브리지에 방문하여 이 새로운 군들에 대한 강연을 했으며, 콘웨이는 이 세 개의 군에 베이비 몬스터, 중간 몬스터,

슈퍼 몬스터라는 이름을 붙였다. 중간 몬스터가 존재하지 않음이 밝혀지자, 콘웨이는 이 셋 중 가장 작은 것과 가장 큰 것을 각각 베이비 몬스터와 몬스터라고 고쳐 불렀고, 이것이 표준화된 이름으로 자리잡았다.

피셔는 베이비 몬스터의 크기를 계산해내었고, 그 지표표를 작성하는 데 열중하고 있었다. 이 시점에서 몬스터는 아직 손에 닿지 않았고 그 크기조차 모르고 있었다. 이 계산들 중 일부는 피셔가 했지만, 나머지 계산은 케임브리지에 있던 다른 사람들이 했다. 그런데 과연 케임브리지에서는 어떤 일을 하고 있었을까?

케임브리지에는 톰슨과 콘웨이가 있었고, 이 두 사람이 어떻게 리치 격자로부터 예외적인 단순군을 끄집어 냈는지는 앞서 얘기했다. 세 개의 새로운 군을 포함하여 이 격자로부터 총 12개의 예외적인 군이 나왔는데, 이 중 9개는 이미 다른 방법으로 발견된 것이었다. 이 12개에, 리치 격자하고는 아무 관계없지만 얀코가 발견한 $J1$과 $J3$를 더하여 발견된 예외적인 군은 총 14개가 되었다. 이것이 1968년의 상황이었다. 1972년 말까지 6개가 더 발견되었다. 3개는 피셔가 발견하였고, 하나는 호주에서 얀코의 동료였다가 독일로 되돌아간 디터 헬트가, 하나는 미국에서 톰슨의 학생이었던 리처드 라이언스(Richard Lyons; 1945~)가, 마지막 하나는 미국의 아루나스 루드발리스(Arunas Rudvalis; 1945~)가 발견하였다. 헬트와 라이언스는 절단면 방법을 사용하였다. 반면에 루드발리스는 치환을 이용했는데, 그 과정에서 새로운 예외적인 단순군에 대한 강력한 증거를 발견했고, 이로 인해 콘웨이와 칼텍에 있던 데이비드 웨일즈(David Wales)가 한 편에 서고 그리스가 다른 편에 서서 필요한 치환을 구성하는 경쟁이 붙었다. 이 경쟁에서 콘웨이와 웨일즈가 이겼다. 이렇게 해서 이 시기까지 발견된 예외적인 군의 개수는 총 20개가 되었다. 연구 활동이 활발해지고 많은 정보들이 쌓이자, 이들을 모두 한데 모으고, 오류를 교정하고, 읽기 쉽고 활용하기 쉬운 형태로 제공해야 할 필요가 생겼다.

이렇게 해서 콘웨이가 시작한 '아틀라스'라는 이름의 새로운 프로젝트가 탄생하였다. 이 프로젝트가 시작된 과정을 살펴보면 다음과 같다. 콘웨이에게는 로버트 커티스(Robert Curtis)라는 학생이 있었는데 커티스는 콘웨이가 발견한 $Co1$의 부분군들에 대한 주제로 학위 논문을 작성했었다. 커티스는 칼텍에서 1년 동안 있다가 1972년 케임브리지로 돌아왔고, 콘웨이는 커티스에게 아틀라스 보조 연구원 자리를 제안했는데 3년 동안의 연구비를 신청하였다. 커티스는 그 자리를 기쁘게 수락하였고, 커티스의 연구실이 아틀라스 사무실이 되었다. "우리는 그곳을 '아틀란티스'라고 불렀다. 왜냐하면 모든 것이 추적할 수 없도록 사라져 버렸기 때문이다."라고 콘웨이는 말했다. 그리고 '아틀란틱'이라고도 불렀는데, 왜냐하면 대서양을 가리키는 아틀란틱 해는 북아프리카의 아틀라스 산맥에서 이름을 따왔고, 아틀라스 산맥은 고대 그리스 신화에 나오는 타이탄족인 아틀라스에서 이름을 따왔기 때문이다. 아틀라스 연구소에서는 파란 종이를 사용했는데, '아틀란틱 블루'라고 불렀다.

프로젝트가 진행됨에 따라 콘웨이와 커티스 이외에도 여러 사람들이 참여하였다. 사이먼 노턴은 이 연구에 흥미를 느끼고 어떻게 일이 진행되고 있는지 계속 들여다보곤 하였다. 콘웨이는 노턴의 빈번한 방문에 처음에는 당혹스러워했으나 얼마 안 있어 노턴이 얼마나 중요해질 수 있는지 깨닫고는 몇 주 후에는 그를 초청하여 팀에 합류시켰다. 노턴은 영국 최고의 기숙 고등학교에서 케임브리지로 직접 온 경우였는데, 기숙 고등학교 학생 시절 수학 실력이 너무 뛰어났기 때문에 런던 대학교 학위 과정을 동시에 밟을 수 있었고, 고등학교를 졸업하면서 학사 학위를 받을 수 있었다. 그 후 노턴은 케임브리지에서 석사 학위와 박사 학위를 받았다. 콘웨이는 노턴이 놀라운 학생이라고 회상했다. "노턴은 무엇이든 가르친 것을 환상적인 속도로 흡수하는 것처럼 보였다."

'아틀라스 프로젝트'에서 나오는 산출물은 '아틀라스'라고 쓰여 있는 바인더에 보관하였다. 이 바인더는 점점 두꺼워지다가 결국은 터져 버렸고, 수학과 휴게실에 있던 의자에 있던 인조가죽으로 겉표지를 만들고 제화공이 사용하는 작은 송곳으로 철을 하였다. 아틀라스 바인더에는 모든 예외적인 단순군에 대한 기술적인 정보뿐만 아니라 주기율표에 있는 단순군에 대한 기술적인 정보들도 일부 포함하여 모아 놓았다. 1973년에 두 개의 새로운 예외적인 단순군이 발견되었는데, 하나는 피셔의 베이비 몬스터였고, 다른 하나는 고렌슈타인이 있었던 러트거스 대학교의 마이클 오난(Michael O'Nan; 1943~2017)이 발견한 새로운 단순군이었다. 존재성이 모두 증명된 것은 아니지만 이렇게 해서 모두 22개의 예외적인 단순군이 발견되었다. 만일 베이비 몬스터가 나타난 것과 같이 어떤 군이 절단면 방법에 의해 나타나면, 구성 전에 굉장히 많은 양의 정보가 계산되어야 한다. 이러한 정보의 대부분은 지표표라고 불리는 정사각형 형태로 나열된 숫자들로 표현된다. 지표표에 대해서는 얀코 군을 다룰 때에 소개했는데, 이제 그것이 무엇인지 설명할 때가 되었다.

지표표는 숫자를 정사각형 형태로 나열한 것이다. 예를 들어 네 개의 구슬에 대한 모든 치환으로 이루어진 군의 지표표는 다섯 개의 행과 다섯 개의 열을 갖는다. 이 군은 총 24개의 원소를 갖는데, 이들은 다섯 개의 서로 다른 유형으로 나눌 수 있고,[65] 각각이 하나의 열에 등장한다. 지표표의 행은 군이 다중차원 공간에서 작용하는 방식을 표현해 주는데, 임의의 다중차원 연산은 이들을 조합하여 얻을 수 있다. 행의 개수와 열의 개수는 항상 같다. 어떤 군이 여러 작은 순환군을 결합하여 이루어진 경우 지표표는 수천 개의 행과 열을 가질 수도 있다. 하지만 단순군의 경우는 다르다. 예를 들어 가장 큰 마티외 군은 크기가 244,823,040이지만 지표표는 26개의 행과 열을 갖는다. 아무것도 하지 않는 하나를 제외하고 각 유형의 연산은 여러 번 등장하기 때문에 단순군 자체는 아주 크더라도 지표표는 상대적으로 작다. 우리가 아직 몬스터의 크기를 소개하지는 않았지만 그 크기는 여러분들이 사용하는 컴퓨터에 있는 원자의 개수보다 많지만 그 지표표는 단지 194개의 행과 열을 갖고 있다.

아틀라스의 연구원들은 지표표와 함께 단순군에 대한 흥미로운 사실들을 축적했는데, 단순히 정보를 모으는 것에 그치는 것이 아니라 아주 세세한 부분까지 확인해야 했는데 커티스는 나중에 이렇게 말했다. "우리가 만든 지표표 중 상당 부분에 오류가 있었다." 오류를 수정하고 상세한 내용을 새롭게 추가하여 1985년에 마침내 그 결과를 출간했는데 연구원들은 세상에서 가장 깔끔한 지표표라고 자랑스러워했다.

지표표에 오류가 있는지 확인하는 몇 가지 방법이 있다. 예를 들어 두 행을 특정한 방법으로 결합하여 하나의 숫자를 얻어낸다. 지표표가 크면 이 숫자를 계산하는데 제법 시간이 걸릴 수 있지만, 결국 이 숫자는 0이 되어야 한다. 만약 0이 아니면 오류가 있다는 뜻이다. 지표표에 있는 많은 항들에 대해 계산을 수행하는 데에는 뛰어난 계산 능력이 필요했고, 리처드 파커(Richard Parker; 1953~)라는 이름의 계산에 뛰어난 연구원을 새로이 뽑았다.

이제 네 명이 되었지만 다섯 번째 연구원으로 로버트 윌슨(Robert Arnott Wilson; 1958~)이 참여하였다. 윌슨은 각각의 예외적인 단순군의 부분군을 찾아내는 역할을 맡았다. 어떤 부분군은 다른 군에도 포함되는데, 윌슨은 이것을 포함하는 더 큰 부분군이 없는, 최대 부분군을 찾는 데 집중했으며, 콘웨이는 윌슨을 'Mr. 최대 부분군'이라고 불렀다. 그런데 아틀라스 프로젝트의 연구자들의 이름에는 아주 이상한 공통점이 있다.

J. H.	C	O	N	W	A	Y	
R. T.	C	U	R	T	I	S	
S. P.	N	O	R	T	O	N	
R. A.	P	A	R	K	E	R	
R. A.	W	I	L	S	O	N	

연구원들의 성은 모두 여섯 자이고 모음은 두 번째와 다섯 번째에 나온다. 위에 적은 이름의 순서는 이들이 아틀라스 프로젝트에 참여한 순서인데, 알파벳 순서와 일치한다. 지금은 버밍엄 대학교에 있는 커티스는 버밍엄 전화번호부에서 이들 이름은 희귀성에서 내림차순으로 정렬한 것과 같다고 내게 알려줬는데, 콘웨이가 가장 드물었고 윌슨이 가장 흔했다. 아틀라스의 팀원들은 이런 식의 말장난을 좋아했는데, 만일 월시(Wolsey)와 같은 이름을 가진 학생이 케임브리지 대학교 수학과 박사 과정생으로 와서 여섯 번째 팀원으로 참여했다면 분명히 크게 환영받았을 것이다. 물론 이름의 머리글자는 두 개여야 하겠다.

아틀라스 프로젝트는 수학 분야에서는 매우 이례적이었다. 세세한 계산을 수행해야 했고, 새로운 단순군이 여전히 계속해서 발견되는 중에 있었기 때문에 그 결과가 나올 때까지 매우 오랜 시간이 걸렸다. 마침내 1985년 옥스퍼드 대학 출판사를 통해 출간되었다.

1973년 후반, 아직 아틀라스가 초기 단계일 때, 몬스터는 아직 지평선 위로 살짝 모습을 드러낸 상태였고, 무엇보다도 먼저 그 크기를 계산해야 했다. 피셔는 계속해서 이 연구를 하던 차에 케임브리지를 방문했다. 피셔는 몬스터가 두 개의 절단면을 가진다는 것을 알았고, 이를 이용하여 톰슨이 개발한 '톰슨 위수 공식'의 절차를 따라가자 몬스터의 크기를 계산하는 것이 손에 닿을 듯했다. 톰슨의 기법을 사용하려면 두 개의 절단면이 어떻게 교차하는지에 대한 상세한 계산이 필요한데, 피셔는 이에 대한 완전한 정보를 모르는 상태에서도 그 크기가 어떤 수보다 커질 수는 없음을 보였다. 조금 더 계산을 해보니 이 크기가 몇 가지 등차수열 안에 놓여 있어야 한다는 것도 알았다. 피셔가 빌레펠트로 되돌아간 후, 콘웨이는 프로그래밍이 가능한 HP65 계산기를 이용하여 가능한 크기 중 가장 작은 것을 계산해보았다. 계산기는 밤새도록 돌아갔고 다음 날 아침 결과를 내놓았다. 콘웨이는 이 수가 맞다고 생각했고 곧바로 피셔에게 편지를 썼다. "친애하는 베른트에게, 아마 당신도 지금 쯤이면 알고 있겠지만 몬스터의 크기는 ⋯ 이다."

피셔는 모르고 있었지만, 자신이 알고 있던 내용과 결합시키자 이 크기는 더 이상 추측에 불과하지 않게 되었다. 몬스터의 크기를 이제는 알게 되었고 1974년 1월 첫째 주에 피셔는 배어가 조직한 오베르볼파흐에서 열린 학회에서 새로운 군에 대한 강연을 했다. 피셔는 『강연 보고서(Vortragsbuch(Book of Talks))』라는 제목의 가죽으로 제본한 책을 통해 공개적으로는 처음으로 몬스터를 언급하였다.

다음 크기를 갖는 새로운 단순군이 새롭게 발견되었다.

G_1: $2^{41} \cdot 3^{13} \cdot 5^6 \cdot 7^2 \cdot 11 \cdot 13 \cdot 17 \cdot 19 \cdot 23 \cdot 31 \cdot 47$

G_2: $2^{15} \cdot 3^{10} \cdot 5^3 \cdot 7^2 \cdot 13 \cdot 19 \cdot 31$

G_3: $2^{14} \cdot 3^6 \cdot 5^6 \cdot 7 \cdot 11 \cdot 19$

G_4: $2^{46} \cdot 3^{20} \cdot 5^9 \cdot 7^6 \cdot 11^2 \cdot 13^3 \cdot 17 \cdot 19 \cdot 23 \cdot 29 \cdot 31 \cdot 41 \cdot 47 \cdot 59 \cdot 71$

G_2, G_3, G_4의 크기는 각각 콘웨이, 하라다, 톰슨에 의해 결정되었다.

여기서 G_1은 피셔의 베이비 몬스터를 가리키고, G_4는 몬스터를 가리킨다. G_2와 G_3는 나중에 이를 계산하는 데 큰 공헌을 한 사람들을 기념하여 이름을 붙이는데, G_2에는 톰슨의 이름을, G_3에는 하라다(Harada Koichiro; 1941~)와 노턴의 이름을 붙였다.

지표표를 작성하기 전에 몬스터의 크기를 알아야 하는 것이 필수적이었다. 지표표의 계산은 케임브리지 대학교가 아닌 버밍엄 대학교에서 수행되었지만 케임브리지의 사람들이 핵심적인 공헌을 했다. 모든 지표표에서 첫 번째 행은 자명하고 단순히 1이 반복되어 나올 뿐이다. 하지만 케임브리지에 있던 사이먼 노턴과 다른 사람들은 두 번째 줄이 아마도 196,883으로 시작한다는 것을 알아냈는데, 이 수는 몬스터의 크기에 있어서 가장 큰 소인수 세 개의 곱이다. 확실히 이 수는 이보다 작아질 수는 없는데, 그렇다는 것은 몬스터가 작용하는 최소한의 차원이 196,883이라는 뜻이다. 이 수는 수학자들에게도 너무 크게 느껴졌다. 모든 종류의 놀라운 것이 다 여기서 나오지만, 피셔의 베이비 몬스터에 대한 연구로 되돌아가

보자.

　아틀라스 프로젝트가 케임브리지에서 수행되고 있을 때, 피셔는 자신과 비슷한 인생관을 가진 또 다른 수학자를 방문했다. 피셔는 영국 버밍엄 대학교에 가서 도널드 리빙스턴(Donald Livingstone; 1924~2001)을 만났다. 리빙스턴은 미국 미시간 대학교 앤아버에 있다가 5년 전에 버밍엄 대학교 의장 자리로 옮겨온 상태였다.

　리빙스턴은 수학에서 다소 흥미로운 이력을 갖고 있었다. 리빙스턴은 부모님의 심각한 재정 문제로 열한 살까지 학교에 가지 않았다. 가족은 남아프리카공화국에서 살았는데, 리빙스턴의 아버지는 제1차 세계내전 이후에 스코틀랜드 서부 연안의 멀(Mull) 섬을 떠나 남아프리카로 와서 농사에 자신의 운을 걸었지만 흉작으로 인해 자녀를 학교에 보낼 돈이 없었다. 리빙스턴은 여전히 아프리카를 좋아했고, 줄루어*로 말하기를 즐겨했다.

　버밍엄에 정착하기 전에 리빙스턴은 미시간 대학교 앤아버에서 9년 동안 있었다. 그 시기에 리빙스턴은 집에 머물며 특히 늦은 저녁 시간에 많은 시간 연구를 했는데, 리빙스턴의 막내아들은 이렇게 기억한다. "수학은 커피와 담배를 연료로 밤을 새는 것 같아요. 앤아버의 여름 저녁이면 아버지는 줄곧 종이와 연필, 담배를 가지고

---

* 남아프리카공화국의 공식언어로 줄루어 사용자는 남아공 전체 인구의 50퍼센트를 차지한다.

현관문 앞에 앉아 계셨고, 진한 커피를 가져다 드리면 언제나 점수를 딸 수 있었습니다."

리빙스턴이 미시간에서 버밍엄으로 옮길 때 몇몇 제자들도 데리고 갔는데, 그들은 조그만 연구 팀을 조직해서 마치 두 번째 아틀라스 프로젝트처럼 예외적인 단순군에 대해 연구하고, 부분군을 발견하고 지표표를 작성하였다. 피셔는 버밍엄에 오래 머물렀고 피셔와 리빙스턴은 수학에 대해 비슷한 성향을 갖고 있었기 때문에 서로 잘 맞았다. 두 사람 모두 기술적으로 상세한 부분까지 강도 높게 일을 하는 것을 좋아했으며, 적절한 담배와 커피를 사랑했고, 자신의 결과를 논문으로 발표하는 일에는 다소 소극적이었다.

1974년 피셔가 베이비 몬스터의 지표표 작성을 위해 리빙스턴을 찾아갔을 때, 리빙스턴은 다른 생각을 하고 있었다. 케임브리지에 있던 사람들이 196,883차원에서 작용할 것이라는 계산 결과를 내놓았으니, "리빙스턴은 우리가 이 결과를 이용해서 몬스터의 지표표를 먼저 만들어야만 하고, 그러면 베이비 몬스터도 나중에 쉽게 접근할 수 있을 것이라고 말했다." 그래서 두 사람은 이 엄청난 프로젝트를 시작했다.

몬스터의 지표표를 작성하는 것은 매우 힘든 일이었다. 많은 계산을 해야 했고 컴퓨터가 필요했고 결국 마이크 손(Mike Thorne)이라는 이름의 프로그래머가 합류했다. "손은 정말로 프로그래밍에 능했고, 우리가 그를 필요로 할 때마다 언제나 곁에 있었다." 이 시기가 1974년이었음을 기억하기 바란다. 컴퓨터의 성능은 오늘날과 달리 강력하지 못했고 버밍엄 대학교의 커다란 기계를 사용해야 했다. 불행히도 일부 자연과학 학과에서 매일같이 계산 능력을 필요로 했으며, 컴퓨터를 사용할 시점에도 로그온조차 하지 못했다. 그들은 밤까지 기다려야 했는데, 리빙스턴은 야행성이었고 피셔도 밤 시간에 잘 적응했다. 그들은 낮 시간에도 연구를 계속했으며, 피셔는 이렇게 회상한다. "나는 1974년에 버밍엄에 자주 갔다. 나는 6주에서 8주 정도 행정업무에서 벗어날 수 있었고, 버밍엄으로 가서 하루에 열여섯 시간씩 연구를 했다. 우리는 금요일 저녁을 제외하고 언제나 컴퓨터를 이용하였다."

피셔는 이 연구에서 중요한 기법을 하나 도입했다. 몬스터는 콘웨이의 가장 큰 군을 포함하고 그보다 3천2백만 배 정도 큰 절단면을 포함하고 있었다. 이 절단면은 나중에 몬스터를 구성할 때 등장하는데 피셔는 이러한 군의 지표표를 발견하는 방법을 알고 있었다. 이 지표표는 수천 개의 행과 열을 갖고 있었기 때문에 컴퓨터를 이용하여 계산해야 했고, 이 결과를 몬스터의 지표표를 구하는 데 사용하고 있는 컴퓨터로 옮겨야만 했다. 이러한 작업은 오늘날에는 간단할 것이다. 단지 학교 전산망을 이용해 전송하면 될 테니까. 하지만 1974년에는 불가능한 일이었는데, 학교에 전산망도 없었고 사람이 손으로 옮겨야 했다. 오늘날에도 네트워크가 작동하지 않으면 유사한 행동이 벌어질 수 있다. 데이터를 디스크나 SSD 등에 복사한 다음 손으로 옮기는 것이다. 하지만 테이프는 느렸고, 데이터를 옮기는 데 다섯 시간이나 걸렸다.

피셔는 버밍엄에 방문할 때마다 매일같이 열여섯 시간씩 일했고 몬스터의 지표표를 완성하기까지는 1년이 넘게 걸렸다. 피셔는 이렇게 회상한다. "처음 방문했을 때 18개의 지표, 즉 18개의 행을 구했다. 내가 없는 동안 44개로 늘어났지만, 거기서 정체가 발생했다." 버밍엄 사람들은 피셔가 필요했다. "그래서 나는 또 한번 버밍엄을 짧게 방문했고, 4개의 지표를 어떻게 얻을 수 있을지 힌트를 주었다. 그 이후에는 표준적인 계산으로 보다 많은 지표를 계산하였다. 70개 또는 80개 정도의 지표를 계산한 후 나머지는 리빙스턴이 완전히 다른 방법을 이용하여 계산했다." 지표의 총 개수는 194개로서 나는 리빙스턴이 학회에서 이 지표표에 대해 발표하던 모습이 기억난다. 리빙스턴은 컴퓨터에서 인쇄한 종이를 잔뜩 들고 왔는데, 194개의 행 각각에는 한자가 적혀 있었다. 문자의 개수가 부족할 때에는 단순히 x_1, x_2, x_3, $\cdots$ x_{194}라고 적는 대신 읽을 수만 있다면 한자를 사용하는 것도 재미있고 괜찮은 방법인 것 같았다.

피셔, 리빙스턴, 손 이 삼총사가 전쟁에 승리한 이후 몬스터의 지표표를 바탕으로 피셔는 베이비 몬스터로 되돌아갔다. 이것은 어려웠다. 어떤 점에서는 몬스터보다도 힘든 부분이 있었는데, 몬스터의 지표표를 활용할 수 있었기에 할 만한 정도로 난이도가 내려갔다. 피셔는 베이비 몬스터의 지표표를 구하는 와중에 여러 다른 대학교들을 방문했는데, 1976년에는 러트거스에서 3주를 머물렀다. 히그먼-심스 군의 찰스 심스가 거기에 있었는데, 피셔는 이렇게 회상한다. "심스가 내게 어떻게 베이비 몬스터를 구성할 수 있을지 아이디어를 말했다." 그 아이디어는 컴퓨터를 이용해 13,571,955,000개의 거울에 대한 치환군을 만드는 것이었다. 이 치환들이 너무 엄청났기 때문에 심스는 컴퓨터가 처리할 수 있을 정도로 규모를 줄이는 방법을 찾아야만 했다. "심스가 내게 기술적인 정보가 더 있으면 규모를 줄일 수 있다고 말했고, 나는 심스가 필요로 하는 정보를 만들어냈다. 그 후에 나는 그곳을 떠났다." 그 여름, 제프리 레온(Jeffrey Leon)이 시카고 일리노이 대학교에서 러트거스로 와서 1년 정도 머물면서 심스와 함께 컴퓨터를 이용하여 베이비 몬스터를 치환군으로 구성하는 일을 시작했다. 이 작업은 성공했고 1977년 2월 그 결과가 발표되었다.

이제 몬스터 차례였지만 규모에 있어서 훨씬 더 힘들었다. 피셔는 이렇게 회상했다. "베이비 몬스터는 80개에서 100개의 부분군이 있지만 몬스터는 1,000개가 넘는 부분군이 있었다. 우리는 누군가 더 좋은 아이디어를 생각해내기 전에는 몬스터에 대한 구성은 하지 않기로 하였다." 왜냐하면 몬스터는 베이비 몬스터보다 훨씬 많은 정확히 97,239,461,142,009,186,000개의 거울에 대한 치환을 필요로 했기 때문에 엄두가 나지 않았던 것이다. 컴퓨터 방법은 이 일에 적합하지 않아 보였지만, 인간의 손은 충분했다. 이 이야기는 잠시 후에 하기로 하자.

그동안에 지금까지 진행된 이야기를 정리해보자. 몬스터와 그 자신도 새로운 단순군인 두 개의 부분군이 추가되어 예외적인 단순군의 개수는 총 25개가 되었다. 1975년 얀코는 또 하나의 단순군에 대한 증거를 발견하고, 나중에 케임브리지에 있던 노턴 등에 의해 구성되었다. 이렇게 해서 예외적인 단순군의 개수는 26개가 되었고, 이 숫자는 그 이후로 바뀌지 않았다.

이제 연구의 주된 관심사는 주기율표에 없는 예외적인 단순군이 더 이상 존재하지 않음을 증명하는 것이었다. 이 시점이 모든 사람들을 한데 모이는 커다란 학회가 열린 시기인데, 1978년 여름 영국 더럼 대학교에서 큰 학회가 열렸다. 1978년 여름이 끝나갈 때 대부분의 전문가들은 몬스터가 가장 큰 예외적인 단순군이고 더 이상은 발견할 것이 없다고 느끼고 있었다. 그들의 생각은 맞았지만 모두를 놀래킬 만한 일이 기다리고 있었다.

15

기괴한 미스터리

수학적 발견은 마치 숲 속에서 피어나는 봄날의 제비꽃처럼
자신만의 계절이 있어서 그 누구도 그 때를 앞당기거나
지연시킬 수 없다.

카를 프리드리히 가우스

과학적인 연구를 하다 보면 마무리를 앞두고 있던 연구가 어떤
설명할 수 없는 이유로 인해 갑자기 완전히 새로운 연구 영역을
열어젖히는 경우가 있는데, 모든 유한 단순군의 발견 및 분류도
비슷한 경우였다. 예외적인 군의 원천이 말라붙었고, 전문가들은
현재 목록이 완전함을 증명하는 것은 시간 문제라고 느꼈다.
그러나 가장 큰 예외적인 단순군이었던 몬스터에게서 뜻밖의 일이
벌어졌다. 그 일은 이렇게 시작되었다. 캐나다 몬트리올에 살고
있던 영국 출신의 수학자 존 맥케이는 1978년 11월의 어느 날
집에서 한 편의 논문을 읽고 있었다. 우리는 앞에서 맥케이를 만난
적이 있다. 옥스퍼드 근처의 아틀라스 연구소에서 리치와 함께

1년가량 지낼 때 콘웨이가 리치 격자의 연구에 관심을 갖도록 촉매 역할을 했던 그 사람이다. 이 일은 벌써 10년 전 일이었고 지금 맥케이는 조금 다른 분야의 연구를 수행하고 있었다. 맥케이는 다방면에 걸쳐 많은 분야로부터 영감을 얻고 있었는데, 그 당시 읽고 있던 논문은 정수를 다루는 수학의 한 분야인 정수론 분야의 논문이었다. 이 논문은 두 명의 영국 수학자가 썼는데, 한 명은 일리노이 대학교 시카고 캠퍼스의 올리버 앳킨(Arthur Oliver Lonsdale Atkin; 1925~2008)과 케임브리지 대학교의 피터 스위너턴 다이어(Peters Swinnerton-Dyer; 1927~2018)였는데, 논문의 주제는 j-함수에 관한 것이었다. 맥케이는 이 비밀스러운 j-함수에 대해 좀 더 알기 원했고, 논문을 조금 읽자 이를 기술하는 데에는 여러 가지 방법이 있음을 알게 되었다. 이 방법 중 하나는 다음과 같은 급수 형태로 나타내는 것인데,

$$j(q) = q^{-1} + 196,884\,q + 21,493,760\,q^2 + 864,299,970\,q^3 + 20,245,856,256\,q^4 + \cdots$$

이 식을 보고 맥케이는 깜짝 놀랐다. 오름차순으로 정리된 이 급수의 첫 번째 유의미한 계수가 196,884인데, 몬스터가 비자명하게 작용할 수 있는 최소 차원은 196,883이었다.

이 두 수치는 '우연의 일치'치고는 너무 비슷했다. 맥케이는 흥분하여 유한 군론의 대가인 존 톰슨에게 보내는 편지를 썼다. 이 당시 톰슨과 피셔는 프린스턴을 방문하고 있었는데, 피셔는 강연을 위해 몬트리올 대학교에 들렀다. 맥케이는 편지를 우편으로 부치는

대신 피셔에게 건네주었다.

톰슨과 같은 위치에 있는 다른 사람이었다면 우연의 일치로 치부했을지도 모른다. 어쨌든 j-함수와 몬스터는 수학의 서로 다른 분야에 속한 것이었기 때문에 수치가 일치하더라도 의미가 없을 가능성이 컸다. 하지만 톰슨은 충분히 열린 마음을 가진, 지적 탐구심이 많은 사람이었다. j-함수의 다른 계수들 중에 혹시 몬스터와 연관된 게 더 있을까?

제일 먼저 한 일은 194개의 행과 열을 가진 몬스터의 지표표를 들여다보는 것이었다. 앞에서 얘기했듯이 지표표는 정사각형 형태의 표에 숫자들을 나열한 것으로 군에 대한 수많은 정보가 압축되어 표시되어 있었다. 각 행은 군이 다중차원 공간에서 작용하는 기본적인 방식을 표현하는데, 각 행의 첫 번째 수는 차원을 나타내는 것으로 지표 차수(character degree)라고 불린다. 몬스터의 처음 두 지표 차수는 1과 196,883이었는데, 첫 번째 수는 1차원에서의 자명한 작용을 나타내고, 두 번째 수는 196,883차원에서의 비자명한 작용을 나타낸다. 이 둘을 더하면 몬스터가 196,884차원에서 작용하는 것을 나타낸다. 이 수가 j-함수의 첫 번째 유의미한 계수와 일치했고, 톰슨은 혹시 다른 계수들도 비슷한 방식으로 연관되어 있는지 궁금했다. "나는 그 숫자들을 이리저리 조합해보며 다음 계수들을 살펴보았다."

몬스터의 처음 몇 개 차원들, 즉 지표 차수가 아래 표의 오른쪽에 나와 있다. 왼쪽에는 j-함수의 계수들이 나와 있는데 이 둘을 비교해보기 바란다.

j-함수의 계수	몬스터의 지표 차수
1	1
196,884	196,883
21,493,760	21,296,876
864,299,970	842,609,326
20,245,856,256	18,538,750,076

단순한 덧셈으로도 놀라운 사실이 드러나는데, 몬스터의 지표 차수를 더하면 j-함수의 처음 계수들을 얻을 수 있다.

$$196,884 = 1 + 196,883$$
$$21,493,760 = 1 + 196,883 + 21,296,876$$
$$864,299,970 = 1 + 1 + 196,883 + 196,883$$
$$+ 21,296,876 + 842,609,326$$

이것은 우연의 일치 이상의 결과이다. 톰슨은 좀 더 많은 수들을 확인했고, 피셔도 비슷한 계산을 하였다. 이 결과는 충격적이었고, 결과에 대한 소문이 나기 시작했다. 다른 분야의 사람들 중 일부는 말도 안 되는 얘기라고 생각했고, 어떤 이는 '드디어 톰슨이 미쳤다고 생각했다'고 말할 정도였다. 반면에 톰슨은 의미 있는 일을 하고 있었고, 사실 몬스터에 관련된 이상한 현상은 이게 처음이 아니었다.

몇 년 전에 캘리포니아 대학교 버클리 캠퍼스의 앤드류 오그(Andrew Pollard Ogg; 1934~)라는 수학자는 완전히 다른 현상을 관찰했다. 오그는 19세기부터 시작된 j-함수와 관련된 오래된 문제를 해결했다. 그 과정에서 다른 j-함수들을 얻는 데 사용될 수 있는 모든 소수들을 찾아 내었다. 이 소수들은 2, 3, 5, 7, 11, 13, 17, 19, 23, 29, 31,41, 47, 59, 71로 밝혀졌다. 1975년 1월, 파리에서 시간을 보내고 있던 오그는 다중 결정체, 즉 빌딩을 만들어낸 자크 티츠의 취임 강연에 참석했다. 티츠는 본에서 파리 콜레주 드 프랑스에 자리를 얻어 막 옮겨온 참이었고, 취임 강연은 몬스터가 발견된 지 1년이 지난 시점이었다. 티츠는 강연 중에 칠판에 몬스터의 그기를 소인수 분해된 형태로 석었다.

$$2^{46} \times 3^{20} \times 5^9 \times 7^6 \times 11^2 \times 13^3 \times 17 \times 19 \times 23 \times 29 \times 31 \times 41 \times 47 \times 59 \times 71$$

오그는 깜짝 놀랐다. 자신이 최근에 해결한 문제에서 특별한 역할을 하던 소수들과 정확히 일치했던 것이다. 오그는 이 신기한 사실을 티츠와 장 피에르 세르(Jean-Pierre Serre; 1926~)에게 말했다. 세르는 티츠의 동료로서 수학의 여러 분야에서 책을 썼는데, 그중에는 정수론의 j-함수를 포함하는 『산술 강의(A Course in Arithmetic)』라는 책도 있었다. 내가 아는 한 젊은 수학자가 한번은 뉴욕 지하철에서 그 책을 읽고 있었는데, 한 여성이 호의를 갖고 다가와 성인이 되어서도 기초부터 다시 공부하니 참으로 현명하다고 말했다고 한다.

세르는 금세기 최고의 수학자 중 한 명이었지만 오그가 발견한 내용은 처음 듣는 것이었고, 세르는 '설마'라고 말했다고 한다. 두 수의 소수들이 일치하는 이유에 대해서 약간의 실마리라도 잡은 사람은 아무도 없었다. 오그는 이 일치에 대해서 자신이 작성하고 있던 논문에 적었고 답을 제시하는 사람에게는 잭 다니엘 한 병을 준다고 제안했다. 약 4년 뒤에 맥케이가 또 다른 일치 현상을 발견했을 때에도 오그의 제안은 여전히 유효한 상태였다.

오그의 소수가 어떻게 등장했는지 이해하기 위해서는 새로운 개념을 알아야 할 필요가 있다. 이를 위해 고대 그리스에서부터 시작되는 여행을 떠나 보자.

기원전 300년경, 알렉산드리아의 유클리드는 『원론』을 썼는데 그 당시에 알려진 수학을 집대성한 것으로 열세 권의 책으로 구성되어 있었다. 이것은 대단한 역작으로 약 천 년쯤 후에 그리스어로 된 책은 아랍어로 번역되고, 이후 300년이 지나 아랍어가 라틴어로 번역되었다. 유럽의 르네상스 시기에 그리스어 본이 발견되어 그리스어에서 직접 바로 라틴어로 번역되고 나중에 유럽 각국의 언어로 번역되었다. 학교에서 기하학을 배운다는 것은 종종 유클리드를 배운다는 것을 의미할 정도로 유클리드의 『원론』은 그만큼 뛰어났다. 유클리드는 몇 개의 공리에서 출발하여 정리들을 증명했으며, 이렇게 증명된 정리는 기원전 300년 전 뿐만 아니라 오늘날에도 여전히 유효하다.

유클리드가 평면 기하학에 도입한 공리는 보통 다섯 개의 명제로 표현되는데, 이 중 평행선에 대한 다섯 번째 공리에 대해 이야기하려고 한다. 이 공리를 쓰면 이렇다. '평면에 직선 L과 이 직선 위에 있지 않은 한 점 P에 대하여, P를 지나면서 아무리 확장해도 어느 방향에서도 L과 만나지 않는 직선은 오직 하나가 있다.' 여기서 이러한 두 직선을 평행선이라고 부른다.

중동과 유럽의 수학자들은 유클리드의 제5 공리를 나머지 네 개의 공리의 결과임을 증명하려는 시도를 하였다. 이러한 '증명' 중 어떤 것은 굉장히 교묘했지만 이 모든 시도는 틀린 것이었다. 결론적으로 유클리드의 제5 공리가 증명될 수 없는 것으로 밝혀졌고, 이 공리가 성립하지 않는 '비유클리드' 평면이 발견되었다. 이것은 1820년대에 헝가리 수학자 야노스 보여이(Janos Bolyai; 1802~1860)와 러시아 수학자 니콜라이 로바체프스키(Nicolai Lobachevski; 1792~1856)에 의해 독립적으로 발견되었다. 이것은 다른 네 개의 공리는 만족하지만 유클리드 평면과는 달리 삼각형의 내각을 더하면 180도보다 작아진다. 삼각형이 커질수록 내각의 합은 작아지며, 세 꼭짓점이 무한히 멀어지면 내각의 합은 0으로 수렴하게 된다.

야노스 보여이의 아버지인 파르가스 보여이는 젊은 시절 평행선 문제를 연구했고, 아들이 이 문제에 관심을 보이자 다음과 같이 이를 경고하는 편지를 썼다.

아들아, 너는 평행선 문제에 손도 대서는 안 된다. 나는 이 길이 어떻게 끝날지 잘 알고 있단다. 나는 이 바닥이 보이지 않는 어두움을 횡단하였으며, 그것은 내 모든 밤과 즐거움을 가져갔단다. 이렇게 간청하건대 평행선은 그대로 두어라.[66]

하지만 야노스 보여이는 계속 노력을 하였고 1823년 아버지에게 성공했다고 말할 수 있었다. '저는 무로부터 이상하고 새로운 세계를 창조하였습니다.' 1831년에는 아버지가 쓴 두 권짜리 수학 책에 이러한 내용을 담은 24쪽짜리 부록을 추가하였고, 가우스의 친구였던 아버지는 자랑스럽게 이 책을 가우스에게 보냈다. 아마도 아들의 성취에 대한 칭찬을 기대했겠지만 가우스의 반응은 이러했다.

내가 이 연구에 대해 칭찬할 수 없다는 말로 이 편지를 시작한다면, 자네는 분명 잠시나마 놀라겠지. 하지만 그 밖에 다른 말을 할 수가 없네. 그 연구를 칭찬한다는 것은 내 자신을 칭찬하는 것이 될 걸세. 사실 그 연구의 모든 내용, 즉 자네 아들이 밟았던 과정과 내놓은 결과는 30년이나 35년 전 즈음에 내 마음을 사로잡았던, 내 생각 속에 있던 것과 거의 일치한다네. … 내 생각에는 내가 살아 있는 동안에는 그것이 출판되지 않는 것이 좋겠네.[67]

젊은 야노스 보여이는 가우스의 반응에 낙담했지만, 가우스의 혹평에도 보여이와 로바체프스키의 성취에 대해 우리는 존경을

마다하지 않는다. 로바체프스키는 굉장히 활동적인 수학자이자 행정가였는데, 타타르공화국 카잔연방 대학교에서 인생의 대부분을 보냈다. 처음에는 학생이었고, 나중에는 총장이 되었다. 한편 가우스 사후에 출판된 미발표된 논문과 편지를 살펴보았더니, 가우스가 독립적으로 비유클리드 기하학을 발견했음이 사실로 밝혀졌다.

'보여이−로바체프스키 평면', 또는 '쌍곡 평면'이라 불리는 기하학은 유클리드 평면과 달리 쉽게 상상되지 않는다. 수학자들은 이 평면을 음의 곡률을 가진 곡면으로 간주하는데, 양의 곡률을 가진 구나 곡률이 0인 유클리드 평면과 달리 음의 곡률은 상상하기기 어렵다. 구가 가진 양의 곡률은 이해하기 쉬운 편인데, 마치 세계지도를 그리듯이 구면을 평평하게 만들면 중심에서 멀어질수록 사물이 실제보다 크게 보이고, 따라서 최소한 명확히 볼 수는 있다. 예를 들어 대부분의 세계 지도에서 그린란드는 아프리카의 어느 나라보다도 커 보이는데, 실제로는 알제리, 콩고, 수단은 모두 그린란드보다 크다. 쌍곡 평면에서는 반대 현상이 일어난다. 중심에서 벗어날수록 사물이 실제보다 작게 보인다.

쌍곡 평면을 그림으로 나타내는 여러 가지 방법이 있지만 그중에 가장 우아한 것은 푸앵카레(Henri Poincaré; 1854~1912)가 만든 모형으로, 푸앵카레는 19세기 후반의 유명한 프랑스 수학자 앙리 푸앵카레의 이름을 딴 것이다. 푸앵카레는 쌍곡 평면을 원판으로 나타냈는데, 이 평면에서는 바깥쪽의 경계로 갈수록 점점 더 거리가 짧아지고, 원의 중심을 지나는 직선만 곧게 보인다. 다른 모든 직선들은 아래 그림처럼 바깥쪽의 경계와 수직으로 만나는 호로 나타난다. 푸앵카레 모형에서는 직선이 보존되지 않지만 직선 사이의 각은 변하지 않고 유지되는 특징이 있다.

이제 쌍곡 평면을 손에 쥐고서 오그의 소수로 돌아가보도록 하자. 오그는 정수론 분야에서도 모듈러 군(modular group)이라고 불리는 것을 연구했는데, 모듈러 군은 한 쌍의 정수를 다른 쌍의 정수로 변환시킨다. 모듈러 군을 쌍곡 평면에 작용시키면 둥글게 말아 구로 만들어준다.

오그는 모듈러 군으로부터 각 소수에 의해 파생된 군들에 대해 살펴보았다. 이들 군은 쌍곡 평면을 전체 모듈러 군에 비해 약간 느슨하게 말아 올려 일반적으로 구는 아니지만 보다 큰 곡면을 만든다. 이 곡면들은 유향 곡면(two-sided surface)으로 찢거나 붙이는 일 없이 변형하면 구(sphere), 토러스(torus), 이중 토러스(double torus)와 비슷해진다. 이러한 것을 다루는 수학을 '위상 수학(topology)'이라 부르는데, 이들 곡면은 위상 종수(genus)에 의해 구분된다. 구는 종수가 0이고, 토러스는 종수가 1, 이중 토러스는 종수가 2이다.

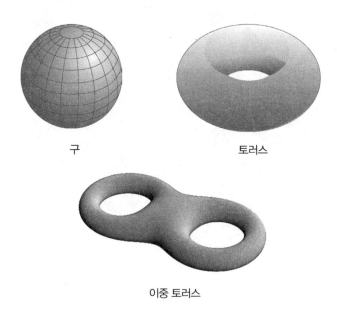

구   토러스

이중 토러스

오그는 이 소수가 정확히 2, 3, 5, 7, 11, 13, 17, 19, 23, 29, 31, 41, 47, 59, 71 중 하나이면 이 곡면이 구가 됨을 증명하였다. 그런데 이 소수들이 몬스터의 크기를 나누는 소수들과 정확히 일치했는데,

이는 설명할 수 없는 현상이었고 아마도 단순히 신기한 우연의 일치일지도 몰랐다.

이제 몬스터와 정수론 사이에는 두 가지 이상한 연관성이 있는 것 같다. 하나는 톰슨이 계산한 것으로 j-함수와 몬스터의 지표 차수 사이의 관계이고, 다른 하나는 오그의 소수들이었다. 물론 소수의 일치는 우연일 수도 있다. 관계하는 소수의 개수가 그리 많지 않고, 크기도 작으며, 만약 가장 큰 세 개의 소수인 47, 59, 71에 각각 1을 더한 다음 이들을 다 더하면 12의 배수가 되는데, 이 수는 몬스터에서 특별한 역할을 한다. 오그의 관찰은 흥미롭긴 하지만 그 자체로 더 연구할 가치는 없어 보였다. 하지만 다행스럽게도 톰슨이 숫자를 조합하여 발견한 몬스터와 j-함수 간의 연관성에는 훨씬 많은 큰 수들이 관여하기 때문에 우연일 가능성은 낮아 보였다. 게다가 모듈러 군과 j-함수 사이에는 유능한 정수론 학자라면 누구나 알 수 있을 만큼 중요한 연관성이 있었기 때문에, 이 발견은 오그가 발견한 일치의 정당성을 입증하는 데 도움을 주었다.

쌍곡 평면을 모듈러 군에서 파생한 군을 이용하여 곡면에 덮어 씌우면, 곡면에 대수적인 구조를 갖게 된다. 만약 이 곡면이 구인 경우에는 이 대수적인 구조는 하나의 함수에 의해 생성될 수 있는데, 작용하는 군이 모듈러 군인 경우에는 j-함수가 된다. 결과적으로 모듈러 군으로부터 j-함수를 얻을 수 있고, 유사한 방식으로 오그의 특별한 소수에 의해 파생되는 군으로부터 '미니 j-함수(mini-j-function)'를 얻을 수 있는 것이다.[68]

1979년 초, 케임브리지로 돌아간 톰슨은 존 콘웨이에게 몬스터의 지표표의 첫 번째 열에 등장하는 지표 차수를 더함으로써 j-함수의 첫 여섯 계수를 얻을 수 있다는 사실을 설명하면서 이렇게 덧붙였다. "자네가 다른 열들에 대해 계산을 해본다면 흥미로운 수열을 얻을 수 있을 게야." 콘웨이는 아틀라스 프로젝트의 결과이자, 피셔, 리빙스턴, 손이 만들어 놓은 몬스터의 지표표를 가지고 있었기 때문에 기꺼이 이 일을 시도하였다. 콘웨이는 톰슨이 첫 번째 열에 대해 계산했던 것처럼 지표표의 두 번째 열에 등장하는 수치들을 더하기 시작했다. 그런 다음 다른 열에 대해서도 계산을 해서, 그 계수가 점점 커지는 다양한 급수를 얻어냈다. 이렇게 해시 얻어낸 수 중 하나가 11,202였는데, 외우기 쉬운 이 수치는 무언가 흥미로운 것과는 전혀 관계없어 보였다. 하지만 콘웨이는 도서관으로 가서 정수론 분야의 19세기 논문들을 살펴보고는 그중의 한 논문에서 논의하는 급수에서 이 수치가 등장하는 것을 보고 마침내 제대로 된 방향을 잡았다고 확신했다. 콘웨이는 나중에 이에 대해 쓰면서 이렇게 회상했다. "내 인생에서 가장 흥분되던 순간 중 하나는 몇 개의 급수를 계산하고 수학과 도서관으로 가서 야코비의 「새로운 기본 이론(*Fundamenta nova theoriæ*)」에서 똑같은 수들을 발견한 것이었다. 마지막 자리 숫자까지 똑같은 계수들이 적혀 있었다!"[69]

콘웨이는 이러한 오래된 논문들을 즐겨 읽었는데, 학부생 시절을 다음과 같이 회상했다. "나는 상트페테르부르크에서 나온 새 학술지에 실린 오일러의 모든 논문들을 들춰 보았다." 18세기에 활동했던 오일러는 역대 가장 많은 논문을 쓴 수학자였는데 오일러의 증명은 좋은 아이디어가 많이 있어 지적으로 큰 자극이 되었다. 콘웨이는 이렇게 말한다. "오일러가 어떤 정리에 대한 증명을 한 뒤, 나중에 누군가 그 정리를 수정해서 더욱 복잡한 증명과 함께 내놓는다. 하지만 그 증명의 핵심을 이해하기 위해선 오일러로 되돌아가야만 한다."

사이먼 노턴도 흥미를 가졌지만, 콘웨이는 이렇게 회상한다. "사이먼은 기차를 타고 여러 나라를 여행하고 있었기 때문에 나는 2주 먼저 시작할 수 있었는데, 이것은 내게 아주 좋은 일이었다. 왜냐하면 노턴은 언제나 새로운 것을 너무 빨리 배우기 때문이다." 사이먼은 대단한 열차광이어서 평상시에도 상세한 기차 시간표가 실린 책을 가지고 다녔다. 한번은 오베르볼파흐에서 사이먼에게 독일의 한곳에서 다른 곳으로 가기 위해서는 어떻게 하는 게 좋을지 조언을 구한 적이 있었는데, 사이먼은 커다란 책을 꺼내더니 정보들을 확인하기 시작했다.

콘웨이와 노턴은 빠르게 연구를 진행했다. "그것은 힘든 작업이었는데 굉장히 많은 계산을 해야 했다. 우리는 꼬박 6주 동안 밤낮 할 것 없이 이 작업에 매달렸다." 앞서서 한 발견이 단지 우연의 일치가 아님을 검증하는 것은 힘든 작업이었다. "관찰은 쉽고 정보의 내용은 흥미롭지만 이를 만들어내는 데 필요한 노력은 우리가 들였던 노력에 비교하면 사소할 뿐이다. 우리는 이것이 우연의 일치가 아니라는 것을 보인 최초의 사람들이다."

콘웨이와 노턴은 6주 동안 수천 개의 계산을 하는 고된 작업을 한 후 톰슨의 관찰을 입증할 수 있는 확실한 증거를 만들어낼 수 있었다.

그동안에 톰슨은 콘웨이와 노턴이 발견한 새로운 급수와 미니 j-함수가 모든 계수에서 일치함을 '증명'하길 원했다. 무한히 많은 계수가 있었기 때문에 톰슨은 다음에 설명하는 방식으로 '브라우어의 정리를 이용해야겠다'는 아이디어가 있었지만, 톰슨은 정수론의 전문가가 아니었기 때문에 누군가의 도움이 필요했다. 톰슨은 파리에 있는 세르에게 편지를 썼는데, 세르는 오그로부터 처음으로 소수의 신기한 일치 현상에 대해 들었던 적이 있다. 세르는 일리노이 대학교 시카고 캠퍼스에 있는 올리버 앳킨에게 연락을 해보라고 조언하는 답장을 보냈다.

앳킨은 j-함수와 미니 j-함수의 전문가였다. 앳킨은 또한 컴퓨터 전문가이기도 했는데, 리치와 맥케이가 사람들에게 리치 격자에 대한 흥미를 갖도록 노력했던 장소였던 아틀라스 연구소에서 일한 적도 있었다. 이 일이 있기 몇 년 전, 젊은 시절 앳킨은 제2차 세계대전 동안 영국의 암호해독 센터였던 블레츨리 파크*에서도 일한 경험이 있었다. 곧 장문의 편지가 케임브리지와 시카고 사이에서 오갔고, 앳킨의 군론 동료인 폴 퐁(Paul Fong)과 스티븐 스미스(Stephen D. Smith)가 곧 합류하였다.

---

* 제2차 세계대전이 벌어지고 있던 당시 영국에는 전쟁 중 오고 가는 암호를 해독하는 '암호 해독자(Codebreaker)'들이 모여 일하는 블레츨리 파크(Bletchley Park)가 있었다.

폴 퐁은 절단면 정리로 파이트와 톰슨에게 영감을 주었던 리하르트 브라우어의 제자였는데, 1979년 3월 톰슨은 다음과 같이 시작하는 편지를 퐁에게 보냈다.

친애하는 폴에게,

리하르트가 살아 계셨으면 좋았을텐데. 아마도 그 분은 지금 일어나고 있는 일을 크게 기뻐하셨을 것입니다. 무엇보다도 전체 지표표를 모두 알고 있는 이 새로운 상황에서 그분의 지표 특성화 기법을 사용할 기회가 생겼습니다.[70]

불행히도 리하르트 브라우어는 2년 전에 사망했다. '지표 특성화'는 지표표를 만드는 데 도움을 주었던 결과였는데, 톰슨은 전체 지표표가 이미 알려진 상태에서 이를 이용하는 방법을 생각해냈다. 핵심은 이것이었는데, 콘웨이와 노턴은 각 열의 수치들을 더했는데 모든 열들을 같은 방식으로 다루었다. 예를 들어 각 급수의 어떤 계수를 한 열의 처음 세 개의 항을 더해서 얻었다면, 처음 세 행을 더하면 여러 급수에 대해 같은 계산을 할 수 있다는 뜻이다. 행은 지표 자신을 나타내므로 브라우어의 정리가 필요한 것이다. 톰슨은 앳킨의 j-함수에 대한 지식에 브라우어의 지표 특성화를 적용함으로써 문제를 유한개에 대한 것으로 줄였고, 앳킨이 컴퓨터를 이용하여 계산하였다. 이러한 방식으로 콘웨이와 노턴이 지표표의 서로 다른 열로 만들어낸 모든 급수가 몬스터의 지표들의 조합이라는 것을 증명하였다.

톰슨은 이 최근 연구에 대해 두 편의 매우 짧은 논문을 작성했고, 존 콘웨이와 사이먼 노턴은 '기괴한 문샤인(Monstrous Moonshine)'이라는 제목으로 충분한 설명이 곁들여진 논문을 썼다. 이 논문에선 몬스터의 지표표에 있는 모든 열들을 다루었고, 그들이 만든 점화식을 통해 어떻게 일부 열들이 다른 열들로부터 얻어지는지 보여주었다. 이것은 상세하고 기술적인 연구로서 몬스터와 정수론 사이의 분명한 연관성을 설명해주었다.

문샤인이라는 용어는 몬스터라는 이름과 마찬가지로 콘웨이가 제안한 것으로 여러 가지 의미를 갖고 있다. 이것은 멍청하거나 순진한 생각을 가리킬 수도 있고 불법으로 증류한 술(특별히 미국에서 금주령이 있던 시절에 만들어진 옥수수 위스키를 가리킴)을 의미할 수도 있다. 이 단어는 건드리지 않는 게 좋을 것 같은 기괴한 무언가에 손을 대는 인상을 주고, 반사된 빛에 의해 빛나는 무언가를 함축적으로 표현해주는 좋은 단어이다. 진실한 광원은 숨겨진 채 아직 발견되지 않은 것이다. 하지만 앞으로 등장할 기묘할 연관성이 더 남아 있었다.

그동안 다른 군론 전문가들은 이러한 모든 이야기를 전해만 듣고 있었고 또 하나의 큰 학회가 절실한 시점이었다. 이전 학회는 1978년 여름 더럼 대학교에서 열렸고, 1979년 여름 이번에는 캘리포니아 대학교 산타 크루즈 캠퍼스에서 열렸다. 이 학회는 정수론 전문가와 군론 전문가가 함께 모였다는 점에서 이례적이었다. 몬스터와 j-함수 사이의 기묘한 연관성에 대해 논의했지만 이 연관성을 가져온 이면의 원인은 여전히 찾기 힘들었다. 그리고 아직까지도 밝혀지지 않았다. 이 이야기는 나중에 다시 하기로 하자. 한편 1970년대 후반에 몬스터의 존재성은 여전히 해결되지 않은 문제였다. 아직까지 아무도 몬스터를 구성하지 못한 상태였는데 이 문제와 관련된 얘기로 넘어가보자.

Symmetry and
the Monster **16**

구성

> 모든 것을 그저 더 단순한 정도가 아니라 가능한 한 단순하게
> 만들어야 한다.
>
> **알베르트 아인슈타인**

1977년 초, 심스와 레온은 컴퓨터를 이용하여 베이비 몬스터를 치환군의 형태로 구성하였고, 이것은 자연스럽게 '몬스터 역시 비슷한 방법으로 구성될 수 있을까?'라는 질문으로 이어졌다. 앞에서 얘기한대로 불행히도 이것은 불가능해 보였고, 새로운 방법이 필요했다. 아마도 다중차원 공간을 이용하면 될 것 같았다. 비슷한 방법이 얀코의 첫 번째 군 $J1$과 같은 다른 예외적인 군에 적용되었다. 하지만 $J1$은 7차원을 필요로 했던 반면 몬스터는 거의 200,000차원을 필요로 했는데, 이것은 몬스터에서는 하나의 연산을 수행하기 위해 거의 200,000개의 행과 열을 가진 행렬 계산을 해야 한다는 것을 의미했다. $J1$의 경우에는 두 개의 행렬을 여러 다양한

방법으로 조합하여 곱해볼 수 있었지만, 피셔가 처음 몬스터에 대해 연구할 때의 컴퓨터 성능으로는 행렬 곱셈을 한 번 수행하는데 대략 반 년 정도 걸릴 것으로 추산되었다.[71] 요즈음의 병렬 처리 컴퓨터는 훨씬 빨라져 며칠은 걸릴 것이지만, 이건 단지 한 번의 곱셈 계산에 드는 시간에 불과했다. 따라서 몬스터의 구성을 위해 시간을 버릴 필요가 없다는 수학자들의 판단은 충분히 용서받을 만했다.

1970년대 후반, 온갖 종류의 기술적인 정보들이 계산되었지만 몬스터의 존재성은 여전히 확인되지 못했다. 콘웨이가 최근 얼마 전에 얘기했듯이 그 시절로 되돌아가보면, "그 당시 나는 몬스터를 구성하는 일은 현실적으로 불가능하거나, 비현실적으로만 가능하다고 생각하였다." 그런데 갑자기 1980년 1월 14일, 미시간 대학교 앤아버에 있던 밥 그리스가 구성에 성공했다고 발표하였다. 콘웨이는 이렇게 회상했다. "우리는 그리스가 보낸 엽서를 받고 그가 어떻게 구성해냈을지 도저히 상상할 수 없었다. 우리는 그리스가 완전히 새로운 방법을 사용했을 것으로 생각했는데, 왜냐하면 우리가 아는 방법으로는 너무 무모했기 때문이었다."

밥 그리스는 지난 1973년 11월에 몬스터의 증거를 발견해 낸 최초의 사람들 중 한 명이었다. 그리스는 피셔의 베이비 몬스터에 대한 소식을 듣고 그보다 더 큰 무언가가 있을 것이라는 것을 계산을 통해 알았다. 물론 피셔도 이 사실을 알았고 리빙스턴과 공동연구를 통해 196,883차원에서의 작용이 존재한다는 것을 가정함으로써 몬스터의 전체 지표표를 얻었다. 케임브리지의 사이먼 노턴은 이 지표표를 이용하여 몬스터가 196,884차원의 대수적인 구조를 보존해야 함을 알아냈다. 대수적인 구조란 두 개의 점을 곱했을 때 어떤 점이 되어야 하는지를 규정해주는 규칙과 같은 것이다.

그리스의 첫 번째 일은 적절한 곱셈을 정의하는 것이다. 즉, 두 개의 점 p, q가 주어질 때, 이 두 점의 곱에 제 3의 점 r을 대응시키는 규칙을 제시해야만 하는데, 여기서 조금 심각한 문제가 발생했다. 두 점의 곱이 r 또는 $-r$이어야 하는 것까지는 알겠는데 둘 중 어느 것이 되어야 할지는 몰랐던 것이다. 즉, 부호를 결정할 수 없었던 것이다.

그리스는 이 문제를 틈나는 대로 생각하다가 1979년 여름에 이 문제를 다른 시각에서 바라보게 되었다. "나는 그것을 계속 추적했고 그 군까지 추적함으로써 그제서야 부호 문제를 이해할 수 있게 되었다." 여기서 그리스가 말한 그 군은 몬스터의 부분군으로서 콘웨이의 가장 큰 단순군을 3천 2백만 배 정도 확장한 것이다. 이 군은 96,308차원을 필요로 하는 몬스터의 두 절단면 중 하나이다(다른 절단면은 베이비 몬스터를 포함하고 있다). 앞서 피셔는 이것을 이용하여 몬스터의 지표표를 만들었고, 이제 그리스는 이것을 이용하여 몬스터를 196,884차원에서 구성하려고 하는 것이다. 그리스는 이 거대한 부분군의 작용이 공간을 다음과 같은 차원을 가진 세 개의 부분 공간으로 쪼갠다는 것을 알았다.

$$98,304+300+98,280=196,884$$

첫 번째 수는 $98,304 = 2^{12} \times 24$ 이다. 이것은 위에서 언급한 절단면을 위해 필요한 공간이다.

두 번째 수는 $300 = 24 + 23 + 22 + \cdots + 3 + 2 + 1$이다. 이것은 점들을 삼각형 모양으로 배열하는데 첫 번째 줄에 24개를 놓고 두 번째 줄에 23개, 세 번째 줄에 22개를 놓는 식으로 해서 총 300개가 된다. 이는 점 하나당 독립적으로 변수가 할당되어 300개의 변수가 생겨남을 의미하고, 기하학적으로 얘기하면 300차원이 된다는 뜻이다.

세 번째 수는 $98,280 = 196,560 \div 2$이다. 이것은 리치 격자로부터 나오는데, 주어진 한 점에 가장 가까운 점이 196,560개인데, 주어진 점을 기준으로 한 쌍의 점이 서로 반대편에 마주보고 있는 구조로서 98,280개의 쌍을 나타낸다. 한 쌍의 점들은 이 한 점을 지나는 축을 만들고 196,884차원 공간에서 이 축들은 독립적으로 하나의 차원이 된다.

1979년 여름, 그리스는 곱의 부호 문제를 해결하는 데 집중하였다. 그러나 그리스가 이를 해결하더라도 이 군이 몬스터를 포함하고 있는지 보여야 했는데, 그리스가 얻은 군 중 볼 수 있는 부분은 오직 절단면에 국한되었다. 콘웨이도 리치 격자에 대한 연구를 진행할 때 비슷한 문제가 있었는데, 주어진 꼭짓점에 가장 가까운 꼭짓점들이 세 개의 집합으로 나뉘었다. 콘웨이는 각각의 집합에 있는 점들을 치환하여 커다란 군을 만들었고, 여기에 하나의 치환을 추가하여 더 큰 군을 만들었다. 이제 그리스도 비슷한 문제를 만났다. 전체 공간이 세 개의 부분 공간으로 나뉘었으며 이 세 부분 공간을 서로 섞어줄 추가적인 대칭 연산이 필요했다. 만일 이것이 성공한다면 아직 증명하는 과정이 남았지만 몬스터를 거의 다 만들었다고 할 수 있었다.

그리스는 문제 해결을 위해서는 엄청난 시간 투자가 필요하다는 것을 깨달았다. 하루에 한두 시간 들인다고 해서 해결할 수 있는 그런 문제가 아니었고, 보다 성공 가능성이 높아 보이는 다른 매력적인 일들도 있었다. 그리스는 이렇게 말했다. "1979년 여름 문샤인이 내 관심을 끌었다. 나는 조용히 그 문제를 숙고했는데, 그러자 또다시 그 부호 문제가 생각났다. 가을이 되었을 때 나는 한 학기 동인 체류할 목적으로 프린스턴 연구소로 갔고, 몬스터를 구성하는 일에 본격적으로 뛰어들기로 결심했다. 나는 이미 몬스터에 중독되었던 것이다."

그리스는 1979년 6월에 결혼했는데, 이때는 산타 크루즈에서 대규모 학회가 있기 얼마 전으로 아마도 이 새로운 환경이 그에게 영감을 준 것이 분명하다. "나는 신혼이었는데, 이제 막 결혼했음에도 나의 이러한 결정에 아내는 깊은 이해심을 보여주었다. 10월부터 나는 끊임없이 일하기 시작했다. 내가 일을 쉬었을 때는 추수감사절 반나절과 크리스마스 하루가 전부였다."

그리스는 대수적인 구조의 부호 문제와 추가적인 대칭 연산의 발견이라는 두 개의 상호 연관된 문제들을 한꺼번에 연구하고 있었다. "나는 그 당시 … 두 개의 문제를 한꺼번에 풀려고 시도하였다." 처음에는 대수학을 위한 부호 문제를 풀려고 시도했다가, 이 부호 문제에 추가적인 대칭 연산을 찾는 것이 포함되어 있다는 것을 알았던 것이다. 이에 대해 그리스는 이렇게 말했다. "그건 정말 다루기 힘든 일이었다." 그리스는 이 연구에 열정적으로 임했지만 진이 빠지는 시간이었다. 12월 중순이 되자 성공이 눈앞에 다가왔다. "하지만 각각의 확인 작업이 너무 오래 걸렸고 정신적으로도 지쳐 있었던 나는 새해가 조금 지난 시점까지도 언제 끝날지 확신할 수 없었다." 1월 중순이 되자 '차분히 최종 점검을 한 후에' 1980년 1월 14일 그리스는 결과를 비공식적으로 발표할 준비를 했다. 모든 과정을 상세히 기술하는 것은 오랜 시간이 걸렸고 이러한 상세한 내용을 담은 논문은 1981년 6월이 되어서야 제출되었다. 이렇게 중요한 결과는 가능한 한 신속하게 검토되는 편이지만, 이 작업은 외부 심사위원들이 꼼꼼히 검토해야 했고, 게다가 길이도 길었기 때문에 시간이 오래 걸렸다. 마침내 1982년에 102쪽의 상세한 과정을 담은 논문이 출간되었다. 이 논문에서 그리스는 몬스터 대신 '친절한 거인'이라는 표현을 썼지만, 이 새로운 이름이 사람들 입에 붙지는 않았다.

몬스터가 다른 것들과 매력적인 연관성을 갖고 있다는 것이 밝혀진 이후로 오래지 않아 두 명의 수학자가 밥 그리스의 구성을 심도 있게 들여다보았다. 한 명은 자크 티츠로 부호 문제를 피할 수 있는 방법을 발견하였다. 그리스는 신중하게 추측한 뒤 결과가 서로 잘 맞아 떨어지도록 하였지만 티츠는 사전에 정해진 방법으로 이러한 추측을 제거할 수 있었다. 티츠는 또한 다른 개선점도 발견하였다. "나는 그리스의 구성 방법을 어느 정도 단순화시켰지만, 그리스가 한 일은 정말 대단한 작업이었다. 컴퓨터 없이 그런 일을 했다는 것 자체가 위대한 업적이다."

그리스가 컴퓨터를 이용하지 않고 다른 방법으로 몬스터를 구성한 사실은 정말로 경이로운 일이었다. 어쨌든 몬스터는 절단면 방법을 이용하여 발견되었고, 이 방법으로 발견된 단순군들은 하나를 제외하고는 모두 컴퓨터를 이용하여 구성되었다. 그 하나의 예외는 얀코의 군 중 $J2$로, 마셜 홀과 자크 티츠는 각자 100개의 원소에 대한 치환군으로서 이를 손으로 구성하였다.

그리스의 구성에 깊은 관심을 갖고 자신만의 구성을 제시한 또 한 명의 인물은 바로 콘웨이였다. 콘웨이는 그리스의 구성이 '기념비적'이라 평했으며, 티츠의 단순화에 대해 설명하면서 자신의 방법과 비교하였다.

> 티츠는 군의 표현 방법에 대한 추상적인 논의를 통해 구체적으로 부호 문제를 고민할 필요성을 없앴다. 티츠는 또한 유한성을 매우 우아하게 증명하였다. 어떤 의미에서 티츠의 개선 방법은 우리의 방법과 전적으로 대비된다. 티츠는 몬스터에서 모든 계산을 피하려 한 반면 우리는 독자가 이러한 계산을 스스로 할 수 있을 정도로 쉽게 만들길 원했다.[72]

콘웨이의 구성은 몬스터의 커다란 절단면으로부터 출발했다는 점에서 그리스의 방식과 유사하다. 이 절단면은 앞에서 언급했던 것처럼 196,884차원의 공간을 세 개의 부분 공간으로 나눈다. 그리스는 이 거대한 공간의 점들 사이의 곱셈을 구성한 다음 절단면 내부가 아니라 세 개의 부분 공간들을 서로서로 바꾸는 대칭을 얻었다. 콘웨이는 196,884차원의 똑같은 공간 세 개를 만들고, 이 세 개를 하나로 합치는데 각각 대응되는 부분 공간이 전체 공간에서 서로 다른 부분을 차지하게끔 만듦으로써 이 두 문제를 모두 피해갔다. 이 기법을 사용하기 위해 콘웨이는 똑같아 보이는 몬스터의 세 개의 절단면을 구성하되, 이들 사이에서 전체를 생성할 수 있도록 만들었다.

콘웨이의 논문은 1985년에 출간되었는데, 이 해는 아틀라스가 출간된 것과 같은 해이다. 이제 사람들은 모든 예외적인 단순군이 발견되었다고 여기게 되었다. 그러나 이러한 생각이 틀릴 가능성은 언제나 있었고, 누군가 콘웨이에게 이 문제에 대해 낙관적으로 생각하는지 아니면 비관적으로 생각하는지 의견을 묻자 이렇게 대답했다고 한다.

나는 비관주의자이지만 여전히 희망을 품고 있다고 대답했다. 그리고 이 대답에 대해 내가 심술궂게 의도했던 대로 질문자가 제대로 오해하는 모습을 보자 기뻤다.

모든 유한 단순군을 분류하려는 이 위대한 공동연구에 참여했던 사람들 사이에서는 '낙관적'이란 보통 더 이상의

군이 발견되지 않을 것이라는 믿음을 의미하는데, 이것은
새로운 군의 등장을 가로막는 장애물로 여기기 때문이다.
나는 이와 다르게 단순군을 아름다운 것으로 바라보고
있으며 좀 더 많은 것을 보길 원하지만, 어쩔 수 없이 더
이상 볼 수 없을 것 같다는 견해를 받아들이고 있었기
때문에 비관적이라고 표현했던 것이다.[73]

콘웨이가 이 글을 쓰는 시점에 더 이상 예외적인 단순군이
없음을 증명하는 문제는 이미 새로운 전환기를 맞이했다. 다니엘
고렌슈타인은 동료인 러트거스 대학교의 리처드 라이언스,
오하이오 주립 대학교의 론 솔로몬과 함께 '리비전(Revision)'
프로젝트를 시작하였다. 분류 문제와 관련된 완전한 증명을 후세
사람들이 쉽게 접근할 수 있도록 준비하는 것이 이 프로젝트의
목적이었다. 이것은 새로운 수학자 세대가 엄청난 양의 전문 지식을
모두 습득하지 않아도 유한군의 분류에 관련된 모든 걸 이해할 수
있도록 해줄 것이다. 이것은 힘든 요구였다. 초기의 논문들 중에는
읽기가 몹시 어렵고 내용을 따라가기 힘든 것이 많았기 때문에
리비전 프로젝트는 정말로 용감한 계획이었다. 그리고 현재도
진행중이다.

이들이 리비전 프로젝트를 시작했을 때 마이클 애시배커를
비롯한 몇몇 사람들은 느슨한 부분을 찾아 단단히 고정하고 놓친
것은 없는지 점검하고 있었다. 하지만 특정 그룹에 속하지 않은
다른 수학자들 중 일부는 여전히 불편한 감정을 갖고 있었다.

군론 연구자들이 너무나 빠르게 경쟁적으로 연구하는 통에 무언가 놓친 것이 분명히 있을 것이라고 보았다. 나는 어떤 사람들이 군론 연구자들이 자만하고 있는 것이 분명하다면서 짜증내듯이 옆사람에게 또 다른 예외적인 군이 발견될지도 모른다고 말하자 그 사람이 "한 무더기를 발견했으면 좋겠다. 그렇게 되기를 기도한다."고 강렬하게 대답하던 것을 기억한다.

이렇게 의심하는 데에는 분명한 이유가 있었다. 캘리포니아 대학교 산타 크루즈 캠퍼스의 제프리 메이슨(Geoffrey Mason)은 '준박(quasi-thin)' 문제를 연구하고 있었는데, 이 문제는 유한 단순군의 분류에서 핵심 부분으로 이 방향으로는 새로운 것은 아무것도 없어 보였다. 메이슨이 쓰고 있는 논문의 초안을 누군가가 본 적이 있었는데, 타자기로 친 원고가 약 800쪽 정도로 아주 길었다. 하지만 그것도 아직 출판을 위한 최종본이 아니었고, 나중에 논리적인 비약이 발견되어 출판되지 못했다. 1995년에 쓴 글에서 솔로몬은 말한다.

> 분류 문제와 관련된 논문은 언제나 읽기가 힘들었는데, 200쪽 분량으로 나오니 더욱 그러했다. 그럼에도 불구하고 1960년에서 1975년 사이에는 이러한 논문의 대부분을 읽고 소화시키기 위해 진지하게 노력하는 개인이나 세미나 집단이 언제나 존재했다. 하지만 1976년에서 1980년 사이에 나타난 수학적으로 밀도 있는 논문 견본이 최소한 3,000쪽을 넘어 갔으며 군론

연구자들이 소화할 수 있는 용량을 넘어섰다. 메이슨의
800쪽짜리 '준박 논문'이 발표되지 않은 것을 고려하면
악명을 얻었다고 볼 수 있다. [74]

  메이슨은 다른 대부분의 사람들과 마찬가지로 무언가 새로운
군을 발견하기 보다는 분류 프로젝트를 마무리하는 시도를 하였다.
만일 구체적으로 어떤 상황을 가정하여 모순을 이끌어 내면, 그
경우는 해결된 것이므로 다른 경우로 넘어갈 수 있다. 하지만 어떤
모순들은 키메라*와 같았다. 모순이 실제로 존재하지 않는 경우가
있었는데, 이에 대해 콘웨이는 1980년에 이렇게 썼다.

  굉장히 많은 수의 군들이 다른 사람이 이미 존재하지
  않음을 증명했는데도 구성되었다. 내 경험을 예로 들면,
  데이비드 웨일즈와 나는 루드발리스 군을 구성하려고
  노력하고 있었는데, 우리는 그 군의 정보를 한 장의
  종이에 압축한 다음 며칠 동안 면밀히 검토한 후에 곧
  이 군의 존재를 부정하는 모순에 이르렀다! 하지만
  다행스럽게도 우리는 그 군이 실제로 존재할 것이라고
  확신하고 있었기 때문에 그 종이는 옆으로 치워 두고,
  우리가 발견한 모순과 멀리 떨어지도록 조심스럽게

---

* 사자 머리에, 염소 몸통에, 뱀 꼬리를 단 그리스 신화 속 괴물이다. '실제로 존재하
지 않는 상상 속의 산물'을 의미한다. — 옮긴이

설계한 또 다른 방법을 이용하여 그 군을 구성하였다. 또 다른 군론 연구자가 나중에 내게 얘기해줬는데, 루드발리스 군이 존재하지 않음을 증명하기 위해 단지 루드발리스 군이 어떤 부분군을 포함한다는 가정으로부터 모순을 이끌어냈는데, 사실 그 부분군은 존재하는 것이었다는 것이다. … 내가 걱정되는 부분은 분류 프로젝트 과정 중에 루드발리스 군처럼 어떤 군이 실제로 존재함에도 군의 존재에 대한 강한 확신이 없는 누군가에 의해 존재하지 않는 것으로 증명되는 경우가 없었겠는가 하는 점이다.

문제는 군들이 놀랍도록 교묘한 방식으로 행동하기 때문에 심리적으로 이를 알아채기 힘들다는 것이다. 우리는 일을 시작하기도 전에 자칫 우리가 하고 있는 많은 일들에 대해 능숙하다고 말할지도 모른다.[75]

1992년 다니엘 고렌슈타인이 사망하고 나서 라이언스와 솔로몬은 계속해서 리비전 프로젝트를 이어나갔고 2010년이면 모든 게 끝날 것으로 예상하였다. 준박 문제의 경우 고렌슈타인은 독일과 미국에서 수행되는 새로운 연구 결과들로 이 문제가 곧 해결되리라 기대했지만, 그렇게 쉽게 해결되지 못한 채 여전히 남아 있었다.

그러다가 1995년 1월 샌프란시스코에서 열린 미국 수학회 연례 모임에서 칼텍의 마이클 애시배커와 일리노이 대학교 시카고 캠퍼스의 스티븐 스미스가 분류 문제에 대한 특별한 분과 회의를 조직하였다. 비공식적인 목표는 준박 문제에 대한 젊고 열정적인 지원자를 찾는 것이었는데, 적합한 사람이 나타나지 않았다.

애시배커와 스미스는 5월에 다시 만났고, 스미스가 기억하기를 "애시배커는 이를 악물고 우리 스스로 준박 문제를 해결하자고 제안했다. 우리는 사전 준비를 하고 있다가 1996년 1월 내가 안식년을 맞아 칼텍에 갔을 때 본격적으로 연구를 시작하였다." 두 사람은 함께 준박 문제를 다루는 책을 쓰는 것을 목표로 계획을 세웠다. 이들의 책은 『준박 군의 분류(The Classification of Quasi-Thin Groups)』란 제목으로 된 두 권의 책으로 2004년 11월에 출간되었는데, 총 1,000쪽이 넘는 분량으로 이 문제를 완전히 종결지었다.

여전히 일부 사람들은 네 개의 예외적인 군을 발견한 얀코가 다섯 번째 군을 소매에 감춰 두고 아직 공개하지 않은 건 아닌지 의심하고 있었다. 얀코 스스로가 톰슨을 만나 준박 군 중에 또 하나의 커다란 예외적인 군이 숨어 있을지도 모른다는 말을 한 적이 있었기 때문이다. 그래서 톰슨은 스미스에게 이를 확인하게 했다. 이에 대해 그들은 이 문제를 잘 마무리한 것처럼 보였다. 내가 얀코에게 지금은 어떻게 생각하느냐고 묻는 편지를 썼을 때, 얀코는 내게 대답하기를 "나는 애시배커와 스미스가 준박 단순군에 대해 쓴 책의 중요한 부분을 모두 읽어봤는데, 지금은 분류 문제가 완전히 끝났다고 확신합니다!!" 얀코가 확신한다면, 그리고 톰슨과 애시배커와 다른 사람들이 확신한다면, 우리 모두 확신을 가져도 되지 않을까? 분류 문제의 증명은 소수의 전문가만이 믿었던 시기로부터 시작하여 후대의 수학자들이 이해할 수 있도록 다시 쓰는 시점에 이르기까지 먼 길을 걸어왔다. 이것이 위대한 리비전 프로젝트의 역할이며, 이를 바탕으로 이 모든 것을 더욱 잘 이해할 수 있도록 계속해서 분투할 수 있도록 해주는 기반이 형성된다.

하지만 몬스터와 문샤인에 관련한 커다란 비밀이 남아 있으며, 이 부분에 대해서는 다음 장에서 좀 더 이야기하도록 하자.

17

문샤인

> 아무도 보지 못했던 것을 보는 경우는 그리 많지 않다. 따라서
> 우리의 임무는 모두가 보고도 아무도 생각지 못했던 것을
> 생각해 내는 데 있다.

양자역학의 선구자, 에르빈 슈뢰딩거(1887 -1961)

몬스터와 정수론 사이의 연관성, 즉 문샤인 연관성은 몬스터의
존재가 처음 인식되었을 때보다 훨씬 아름답고 중요한 군이 되었다.
따라서 몬스터를 얻는 보다 우아한 방법이 있어야 한다. 그리스가
196,884차원에서 몬스터를 구성한 것은 비록 그것이 크게 경탄할
만한 일이기는 해도 좀 더 큰 그림에서 살펴보아야 할 필요가 있다.
이에 대해 살펴보기 전에 몬스터가 처음에 어떻게 발견되었는지
회상해보자.

첫 번째 큰 진전은 19세기 중반에 발견된 마티외의 치환군
$M24$이었다. 약 100년이 지난 후 이로부터 24차원의 리치 격자가
나왔으며, 다시 이로부터 콘웨이 군 $Co1$이 나오고, 마침내 몬스터가

나왔다. 순서를 정리하면 마티외 군 $M24$, 콘웨이 군 $Co1$, 그리고 몬스터 순이다.

치환군으로서 $M24$는 누구나 쉽게 예상할 수 있듯이 24개의 원소를 치환하지만, $Co1$은 최소한 98,280개의 원소를 치환할 필요가 있다. 이 콘웨이 군이 24차원의 리치 격자에서 한 꼭짓점을 통과하는 축들의 집합으로서 자연스럽게 나타나지만 24에서 98,280으로의 변화의 폭은 상당히 크다. 각 축마다 기준점을 중심으로 양 반대편에 한 쌍의 점을 갖고 있으며, 이 점들은 주어진 구에 접하는 구의 중심을 나타낸다. 따라서 주어진 구에 접하는 구의 개수는 $2 \times 98{,}280 = 196{,}560$개가 되고 이것은 24차원에서 접할 수 있는 최대 개수이다.

$M24$를 치환군으로 나타내는 것은 쉽지만 $Co1$은 그렇지 않다. $M24$에서 $Co1$로 우리를 이끌어 주는 것이 바로 리치 격자인데, 이제 우리는 $Co1$에서 몬스터로 가기 위한 좋은 방법이 필요하다. $M24$에서 $Co1$로 옮겨가면서 차원의 수가 급격하게 증가하는 만큼 접하는 격자점의 개수도 급격하게 증가한다. 이러한 현상을 확대해서 생각하면, 리치 격자는 사실 우리를 24개의 점에서 무한개의 점으로 옮겨준다고도 볼 수 있는데, 왜냐하면 격자가 모든 방향으로 무한히 뻗어 있기 때문이다. 따라서 콘웨이 군 $Co1$에서 몬스터로 옮겨가면서 24차원에서 무한 차원으로 옮겨간다고 생각하는 것도 타당해 보인다. 그리고 바로 여기서 문샤인 연관성이 나타난다.

맥케이가 몬스터와 j-함수와의 연관성을 발견한 이후 콘웨이,

노턴, 톰슨은 j-함수의 각 계수가 몬스터가 작용하는 공간의 차원이 되어야 한다는 것을 보였다. 이 공간들을 한데 합치면 무한 차원 공간이 될 것이다. 콘웨이와 노턴은 이 공간이 그들이 만든 점화식을 따라 미니 j-함수를 유도한다는 가설을 세웠는데, 이것을 '문샤인 가설'이라고 부른다.

j-함수의 유의미한 첫 번째 계수는 196,884인데 이것은 그리스가 몬스터를 구성하기 위해 만들어낸 공간의 차원과 일치한다. 따라서 몬스터를 위한 무한 차원 공간은 반드시 이 공간이나 최소한 이 공간과 아주 비슷한 공간으로부터 출발해야 하고, 몇 년 후 이고르 프렌켈(Igor Borisovich Frenkel; 1952~), 제임스 레포우스키(James Lepowsky; 1944~), 아르네 머만(Arne Meurman; 1956~) 세 명의 공동 연구에 의해 그러한 공간이 나타났다. 이 공간은 j-함수의 계수들과 정확히 일치하는 차원의 부분 공간들을 갖고 있었으며, 이 공간의 대칭군에서 몬스터가 나왔다. 이는 1984년의 일이었으며, 이들은 4년 후인 1988년 자신들의 연구 내용을 담은 『꼭짓점 연산자 대수와 몬스터(*Vertex Operator Algebras and the Monster*)』라는 책을 썼다. 책의 서문에서 그들은 이렇게 썼다.

이 연구는 수학에서 가장 예외적인 유한 단순군인 몬스터의 신비를 풀어 헤치려는 시도에서 시작되어 점차 발전되었다. 몬스터는 자신만의 세계를 창조하였으며 많은 신비로운 성질들이 이 수학적인 세계의 통일성과

다양성을 반영해주고 있다. 우리는 몬스터의 존재성이 완전히 알려지기 전부터 몬스터와의 싸움을 시작했는데, 그것은 이미 그 당시 진정한 아름다움이 드러나기 시작했기 때문이다. 우리는 그동안 일부 문제를 풀 수 있었고, 다른 문제들에 빛을 비추어 실마리를 얻을 수 있었으며, 새로운 문제들을 추가하기도 해왔다.[76]

책의 제목이기도 한 '꼭짓점 연산자 대수'는 상당히 새로운 것이었다. 2년 전쯤에 '꼭짓점 대수'라는 이름으로 처음 등장했는데, 대다수의 수학자들은 들어본 적이 없는 내용이었다. 게다가 꼭짓점 연산자라는 개념은 수학에서 나온 것이 아니라 물리학에서 나온 것이었다. 이 개념은 '끈이론'에서 등장했는데 기본 입자의 모형이 되는 끈들의 상호작용을 기술한다. 이것은 몬스터와 물리학의 심도 깊은 내용 사이에 연관성이 있음을 의미하며, 프렌켈, 레포우스키, 머만은 이 책의 서문에 이렇게 썼다. "우리의 주요 정리는 몬스터를 양자장론으로 구성한 것으로 이해할 수 있으며, 이는 사실 몬스터는 특수 끈이론의 대칭군이라는 명제로 해석할 수 있다." 이 주제에 대해 계속 논의하기 전에 지금까지의 과정을 되돌이켜 보기로 하자.

가장 큰 예외적인 단순군인 몬스터는 정수론과 깊은 연관성을 가진 것으로 드러났으며, 이를 콘웨이는 '문샤인'이라고 불렀다. 이러한 연관성은 j-함수에서 처음 드러났으며 콘웨이와 노턴은 몬스터에서 여러 유형의 계산을 통해 미니 j-함수의 계수들을 만들어낼 수 있었다. 이 두 사람은 j-함수와 미니 j-함수들이 몬스터를 대칭군으로 갖는 무한 차원 공간에서 나타나야 한다는 가설을 세웠으며, 몇 년 후 프렌켈, 레포우스키, 머만이 이에 적합한 공간을 만들어냈다. 이들은 이 공간을 '문샤인 모듈'이라고 불렀으며 이로부터 j-함수가 나오는 것은 보였지만 미니 j-함수들 역시 같은 공간에서 나오는지는 확실하지 않았다. 다시 말해 이 공간이 콘웨이와 노턴의 문샤인 가설을 만족하는지는 아직 알려지지 않았는데, 이 문제를 해결한 사람은 리처드 보처즈였다.

1984년에 문샤인 모듈이 처음 발표되었을 때, 보처즈는 케임브리지에서 콘웨이의 지도 아래 연구를 하고 있던 대학원생이었으며, 몬스터에 대한 많은 내용을 들을 수 있었다. 콘웨이는 자신만의 구성을 발표하기도 했으며 그 위대한 '아틀라스 프로젝트'를 손수 완료하기도 했다. 몬스터는 주변 가까운 곳에 있으며 보처즈는 새롭게 접근하길 원했다. 보처즈는 보기 드물게 뛰어난 학생이었다. 한번은 콘웨이와 역시나 수학자였던 콘웨이의 두 번째 부인인 라리사, 그리고 리처드 파커가 리치 격자에 관한 문제를 함께 연구하고 있었다. 파커의 몇 가지 관찰에 의해 시작된 이 문제에 대해 콘웨이는 보처즈에게 설명했고, 자신은 동료들과 그 연구를 계속했다. 6주 후에 보처즈는 콘웨이와 동료들이 아직도 그 문제를 연구하고 있는 것을 보고 놀라면서 말했다. "오, 아직도 그 문제를 풀고 있어요? 저는 예전에 풀었는데요."

문제를 푸는 능력도 인상적이지만 보처즈는 대상을 보다 넓은 이론적인 맥락에서 해석하기를 좋아했는데, 박사 학위를 받고 얼마

안 있어 '꼭짓점 대수'와 '몬스터'에 대한 놀라운 논문을 발표하였다. 이것은 프렌켈, 레포우스키, 머만의 연구의 연장선상에 있었으며, 2년 후인 1988년에는 아주 흥미로운 리 대수의 한 종류에 대한 논문을 발표했는데, 이것은 문샤인 모듈이 '콘웨이–노턴 가설'을 만족한다는 증명에 한 발 더 가까이 간 것이었다.

리 대수는 5장에서 살펴보았듯이 소푸스 리의 연구로부터 시작되었다. 리의 연속 변환군, 즉 리 군은 킬링과 카르탕에 의해 분류되었다. 그들의 연구는 특별히 우아한 형식을 갖는, '리 대수'라고 불리는 대수적인 구조를 이용하였다. 리 대수는 리치 격자처럼 조밀한 구 채우기를 이끌어내는 결정체 같은 구조에 기반하고 있지만 조금 더 단순하다. 이 결정체 구조 또는 그 대칭군은 리 군 안에 포함되어 있으며 리치 격자의 대칭군은 비슷한 방식으로 리치 격자 안에 포함되어 있다. 아마도 리치 격자를 이용하여 리 대수를 얻었던 것과 유사한 방식으로 몬스터를 이끌어 낼 수도 있을 것이다.

이러한 발상으로 보처즈는 1988년 발표한 논문에서 새로운 종류의 리 대수를 이끌어 냈으며, 이때부터 이것을 보처즈 대수 또는 보처즈–카츠–무디 대수라고 부른다.[77] 2년 후 나온 논문에서 보처즈는 나중에 가짜 몬스터 리 대수(fake Monster Lie algebra)라고 부른 특별한 경우를 제시하였다. 이것은 리치 격자를 특수 상대성이론을 뒷받침하는 수학과 연관된 흥미로운 방식으로 이용하고 있기 때문에, 6장에서처럼 물리학에 대한 이야기가 필요한 시점이다.

20세기 전반부에 물리학에서는 두 가지 주요 발전이 일어났는데, 상대성이론과 양자론이 그 두 가지이다. 아인슈타인은 상대성이론에 대한 첫 번째 논문을 1905년에 발표했으며, 리투아니아계 독일인 수학자였던 헤르만 민코프스키는 아인슈타인의 이론에 대한 완벽한 배경을 제공하는 기하학을 만들었다. 민코프스키의 기하학에서는 시간과 공간이 결합되어 4차원 시공간이 된다. 이 시공간에서의 한 점은 가능한 사건을 나타내며, 네 개의 좌표 성분을 갖는데 그중 세 개는 공간 좌표이고, 하나는 시간 좌표이다. 두 점, 즉 두 사건 간의 '시간 거리'는 네 개의 좌표 성분 x, y, z, t으로 표현되는 거리를 나타내는데 여기서 t가 시간을 나타낸다. 보통 3차원 공간에서는 거리의 제곱은 $x^2+y^2+z^2$의 식으로 주어지지만, 민코프스키의 기하학에서 시간 거리의 제곱은 다음 식에 의해 주어진다.

$$x^2+y^2+z^2-t^2$$

이 식에서 빛의 속도가 1이 되도록 단위를 정했다. 여기서 눈여겨 보아야 할 것은 음의 부호(-)이다. 이것은 두 점 간의 시간 거리의 제곱이 양수, 0, 음수가 될 수 있다는 뜻이다. 이 값이 음수라는 것은, 예를 들어 x, y, z는 0인 경우처럼 두 점이 빛의 속도보다 느리게 움직이는 물체에 의해 연결될 수 있다는 뜻이고, 이 값이 양수라는 것은 그것이 불가능하다는 뜻이다.

시간 거리의 제곱이 양수인 경우를 설명하기 위해 어떤 사람이

100광년 떨어진 행성에 이메일을 보낸다고 상상해보자. 이메일이 빛의 속도로 전달된다면 100년이 걸릴 것이고, 따라서 만약에 오늘 메시지를 받았다면 그것은 100년 전에 보내진 것이다. 만약 받은 메시지에 답장을 보낸다면 또 100년이 걸릴 것이다. 따라서 메시지를 보내고 답장을 받기까지는 200년의 시간 간격이 존재할 것이다. 만일 빛의 속도보다 빠른 속도로 메시지가 전달되지 않는다면, 200년 동안은 오늘의 이곳과 200년 후의 이곳은 연결되지 않는다. 왜냐하면 만약 연결된다면 두 지점 사이의 시간 거리가 양수가 되기 때문이다.

두 점, 즉 두 사건 사이의 시간 거리의 제곱이 0이 되는 경우는 두 사건이 한곳에서 출발하여 상대편에 도착하는 빛으로 연결될 수 있다. 비록 빛의 속도는 유한하지만 빛 자체는 시간을 경험하지 않기 때문에 한 지점에서 출발한 빛은 순간적으로 다른 지점에 도착하는 것처럼 느낀다. 빛의 속도에서는 시간이 정지하기 때문에 시간을 과거로 돌려 움직일 수 있지 않는 한 빛보다 빠른 속도로 움직인다는 것은 의미가 없다.

아인슈타인의 '특수 상대성이론'은 10년 뒤 중력을 포함시키기 위해 시공간이 휘어진 '일반 상대성이론'으로 발전한다. 이 이론은 블랙홀을 제외하고는 거시 세계에서 잘 맞아 떨어지는데, 블랙홀은 차지하는 공간에 비해 너무 많은 질량을 포함함으로써 시공간의 곡률이 너무 커져서 특이점에 이르게 된다.

원자와 분자 같은 미시 세계에서는 중력은 너무 작아서 무시할 수 있을 정도이다. 물리학자들은 원자의 내부 구조를 조사하기 시작하면서 중력은 무시할 수 있었던 반면에 양자론을 발전시켜야 했다. 원자 내에서 대부분의 질량은 조그만 핵에 집중되어 있고, 이 핵은 다시 양성자와 중성자로 구성되어 있다. 계속된 연구로 양성자와 중성자 역시 쿼크를 포함한 내부 구조를 갖고 있음을 알게 되었다. 그러나 이러한 내부 구조를 발견하는 과정은 무한정 계속될 수는 없는데, 왜냐하면 질량이 더욱더 작은 '입자'에 집중되면 결국 블랙홀이 될 것이기 때문이다. 고에너지 수준에서 양자역학과 일반 상대성이론은 서로 일치하지 않는데, 1970년대에 끈이론이라는 새로운 이론이 등장했다. 이 이론에서는 입자를 시공간을 통해 움직이는 끈으로 보았다.

물리학자들은 끈이론을 양자역학과 일반 상대성이론을 통합시킬 수 있는 방법으로 생각했다. 이 이론은 양자역학뿐만 아니라 일반 상대성이론에도 변화를 요구한다. 가장 큰 변화는 시공간에 새로운 차원을 추가해야 한다는 점이다. 4차원으로는 충분하지 않고 최소한 10차원은 되어야 한다. 추가된 차원은 마치 다 짠 튜브처럼 스스로 감겨 있으며 통상적인 거시적 수준에서는 보이지 않는다. 끈이론은 상대성이론과 양자론을 통합시키려는 시도로서 시공간에 양자 구조를 준다.

4차원을 넘어서려는 아이디어는 수학자들의 관심을 불러일으켰다. 이 책에서도 다중차원을 다루는 이야기가 여러 번 소개되었지만 지금까지는 3차원 공간에서의 유클리드 기하학에 추가적인 차원을 더하여 확장하는 것을 생각했다면, 이번에는 4차원 민코프스키 기하학에 추가적인 차원을 더해야 했다. 여기에는 중요한 차이가 있다. 두 점 사이의 거리는 두 점의 좌표의 차이에 의해 결정된다. 유클리드 공간에서 거리의 제곱은 이 좌표들의 제곱의 합이 된다. 그러나 민코프스키 기하학에서는 좌표들의 제곱의 합을 계산할 때 정확히 하나의 음의 부호를 포함한다. 시공간을 다중차원으로 확장할 때에도 이 음의 부호는 여전히 유지되며 이러한 공간을 '로렌츠 공간(Lorentz space)'이라고 부른다.[78] 일반 상대성이론은 일종의 휘어진 민코프스키 기하학을 이용하며 끈이론은 일종의 로렌츠 기하학을 이용한다.

끈이론에 사용되는 차원은 10 또는 26이 되어야 할 것으로 보이는데, 특히 26차원은 다음의 이유에서 흥미롭다. 로렌츠 공간에서 광선, 즉 시간 거리가 0이 되는 경로로부터 두 차원이 낮은 '직교' 유클리드 공간을 얻을 수 있다. 이것을 26차원 로렌츠 공간에 적용하면 24차원 유클리드 공간이 되는데, 이곳엔 다름 아닌 리치 격자가 존재한다.

이것은 차원에 대한 일치 그 이상의 것을 의미하는데, 26차원 로렌츠 공간은 중요한 기술적인 의미에서 유일하게 결정되는 놀라운 격자를 포함하기 때문이다. 이 격자에서 광선을 하나 선택하면 24차원 유클리드 공간에서의 격자가 되는데, 이것은 선택하는 광선에 의존하며 24개의 가능한 격자 중 하나가 나타난다. 이들 중 하나가 리치 격자이다.

리치 격자를 주는 광선을 어떻게 발견하는지에 대해 설명하기 전에 다음 식에 주목하도록 하자.

$$1^2+2^2+3^2+4^2+\cdots+21^2+22^2+23^2+24^2=70^2$$

처음 24개 자연수의 제곱의 합은 제곱수이다! 정말 놀라운 식이다. 24는 1보다 큰 자연수 중에서 이런 일이 일어나는 유일한 수이다. 24를 제외하고는 처음 n개의 제곱의 합은 결코 어떤 수의 완전 제곱이 되지 않는다.

이제 다시 26차원 로렌츠 공간으로 되돌아가보자. 앞에서 얘기한 놀라운 격자는 다음과 같은 좌표를 갖는 점을 포함한다.

(0, 1, 2, 3, 4, 5, 6, 7, 8, 9, 10, 11, 12, 13, 14, 15, 16, 17, 18, 19, 20, 21, 22, 23, 24, 70)

이 점은 원점, 즉 모든 좌표가 0인 점을 지나는 광선 위에 놓인다. 왜냐하면 원점과 이 점 사이의 시간 거리는

$$0^2+1^2+2^2+3^2+4^2+\cdots+21^2+22^2+23^2+24^2-70^2=0$$

이기 때문이다. 이 광선에서 리치 격자가 나온다. 피타고라스 학파가 오늘날에도 있었다면 이것을 보고 우주가 진실로 정수로 이루어진 근거라고 말할지도 모르겠다!

1990년, 보처즈는 자신의 가짜 몬스터 리 대수를 만들면서 리치 격자가 아닌 26차원의 로렌츠 격자의 결정체 구조를 이용하였다. 보처즈는 콘웨이-노턴 가설의 증명에 바짝 다가섰고, 2년 후인 1992년 「기괴한 문샤인과 기괴한 리 대수(Monstrous Moonshine and Monstrous Lie alsgebra)」라는 논문을 발표하였다. 이 논문에서 보처즈는 프렌켈, 레포우스키, 머만의 연구를 이용하여 새로운 몬스터 리 대수를 만들었고, 이를 적용하여 문샤인 모듈이 콘웨이-노턴 문샤인 가설을 만족함을 증명하였다.

보처즈의 연구는 수리물리학의 분야로 향했는데, 2년 후에는 시공간에서 움직이는 끈을 양자화함으로써 대수적인 구조를 만들고, '시공간이 26차원일 때에만 그 구조가 0이 아님'을 보이는 논문을 발표하였다.[79] 만일 끈이론이 10차원이 아닌 26차원을 필요로 한다면, 프롤로그에서 소개한 1980년대의 프리먼 다이슨의 말*은 어쩌면 예언에 가까웠던 걸지도 모른다. 몬스터가 진실로 우주의 구조 안에 내재하고 있었던 것이다.

1998년, 보처즈는 연구 업적을 인정받아 수학에서 가장 영예로운 상인 필즈상을 수상했다. 필즈상을 수상하기 위해서는 나이가 40세 이하이어야 하며, 이 상은 4년에 한 번 개최되는 국제 수학자 회의에서 주어지는데, 1998년에는 베를린에서 열렸다. 메달 수상 시에는 연륜이 있는 저명한 수학자가 수상자의 업적을 기술하는데,

---

* '남몰래 품고 있는 희망이 몬스터 군을 우연히 발견하는 것'이라고 한 말 ― 옮긴이

보처즈의 경우에는 당시 케임브리지(지금은 프린스턴 고등연구소에 있다)의 수리물리학자였던 피터 고다드(Peter Goddard: 1945~)가 맡았다. 보처즈의 연구에 대해 자세히 설명하면서 고다드는 다음과 같은 말로 마무리했다.

> 예리한 통찰력, 가공할 만한 기술, 눈부신 독창성을 보여주면서 리처드 보처즈는 몇 가지 예외적인 구조들의 아름다운 성질들을 이용하여 다른 수학 분야 및 물리학과 심오한 연관성을 지닌 강력하고 새로운 대수 이론을 만들어냈습니다. 보처즈는 이 새로운 대수학을 이용하여 미해결된 가설을 확고히 하고, 고전적인 수학의 분야에서 새롭고 심오한 결과들을 발견하였습니다. 그가 창조해낸 이론으로부터 우리가 무엇을 배워야만 하는지 이제 막 시작되었음이 분명합니다.[80]

앞에서 필즈상이 1970년에 존 톰슨에게 수여될 때, 이에 대한 얘기를 했었다. 필즈상은 노벨상보다 희귀하고 영예로운 상이지만 잘 알려져 있지 않았고, 몇몇 수학자들은 수학에 대한 노벨상이 없는 것을 유감스럽게 생각했다. 어떤 사람들은 노벨의 아내가 수학자와 불륜 관계였기 때문이라고 말하는데, 그 이야기는 완전히 잘못되었다. 그 이야기에 등장하는 수학자는 노르웨이에 살았고, 노벨은 스웨덴 국적임에도 파리에 살았다. 더구나 노벨은 확고한 독신주의자였다. 1985년 두 명의 스웨덴 수학자인 라르스 가르딩(Lars

Gårding; 1919~2014)과 라르스 회르만데르(Lars Hörmander; 1931~2012)가 이 주제로 《매스매티컬 인텔리전서(*Mathematical Intelligencer*)》에 기고한 글에서 이렇게 결론지었다. "노벨은 단지 수학에 관심이 없었다."[81]

그러나 최근에 노르웨이 정부는 상황을 바로잡았다. 2002년, 2장에 등장했던 닐스 헨리크 아벨의 탄생 200주년을 기념하여 수학 분야의 노벨상인 아벨상을 지원하기 위한 기금을 마련하였다. 이것은 노벨상과 비슷한 목적으로 설립되었으며, 2003년 첫 번째 수상자는 15장에서 잠깐 등장했던 장 피에르 세르였다.

수학자들은 어둠 속에서 앞으로 나아가려는 자들이다. 왜냐하면 수학이란 학문은 설명하기 어렵고, 바빌로니아인들이 2차 방정식을 푼 때로부터 4,000년이 지나는 동안 실로 다양한 방식으로 변해왔기 때문이다. 앞으로 대재앙이 발생하지 않는 한 수학은 수천 년 동안 계속 발전할 것이고 미래에도 여전히 풀리지 않는 문제와 연구에 영감을 줄 신비로움이 남아 있을 것이다. 문샤인 신비 자체는 보처즈의 증명에도 불구하고 아직도 해결되지 않았다!

보처즈는 콘웨이와 노턴의 점화식을 이용하여 100개가 넘는 경우들을 단지 네 가지 경우로 줄인 다음 이에 대한 증명을 하였다. 이것도 위대한 업적이지만 콘웨이는 이렇게 얘기했다. "보처즈가 진실로 달성한 것은 모든 것을 하나의 이론 안에 집어넣은 것이다. 우리는 아직 그 이론에 대해 개념적인 설명을 하지 못하고 있다." 수학자들은 정리를 증명하기도 하지만 또한 그들은 대상을 이해하길 원한다. 몬스터와 문샤인에 대한 사실 중에는 우리가 아직 이해하지 못하는 것들이 있다. 다음에 소개하는 것도 그중 하나이다.

15장에서 언급한 것처럼, 콘웨이와 노턴이 문샤인에 대해 연구할 때 그들은 몬스터의 지표표의 열들을 이용하여 미니 j-함수를 얻었다. 몬스터의 지표표에는 194개의 열이 있었고 어떤 기초적인 이유들로 이 중 몇 개는 같은 함수를 내놓았다. 그래서 남은 함수의 개수가 171개였는데, 콘웨이와 노턴은 이 중 얼마나 많은 함수들이 완전히 독립적인지 알고 싶었다. 여기서 독립적이란 다른 함수들을 더하거나 빼서 얻을 수 없음을 의미한다. 콘웨이와 노턴은 서로 다른 함수들 사이의 종속성을 찾기 시작했고, 그에 따라 독립적인 함수들의 개수를 171개부터 시삭해서 점차 줄여 나갔다. 콘웨이는 이렇게 회상한다. "160개에 막 접어들었을 때 나는 최종 답이 무엇이 될지 예측해보자고 제안했다." 그들은 정수론에서 매우 특별한 성질을 가진 163이 되지 않을까 하고 예측했고, 결과는 정확히 일치했!

이유는 알 수 없었다. 단지 우연의 일치였을 수도 있고 무언가 더 깊은 이유가 있을 수도 있다. 정수론에서 163이 갖는 특별한 성질은 흥미로운 결과들로 나타나는데, 그중 하나는 다음과 같다.

$$e^{\pi\sqrt{163}} = 262537412640768743.99999999999925\cdots$$

이 수는 정수와 매우 가깝다. 여기서 π는 원의 둘레의 길이와 지름의 길이의 비율인 유명한 원주율을 나타내고, e는 π만큼 유명한 수로 자연로그 또는 지수함수의 밑을 나타낸다. 이 수가 정수와 매우 가깝다는 사실은 단지 우연이 아니다. 이것은 j-함수와 163이라는 수의 특별한 성질을 사용한다.[82]

맥케이가 몬스터와 j-함수에 나타나는 196,883과 196,884에 대한 관찰을 했을 때 이 수치들이 충분히 컸기 때문에 우연의 일치로 보기에는 힘들었지만, 163은 상대적으로 작은 수이기 때문에 비슷한 일이 또 일어날지 어떨지 말하기는 힘든 측면이 있다. 맥케이 스스로 몬스터의 거울 대칭 중 한 부류와 E8형의 리 군(5장 참조) 사이에 매우 이상한 대응 관계를 발견했는데, 1부터 6에 이르는 훨씬 작은 수들에 대한 패턴을 포함하고 있지만, 최근의 연구 결과는 이것이 우연이 아니라는 것을 보여주고 있다. 일본과 대만의 수학자들이 꼭짓점 대수가 이 연관성의 기반을 제공한다는 것을 보였다.[83] 맥케이는 몬스터와 연관된 끈이론의 차원인 26이라는 수가 몬스터로 향하는 길의 첫 번째 걸음이 되었던 마티외 군 M24에 있는 연산들의 서로 다른 유형의 개수와 일치함을 지적하였다. 아마도 이것은 수많은 우연의 일치 중 하나에 불과할 것으로 생각되지만, 그 누가 알겠는가?

이렇게 이상한 연관성들이 있기 때문에 수학자들이 몬스터를 발견한 것은 아니지만, 그 결과로 나타나고 있다. 몬스터는 1830년에 갈루아에 의해 시작된 연구로부터 긴 여정을 걸친 결과로 그 모습을 드러냈다. 갈루아는 치환군 중에 더 이상 분해되지 않는 '단순한' 군이 있음을 발견하였고, 나중에 많은 단순군들이 발견되었다. 1960년대 초에는 19세기에 발견된 다섯 개의 예외적인 군을 포함하여 대다수의 단순군이 정리된 표를 얻을 수 있었다. 1963년 파이트–톰슨 정리가 나오면서 예외적인 군들을 발견하고 분류하는 것이 실현 가능해졌으며, 후에 위대한 분류 프로젝트로 이어졌다. 3년 후 얀코가 새로운 예외적인 군의 발견을 갑작스레 발표하자, 이것이 자극제가 되어 다른 군들을 발견하려는 시도가 있었고 10년간 20개의 군이 더 발견되었으며, 이로써 총 26개의 예외적인 단순군이 발견되었다. 두 번째로 큰 군인 베이비 몬스터가 피셔의 탁월한 연구에 의해 발견되었고, 이로부터 가장 큰 예외적인 군인 '몬스터'가 등장했다.

몬스터를 발견하기 위해 사용된 방법들은 눈부신 생각들이었지만 몬스터의 놀라운 성질들에 대한 어떠한 낌새도 주지 못했다. 이것은 전적으로 후에 몬스터와 정수론 사이에 이상한 연관성이 있다는 데서 얻은 첫 번째 힌트 덕분이었고, 이것이 끈이론과의 연관성으로 이어졌다. 몬스터와 정수론 사이의 문샤인 연관성은 이제 더 큰 이론의 범주 내에 위치하며 물리학의 기초와 연결되는 심오한 수학적 의미를 아직 이해하고 있지 못하다. 우리는 몬스터를 발견했지만 아직도 풀리지 않은 수수께끼로 남아있다. 몬스터의 모든 속성을 이해하는 것은 우주의 구조를 밝히는 것과 같다. 그러나 이 이야기는 미래의 책이 나올 때까지 기다려야만 할 것이다.

주석

1 괴테, 『자연과학론(*Naturwissenschaftliche Schriften*)』, 본 책의 저자인 마크 로난이 독일어 원문을 영어로 직접 번역한 것을 역자가 한글로 번역했다.

2 프리먼 다이슨, Unfashionable pursuits, *Mathematical Intelligencer*, 5 (1983), 47~54.

3 라우라 토티 리가텔리, 『에바리스트 갈루아(*Evariste Galois*)』, 영문 번역판, Birkhuser, 1996, p. 113.

4 존 파우벨, 제레미 그레이, 『수학의 역사(*A History of Mathematics*)』, The Open University, 1987, p. 255.

5 수학자들의 역사 이야기를 다루고 있는 홈페이지 http://turnbull.mcs.st-and.ac.uk 에서 Ferrari 참조.

6 조지 사튼, 『여섯 날개들: 르네상스 시대의 과학자(*Wings: Men of Science in the Renaissance*)』, Indiana University Press, 1957, p. 28.

7 장 피에르 티그놀(Jean-Pierre Tignol), 『갈루아의 대수 방정식 이론(*Galois' Theory of Algebraic Equtions*)』, 영문판, Longman, 1988, p. 274.

8 티그놀, 『갈루아의 대수 방정식 이론』, p.274의 내용을 약간 바꿈.

9 토티 리가텔리, 『에바리스트 갈루아』, p.98.

10 토티 리가텔리, 『에바리스트 갈루아』.

11 파우벨, 그레이, 『수학의 역사』, p504, p.505.

12 파우벨, 그레이, 『수학의 역사』, p.503.

13 파우벨, 그레이, 『수학의 역사』, p.503.

14 유리 이바노비치 마닌(Yuri Ivanovich Manin; 1937~), 『수학과 물리학(*Mathematics and Physics*)』, Birkhuser, 1981, p. 35.

15 '페르마의 마지막 정리'는 1990년대 중반 마침내 앤드류 와일즈에 의해 증명되었다.

16 아릴드 스터바우그(Arild Stubhaug), 『수학자 소푸스 리(*The Mathematician Sophus Lie*)』, 영문판, Springer, 2002, p. 3.

17 아릴드 스터바우그, 『수학자 소푸스 리』, p.9.

18 아릴드 스터바우그, 『수학자 소푸스 리』, p.10.

19 아릴드 스터바우그, 『수학자 소푸스 리』, p.12.

20 (움직이는 방향과 빠르기를 나타내는) 속도에 세 개의 자유도가 있고, (회전의 방향과 정도를 나타내는) 스핀에 세 개의 자유도가 있다.

21 이 인용문과 이 장에 나오는 모든 서신은 호킨스(T. Hawkins)의 『리 군의 등장(*Emergence of the Theory of Lie Groups*)』에서 발췌함, Springer, 2000.

22 아릴드 스터바우그, 『수학자 소푸스 리』, p.377.

23 아릴드 스터바우그, 『수학자 소푸스 리』, p.376.

24 아릴드 스터바우그, 『수학자 소푸스 리』, p.375.

25 보어와 파인만의 명언, http://turnbull.mcs.st-and.ac.uk 참조.

26 전하를 띤 입자는 전자기력의 영향을 받지만, 전자기력을 매개하는 **광자** 자체는 전하를 갖지 않는다. 게이지 군을 U(1)이라고 부른다.

27 이 세 입자를 $W+$, $W-$, Z형의 보손(boson)이라고 부른다. 약한 핵력에 대

한 게이지 군을 SU(2)라고 부른다.

28 강한 핵력에 대한 게이지 군을 SU(3)라고 부른다.

29 소수의 거듭제곱을 사용해도 된다(예: $4 = 2^2$, $8 = 2^3$, $9 = 3^2$). 하지만 이 경우에는 순환 산술이 적용되지 않고 조금 더 복잡한 계산법이 필요 하 다.

30 윌리엄 번사이드, 「유한 위수 군론(*Theory of Groups of Finite Order*)」, Cambridge University Press, 1897.

31 피터 노이만 등, 「윌리엄 번사이드 논문 선집 (*The Collected Papers of William Bunside*)」, two volumes, Oxford University Press, 2004.

32 N. 부르바키, 『수학자를 위한 수학의 기초(*Foundations of mathematics for the working mathematician*)』, *Journal of Symbolic Logic*, 14(1949), 1~8.

33 아르망 보렐, 『니콜라 부르바키와 함께 한 25년(*Twenty-five years with Nicolas Bourbaki*)』(1949~1973), *Notices of the American Mathematical Society*, 128 (1998), 373~80.

34 앙리 카르탕과의 인터뷰, *Notices of the American Mathematical Society*, 46 (1999), 782~8.

35 보렐, 『니콜라 부르바키와 함께 한 25년』.

36 장 디외도네, 『니콜라 부르바키의 업적(*The work of Nicolas Bourbaki*)』, *American Mathematical Monthly*, 77 (1970), 135~45. http://turnbull.mcs. st-and.ac.uk 참조.

37 수학자들은 '빌딩'이라는 용어에 어울리게 '청사진'이라고 부른다. 하지 만 다중 결정이 자라난다는 관점에서 '유전 암호'가 더 그럴듯하게 들린

다.

38 이러한 패턴은 육각형에 기반한 다중 결정과 같고, 단어의 길이는 각각의 꼭짓점에 연결된 모서리의 개수와 같다.

39 손더스 매클레인, 『나치가 지배한 괴팅겐에서의 수학(*Mathematics at Göttingen under the Nazis*)』, *Notices of the American Mathematical Society*, 42 (1995), 1134~8.

40 M. 쉬퍼(Schiffer), 『이사이 슈어에 대한 개인적인 추억담(*Issai Schur: some personal reminiscences*)』, in H. Begehr (ed.), *Mathematik in Berlin: Geschichte und Dokumentation*, Aachen, 1998.

41 발터 파이트, 리하르트 브라우어, 《미국 수학회 회보(*Bulletin of the American Mathematical Society*)》, 10 (1978), 1~20.

42 발터 파이트, 리하르트 브라우어

43 J. A. 그린, 리하르트 브라우어, 《런던 수학회 회보(*Bulletin of the London Mathematics Society*)》, 10 (1978), 317~42.

44 절단면을 가리키는 수학적인 용어는 '대합 중심화군(involution centralizer)' 이다. 대합은 위수(order)가 2인 대칭을 지칭하며, 중심화군은 예컨대 거울을 제자리에 두는 식으로 대합을 그대로 놓아두는 부분군을 가리킨다.

45 다니엘 고렌슈타인, 『유한 단순군: 분류에 대한 소개(*Finite Simple Groups: An Introduction to their Classification*)』, Plenum Press, 1982, p. 1.

46 www.math.yale.edu 참조.

47 고렌슈타인, 『유한 단순군: 분류에 대한 소개』, p. 16.

48 리하르트 브라우어, 『존 톰슨의 업적에 대하여(*On the work of John Thompson*)』, *Proceedings of the International Congress of Mathematicians*,

1 (1970), 15-16; *Richard Brauer: Collected Papers* Volume III, MIT Press, 1980, pp. 688~9.

49 다섯 개 이상의 기호로 구성된 치환군 중 3중 추이성을 보이는 것은 단순군을 포함해야 한다.

50 이나 케르스텐, 『에른스트 비트 전기(*Biography of Ernst Witt*)』 (1911~1991), *Contemporary Mathematics*, 272 (2000), 155~71.

51 고대 이집트의 언어는 계속 사용되었지만 문자의 경우에는 사람들이 그리스 알파벳에 몇 개의 글자를 추가하여 사용하기 시작하였다. 상형 문자를 읽는 법은 잊혀졌고, 19세기에 와서 다시 해독되었다.

52 고렌슈타인, 『유한 단순군: 분류에 대한 소개』, p. 85.

53 그리고 *J*3는 나중에 옥스퍼드에 있던 그레이엄 히그먼과 몬트리올에 있던 존 맥케이가 컴퓨터를 이용하여 구성하였다. 여러 해가 더 지나서 보스턴에 있던 리처드 바이스가 컴퓨터를 사용하지 않고 치환군의 형태로 구성하였다.

54 게하르트 히스, 『산발적인 군(*Die sporadischen Gruppen*)』, *Jahresbericht der Deutschen Mathematiker-Vereinigung*, 105 (2003), 169~94.

55 H. 콘, H. 쿠마, 『24차원에서 가장 조밀한 격자(*The densest lattice in twenty-four dimensions*)』, *Electronic Research Anouncements of the American Mathematical Society*, 2004, www.mpim−bonn.mpg.de/ external−documentation/era−mirror/era−msc−2004.html 참조.

56 도널드 히그먼과 그레이엄 히그먼은 아무런 관계가 없다. 우연히 성이 같은 이 두 사람이 같은 분야의 수학을 연구한 것뿐이다.

57 존 콘웨이가 한 이 말은 토마스 톰슨이 쓴 『오류 정정 부호에서 구 채

우기를 거쳐 단순군까지(*From Error-correcting Codes through Sphere Packings to Simple Groups*)』에 실려 있다. Carus Mathematical Monograph 21, Mathematical Association of America, 1983.

58 콘웨이, 『숫자와 게임(*On Numbers and Games*)』, Academic Press, 1976; 에르윈 베르캄프(Elwyn Berlekamp), 존 콘웨이, 리처드 가이(Richard Guy), 『수학적인 게임에서 이기는 법(*Winning Ways for Your Mathematical Plays*)』, Academic Press, 1982.

59 W. O. J. Moser의 헌사

60 정확히는 '3-호환'이라고 불렀다.

61 2-순환 산술을 사용하고, 한 가지 경우는 3-순환 산술을 사용한다.

62 론 솔로몬, 『유한 단순군과 분류에 대하여(*On finite simple groups and their classification*)』, Notices of the American Mathematical Society, 42 (1995), 231~9.

63 1989년 스틸레상(Steele Prizes), *Notices of the American Mathematical Society*, 36 (1989), 831~6.

64 1989년 스틸레상.

65 한 연산은 아무것도 하지 않는다. 6개의 연산은 두 개의 구슬을 자리 바꿈하고 나머지는 그대로 놔둔다. 세 개의 연산은 두 쌍의 구슬들을 동시에 자리 바꿈한다. 8개의 연산은 구슬 하나를 고정시키고 나머지 세 개를 순환시킨다. 마지막으로 6개의 연산은 네 개 구슬 모두를 순환시킨다.

66 과학자 인명 사전, 보여이 편(*Dictionary of Scientific Biography: Bolyai*).

67 과학자 인명 사전, 보여이 편.

68 미니 j-함수에 대한 정확한 수학 용어는 '하우프트 모듈'이다.

69 콘웨이, 『몬스터와 문샤인(*Monsters and Moonshine*)』, *Mathematical Intelligencer*, 2 (1980), 165~71.

70 존 톰슨이 폴 퐁에게 보낸 편지, 1979년 3월 19일.

71 별다른 기교 없이 두 개의 $n \times n$ 행렬을 곱하기 위해서는 n^3 번의 곱셈을 계산해야 한다. 만약 n이 200,000이라면 n^3은 8,000,000,000,000,000이 된다. 1초에 50억 번의 계산을 한다면 행렬의 곱셈 계산 한 번에 여섯 달이 걸린다.

72 콘웨이, 『피셔-그리스 몬스터 군의 간단한 구성(*A simple construction for the Fischer–Griess monster group*)』, *Inventiones Mathematicae*, 79 (1985), 513~40.

73 콘웨이, 『몬스터와 문샤인』.

74 솔로몬, 『유한 단순군과 분류에 대하여』.

75 콘웨이, 『몬스터와 문샤인』.

76 이고르 프렌켈, 제임스 레포우스키, 아르네 머만, 『꼭짓점 연산자 대수와 몬스터(*Vertex Operator Algebras and the Monster*)』, Academic Press, 1988.

77 킬링과 카르탕이 사용한 유한 차원 리 대수로부터 빅토르 카츠와 로버트 무디가 무한 차원 리 대수를 만들어 냈으며, 이 연구를 바탕으로 보 처즈가 새로운 대수를 이끌어냈다.

78 로렌츠 공간은 상대성이론의 선구자였던 네덜란드의 물리학자 헨드릭 로렌츠(Hendrik Lorentz; 1853~1928)의 이름을 딴 것이다.

79 리처드 보처즈, 『산발적 군과 끈이론(*Sporadic groups and string theory*)』, *First European Congress of Mathematics*, 1 (1994), 411~21.

80 피터 고다드, 『리처드 보처즈의 업적에 대하여(*The work of Richard Ewen Borcherds*)』, *Documenta Mathematica*, extra volume, 1 (1998), 99~108.

81 라르스 가르딩, 라르스 회르만데르, 『왜 수학에는 노벨상이 없는가?(*Why is there no Nobel Prize in mathematics?*)』, *Mathematical Intelligencer*, 7 (1985), 73~4.

82 이 특별한 성질로부터 오일러가 발견한 다음 사실을 얻을 수 있다. 식 $x^2 - x + 41$에 $x = 1$부터 40까지의 모든 정수를 대입하면, 모두 소수가 된다. 그리고 이 방정식의 근에 -163의 제곱근이 나타난다.

83 C.H. 램, H. 야마다, H. 야마우치, 『꼭짓점 연산자 대수, 확장된 $E8$ 다이어그램과 몬스터 단순군에 대한 맥케이의 관찰(*Vertex operator algebras, extended E8 diagram, and McKay's observation on the Monster simple group*)』, http://arxiv.org 참조.

부록 1. 황금비

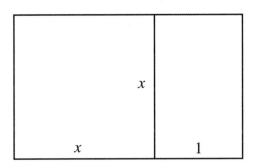

이 그림에서 오른쪽 작은 직사각형과 전체 큰 직사각형은 같은 가로세로 비율을 갖는데, 이 비율이 바로 황금비다. 작은 직사각형의 비율은 $x/1$이고 큰 직사각형의 비율은 $(x+1)/x$이다. 따라서 다음 방정식을 얻는다.

$$x/1 = (x+1)/x$$

양변에 x를 곱하면

$$x^2 = x+1$$

이 된다. 이 2차 방정식을 이항하여 정리하면,

$$x^2 - x - 1 = 0$$

이 되고 근의 공식을 이용하면 다음과 같은 두 개의 근을 얻는다.

$$x = \frac{1+\sqrt{5}}{2} \text{ 또는 } x = \frac{1-\sqrt{5}}{2}$$

제곱근 앞에 플러스 부호가 있는 것이 황금비다. 이 값은 약 1.618정도가 된다.

부록 2. 비트의 설계

마티외 군 $M24$는 24개의 원소를 치환하는데 임의의 5개의 원소에 대해 어떠한 순서든 다른 5개의 원소로 치환하는 것이 가능하다. 12개의 원소를 치환하는 $M12$를 제외하고, (물론 $M24$도 제외하고) 이러한 성질을 갖기 위해서는 모든 짝치환을 포함해야 한다.

1934년에서 35년 사이에 에른스트 비트는 24개의 원소를 이용하여 $M24$를 대칭군으로 갖는 놀라운 패턴을 설계했다. 이 설계는 한 단어의 길이가 8인 단어 759개로 이루어져 있는데, 임의로 5개의 문자를 선택하면 꼭 하나의 단어에 포함되는 성질을 갖는다. 이러한 성질을 갖기 위해서 왜 759개의 단어가 필요한지 간단히 계산해보도록 하자.

먼저 5개의 문자를 일렬로 나열하는 경우의 수를 계산한다. 24개의 문자 중에서 선택하기 때문에 첫 번째 문자가 될 수 있는 경우는 24가지가 있고, 두 번째 문자가 될 수 있는 것은 23가지, 세 번째 문자는 22가지, 네 번째는 21가지, 다섯 번째는 20가지가 있다. 따라서 총 단어의 가짓수는

$$24 \times 23 \times 22 \times 21 \times 20$$

이다. 이제 다른 방식으로 계산을 하자. 길이가 8인 단어에서 5개의 문자를 선택하여 일렬로 나열하는 경우의 수는 $8 \times 7 \times 6 \times 5 \times 4$(첫 번째 문자로 8개 중에 하나를 선택하고, 두 번째 문자로 7개 중에 하나를 선택하는 식이다)이다. 각각의 5개의 문자 조합은 정확히 하나의 단어에만 등장해야 하므로, N이 단어의 개수라면, 5개의 문자 조합이 나올 수 있는 전체 경우의 수는 $N \times 8 \times 7 \times 6 \times 5 \times 4$가 된다. 따라서

$$N \times 8 \times 7 \times 6 \times 5 \times 4 = 24 \times 23 \times 22 \times 21 \times 20$$

이고, 단어의 개수는

$$N = \frac{24 \times 23 \times 22 \times 21 \times 20}{8 \times 7 \times 6 \times 5 \times 4} = 759$$

가 된다.

부록 3. 리치 격자

리치 격자는 24차원에서 가장 조밀한 구 채우기 격자(lattice packing of spheres)를 제공한다. 격자점에 구의 중심이 위치하면 하나의 구는 196,560개와 접하는데, 이것은 24차원에서 접할 수 있는 최대 개수이다. 각각의 격자점은 24개의 좌표를 이용하여 표현할 수 있고, 각 좌표는 비트의 설계에서 사용한 24개의 원소로 나타낼 수 있다. 원점이 중심인 구를 하나 택하면, 이 격자점은 좌표의 모든 성분이 0으로 구성되어 있다. 이 구와 접하는 196,560개의 구의 중심들은 세 개의 집합으로 나뉘는데, 각 집합의 크기는 다음과 같다.

$$97,152 + 1,104 + 98,304 = 196,560$$

첫 번째 집합 (크기: 97,152)

이 수치는 $2^7 \times 759$이다. 부록 2에서 본 것처럼 비트의 설계에는 길이가 8인 단어가 759개가 있고, 하나의 단어마다 2^7개의 점이 있다. 24개의 좌표 중에서 8개의 좌표는 ± 2가 되고, 나머지 좌표는 모두 0이다. 부호가 음수인 좌표는 짝수 개가 되어야 한다.

두 번째 집합 (크기: 1,104)

이 수치는 $2^2 \times 276$이다. 24개의 좌표에서 2개를 선택하는 경우의 수는 276가지가 있다. 이 2개의 좌표는 ± 4의 값을 갖고 나머지 좌표는 모두 0이다.

세 번째 집합 (크기: 98,304)

이 수치는 $2^{12} \times 24$이다. 하나의 좌표는 ± 3을 갖고, 나머지는 모두 ± 1이다. 비트의 설계로부터 2^{12}가지 경우의 부호만 가능하다.

원점과 한 점 사이의 거리의 제곱은 n차원에 대한 일반화된 피타고라스의 정리에 의해 각 좌표의 제곱의 합과 같다. 196,560개의 점들에 대해 좌표의 제곱의 합은 모두 같다.

첫 번째 집합에서, $\quad 2^2+2^2+2^2+2^2+2^2+2^2+2^2+2^2=32$

두 번째 집합에서, $\qquad\qquad\qquad\qquad 4^2+4^2=32$

세 번째 집합에서, $\qquad\qquad\quad 3^2+1^2+1^2+\cdots+1^2=32$

이것은 이 196,560개의 점들이 모두 원점으로부터의 거리가 같음을 보여준다.

부록 4. 26개의 예외적인 군

26개의 예외적인 단순군 또는 산발적인 단순군의 목록은 다음과 같다.

이름	기호	크기
마티외 군	$M11$	$7,920 = 2^4 \cdot 3^2 \cdot 5 \cdot 11$
	$M12$	$95,040 = 2^6 \cdot 3^3 \cdot 5 \cdot 11$
	$M22$	$443,520 = 2^7 \cdot 3^2 \cdot 5 \cdot 7 \cdot 11$
	$M23$	$10,200,960 = 2^7 \cdot 3^2 \cdot 5 \cdot 7 \cdot 11 \cdot 23$
	$M24$	$244,823,040 = 2^{10} \cdot 3^3 \cdot 5 \cdot 7 \cdot 11 \cdot 23$
얀코 군	$J1$	$175,560 = 2^3 \cdot 3 \cdot 5 \cdot 7 \cdot 11 \cdot 19$
	$J2$	$604,800 = 2^7 \cdot 3^3 \cdot 5^2 \cdot 7$
	$J3$	$50,232,960 = 2^7 \cdot 3^5 \cdot 5 \cdot 17 \cdot 19$
	$J4$	$86,775,571,046,077,562,880 =$ $2^{21} \cdot 3^3 \cdot 5 \cdot 7 \cdot 11^3 \cdot 23 \cdot 29 \cdot 31 \cdot 37 \cdot 43$
히그먼–심스	HS	$44,352,000 = 2^9 \cdot 3^2 \cdot 5^3 \cdot 7 \cdot 11$
매클로플린	Mc	$898,128,000 = 2^7 \cdot 3^6 \cdot 5^3 \cdot 7 \cdot 11$
헬트	He	$4,030,387,200 = 2^{10} \cdot 3^3 \cdot 5^2 \cdot 7^3 \cdot 17$

이름	기호	크기
스즈키	Suz	$448,345,497,600 =$ $2^{13}\cdot3^7\cdot5^2\cdot7\cdot11\cdot13$
루드발리스	Ru	$145,926,144,000 =$ $2^{14}\cdot3^3\cdot5^3\cdot7\cdot13\cdot29$
오난	ON	$460,815,505,920 =$ $2^9\cdot3^4\cdot5\cdot7^3\cdot11\cdot19\cdot31$
라이언스	Ly	$51,765,179,004,000,000 =$ $2^8\cdot3^7\cdot5^6\cdot7\cdot11\cdot31\cdot37\cdot67$
콘웨이 군	Co1	$4,157,776,806,543,360,000 =$ $2^{21}\cdot3^9\cdot5^4\cdot7^2\cdot11\cdot13\cdot23$
	Co2	$42,305,421,312,000 =$ $2^{18}\cdot3^6\cdot5^3\cdot7\cdot11\cdot23$
	Co3	$495,766,656,000 =$ $2^{10}\cdot3^7\cdot5^3\cdot7\cdot11\cdot23$
피셔 군	Fi22	$64,561,751,654,400 =$ $2^{17}\cdot3^9\cdot5^2\cdot7\cdot11\cdot13$
	Fi23	$4,089,470,473,293,004,800 =$ $2^{18}\cdot3^{13}\cdot5^2\cdot7\cdot11\cdot13\cdot17\cdot23$
	Fi24	$1,255,205,709,190,661,721,292,800 =$ $2^{21}\cdot3^{16}\cdot5^2\cdot7^3\cdot11\cdot13\cdot17\cdot23\cdot29$
하라다–노턴	HN	$273,030,912,000,000 =$ $2^{14}\cdot3^6\cdot5^6\cdot7\cdot11\cdot19$
톰슨	Th	$90,745,943,887,872,000 =$ $2^{15}\cdot3^{10}\cdot5^3\cdot7^2\cdot13\cdot19\cdot31$
베이비 몬스터	B	$4,154,781,481,226,426,191,177,580,544,000,000 =$ $2^{41}\cdot3^{13}\cdot5^6\cdot7^2\cdot11\cdot13\cdot17\cdot19\cdot23\cdot31\cdot47$
몬스터	M	$808,017,424,794,512,875,886,459,904,961,710,757,$ $005,754,368,000,000,000$ $=2^{46}\cdot3^{20}\cdot5^9\cdot7^6\cdot11^2\cdot13^3\cdot17\cdot19\cdot23\cdot29\cdot31\cdot41\cdot47\cdot5$ $9\cdot71$

이 표로부터 어떤 군이 어떤 군의 부분군이 될 수 없는지 알 수 있다. 왜냐하면 라그랑주의 정리에 의하면 군의 크기는 이를 포함하는 더 큰 군의 크기를 나누어야 하기 때문이다. 군의 크기를 소인수들의 곱으로 적으면 이를 쉽게 확인할 수 있다. 예를 들어 $M12$의 크기는 3^3의 배수인데, $M22$는 3^3의 배수가 아니기 때문에 $M12$는 $M22$의 부분군이 될 수 없다. 비슷한 논리로 라이언스 군이나 얀코의 네 번째 군 $J4$는 몬스터의 부분군이 될 수 없다. 왜냐하면 이들 군의 크기는 37의 배수인데, 몬스터의 크기는 37로 나누어 떨어지지 않기 때문이다. 보다 기술적인 방법을 적용하면 $J1$, $J3$, Ru, ON이 몬스터에 포함될 수 없음을 알 수 있다. 26개의 예외적인 군들 사이의 상호 포함관계가 다음 그림에 표시되어 있다.

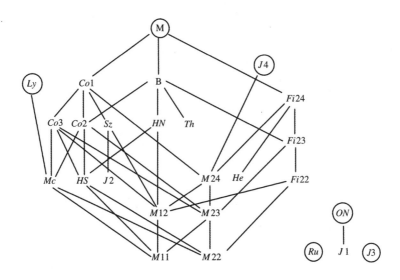

이 그래프는 예외적인 군들 사이의 포함 관계를 보여준다. 원이

그려진 것은 다른 예외적인 군에 포함되지 않는 것이다. 몬스터는 *J4*, *Ly*, *ON*, *Ru*, *J1*, *J3*의 여섯 개를 제외한 나머지를 모두 포함하고 있다.

용어 사전

j-함수 : 수에 쌍곡 평면 상의 한 점을 대응시키는 함수로서 모듈러 군과 밀접하게 연관되어 있다.

군 : 군은 구조화된 연산들의 집합으로 볼 수 있다. 각 연산은 가역이고(역원이 있다는 뜻), 하나의 연산에 다른 연산을 이어 수행하면 군 내의 또 다른 연산이 된다(결합 법칙을 만족한다는 뜻).

단순군 : 더 이상 분해되지 않는 군

산발적 군 : 26개의 예외적인 단순군을 가리키는 또다른 표현

소수 순환군 : 크기가 소수인 군은 순환군이다.

순환군 : 하나의 연산에 의해 생성되는 군. 예를 들어 '60도 회전'은 60도, 120도, 180도, 240도, 300도, 0도 회전을 포함하는 크기가 6인 순환군을 생성한다.

단순군 : 더 이상 간단한 군으로 분해될 수 없는 유한군

리 군 : 연산들이 연속적으로 변환가능한 군

리치 격자 : 24차원에서 구를 가장 조밀하게 채울 수 있는 놀라운 격자

모듈러 군 : 쌍곡 평면에 대한 대칭군으로부터 유도되는 군으로서 실수를 정수로 제한시켜 얻는다.

미니 j-함수: j-함수와 유사하나 모듈러 군으로부터 유도되는 군과 연관되어 있다. 전문 용어는 하우프트 모듈(Hauptmodul)이다.

분해: 하나의 군을 연속된 계층으로 분해하는데, 각 계층이 '단순군'의 구조를 갖도록 한다. 전문 용어로는 합성열(composition series)이라고 부른다.

순환 산술: 숫자 0, 1, 2, 3, ⋯, n-1에 사칙연산을 적용한 것으로 n은 0과 같다. 전문 용어는 모듈러 산술(modular arithmetic)이다.

쌍곡 평면: 유클리드의 평행선 공리가 성립하지 않는 평면 기하로서 삼각형의 내각의 합이 180도보다 작다.

비트의 설계: 24개의 원소로 마티외 군 $M24$와 리치 격자를 구성하는 놀라운 설계로서 에른스트 비트가 제시했다.

절단면: 위수가 2인 특별한 부분군으로 전문 용어는 대합 중심화군(involution centralizer)이다.

주기율표: 예외적인 26개의 군을 제외한 모든 유한 단순군의 표로서 A부터 G까지 7개의 집합족으로 나뉜다. 전문적인 용어는 리 군 유형이다.

지표표: 정사각형 모양의 표에 숫자들을 적어 넣은 것으로 군에 대한 기술적이고 상세한 정보를 제공해준다.

치환: 특정 대상을 재배열하는 과정

찾아 보기

도·서·출·판·승산·에·서·만·든·책·들

19세기 산업은 전기 기술 시대, 20세기는 전자 기술(반도체) 시대, 21세기는 **양자 기술** 시대입니다. 도서출판 **승산**은 미래의 주역인 청소년들을 위해 양자 기술(양자 암호, 양자 컴퓨터, 양자 통신과 같은 양자 정보 과학 분야, 양자 철학 등) 시대를 대비한 수학 및 양자 물리학 양서를 꾸준히 출간하고 있습니다.

수학

알기 쉬운 추상 대수학

찰스 핀터 지음 | 정경훈 옮김

대학 수학의 다른 과목들은 중고등학교의 교과과정과의 연속성 속에 이해가 가능한 부분이 많다. 하지만 '추상 대수학'은 타과목에 비해 이질적이고 생소하여 처음 접하면 전공자들 조차 당혹감을 느낀다. 온전한 이해를 위해 시중의 여러 책들을 찾아보지만 현재 출간되어 있는 추상 대수학 책들은 대부분 수식으로만 가득 차 있다. 이에 수식적 증명에 충실하면서도 자상한 설명을 덧붙여 추상 대수학이라는 거대한 산맥을 독자가 홀로 넘을 수 있게 돕는 찰스 핀터의 '알기 쉬운 추상 대수학'을 내놓았다. 중고등학교 수학교사나, 수학과 학생, 그리고 수학이나 물리에 관심 있는 모든 이들이 자연을 이해하는 가장 중요한 열쇠인 대칭(군론)을 혼자 힘으로도 쉽게 알 수 있게 서술된 책이다.

리만 가설

존 더비셔 지음 | 박병철 옮김

수학자의 전유물이던 리만 가설을 대중에게 소개하는 데 성공한 존 더비셔는 '이보다 더 간단한 수학으로 리만 가설을 설명할 수는 없다'고 선언한다. 홀수 번호가 붙은 장에서는 리만 가설을 수학적으로 인식할 수 있도록 돕는 데 주안점을 두었고, 짝수 번호가 붙은 장에는 주로 역사적인 배경과 인물에 관한 내용을 담았다.

소수와 리만 가설

베리 메이저, 윌리엄 스타인 공저 | 권혜승 옮김

이 책은 '어떻게 소수의 개수를 셀 것인가'라는 간단한 물음으로 출발하지만, 점차 소수의 심오한 구조로 안내하며 마침내 그 안에 깃든 놀랍도록 신비한 규칙을 독자들에게 보여준다. 저자는 소수의 구조를 이해하는 데 필수적인 '수치적 실험'들을 단계별로 제시하며 이를 다양한 그림과 그래프, 스펙트럼으로 표현하였다. 이 책은 얇고 간결하지만, 소수에 보다 진지한 관심을 가진 이들을 겨냥했다. 다양한 동치적 표현을 통해 리만 제타함수가 소수의 위치와 그 스펙트럼을 어떻게 매개하는지 수학적으로 감상하는 것을 목표로 한다. 131개의 컬러로 인쇄된 그림과 다이어그램이 수록되었다.

— 2018 대한민국학술원 '우수학술도서' 선정

소수의 음악

마커스 드 사토이 지음 | 고중숙 옮김

'다음 등장할 소수는 어떤 수인가?'라는 간단한 물음으로 시작한 인간의 지적 탐험이, 점차 복잡하고 정교한 이론으로 성숙하는 과정을 그린다. 전반부는 유클리드에서 오일러, 가우스를 거쳐 리만에 이르는 소수 연구사를 다루며, 후반부는 리만이 남긴 과제를 극복하려는 19세기 이후의 시도와 성과를 두루 살핀다.

— 2007 과학기술부 인증 '우수과학도서' 선정

아르키메데스 코덱스

레비엘 넷츠 · 윌리엄 노엘 지음 | 류희찬 옮김

이 책은 기적같이 살아 남은 오래된 한 책에 관한 이야기다. 10세기에 양피지에 쓰여진 금방이라도 부서져 버릴 것만 같은 책에 흐릿하게 남겨진 고대 그리스의 '위대한 수학자' 아르키메데스의 논문을 복원하여 그가 후세에 전해지기를 희망한 '새로운 수학적 방법론'을 세상에 알리고자 하는 영상 과학자와 문헌학자들의 치열한 노력을 생생하게 담고 있다. 『아르키메데스 코덱스』는 총 12장에 걸쳐 아르키메데스 필사본의 8년 동안 복원의 대장정을 담았다. 학자들의 인내심 있는 복원 과정과 최첨단의 공학을 통해 양피지로 된 책에서 거의 지워지다시피 했던 논문이 세상의 빛을 보게 된 과정을 기술하고 있다.

프린스턴 수학 & 응용수학 안내서

프린스턴 수학 안내서 I, II

티모시 가워스, 준 배로우 − 그린, 임레 리더 외 엮음 |
금종해, 정경훈, 권혜승 외 28명 옮김

1988년 필즈 메달 수상자 티모시 가워스를 필두로 5명의 필즈상 수상자를 포함한 현재 수학계 각 분야에서 활발히 활동하는 세계적 수학자 135명의 글을 엮은 책. 1,700여 페이지(I권 1,116페이지, II권 598페이지)에 달하는 방대한 분량으로, 기본적인 수학 개념을 비롯하여 위대한 수학자들의 삶과 현대 수학의 발달 및 수학이 다른 학문에 미치는 영향을 매우 상세히 다룬다. 다루는 내용의 깊이에 관해서는 전대미문인 이 책은 필수적인 배경지식과 폭넓은 관점을 제공하여 순수수학의 가장 활동적이고 흥미로운 분야들, 그리고 그 분야의 늘고 있는 전문성을 조사한다. 수학을 전공하는 학부생이나 대학원생들뿐 아니라 수학에 관심 있는 사람이라면 이 책을 통해 수학 전반에 대한 깊은 이해를 얻을 수 있을 것이다.

프린스턴 응용수학 안내서 I, II

니콜라스 하이엄 외 엮음 | 정경훈, 박민재 외 7명 옮김

'응용수학'이란 무엇인가? 순수수학과는 어떤 관련을 가지며 좀 더 범위를 확장해 '수학'이라는 오래된 학문 그 자체에서 어떤 의미를 지니는가? 각 분야의 선도적인 전문가 165명이 니콜라스 하이엄 외 9명의 편집위원의 지휘 아래 『프린스턴 응용수학 안내서 I, II』를 선보였고, 우리는 위의 질문을 탐구해 볼 1,592페이지 분량의 중요한 데이터를 갖게 되었다. 맨체스터 대학의 리차드슨 교수인 니콜라스 하이엄은 그의 연구 분야인 수치해석뿐만 아니라 MATLAB가이드, 수리과학을 위한 글쓰기, SIAM(Society for Inderstrial and Applied Mathematics) 저널의 편집위원으로도 명성이 높다. 광범위한 수학적 영감을 지녔으면서, 동시에 세부적인 내용을 해설하는 데 능수능란한 하이엄은 편집위원들과 함께 현재에도 중요하며 미래에도 그 중요성이 지속될 응용수학의 200여 개의 항목을 선별하고, 분량과 난이도를 적절하게 조절하여 『프린스턴 응용수학 안내서 I, II』 안에 응축하였다.

물리

아인슈타인의 베일

안톤 차일링거 지음 | 전대호 옮김

양자물리학의 전체적인 흐름을 심오한 질문들을 통해 설명하는 책. 세계의 비밀을 감추고 있는 거대한 '베일'을 양자이론으로 점차 들춰낸다. 고전물리학에서부터 최첨단의 실험 결과에 이르기까지, 일반 독자를 위해 쉽게 설명하고 있다.

파인만의 물리학 강의 I ~ III

리처드 파인만 강의 | 로버트 레이턴, 매슈 샌즈 엮음 |
박병철, 김충구, 정재승, 김인보 외 옮김

50년 동안 한 번도 절판되지 않았으며, 전 세계 물리학도들에게 이미 전설이 된 이공계 필독서, 파인만의 빨간책. 파인만의 진면목은 바로 이 강의록에서 나온다고 해도 과언이 아니다. 사물의 이치를 꿰뚫는 견고한 사유의 힘과 어느 누구도 흉내 낼 수 없는 독창적인 문제 해결 방식이 『파인만의 물리학 강의』 세 권에서 빛을 발한다.

파인만의 여섯 가지 물리 이야기

리처드 파인만 강의 | 박병철 옮김

입학하자마자 맞닥뜨리는 어려운 고전물리학에 흥미를 잃어가는 학부생들을 위해 칼텍이 기획하고, 리처드 파인만이 출연하여 만든 강의록이다. 『파인만의 물리학 강의 I ~ III』의 내용 중, 일반인도 이해할 만한 '쉬운' 여섯 개 장을 선별하여 묶었다. 미국 랜덤하우스 선정 20세기 100대 비소설에 선정된 유일한 물리학 책이다.

파인만의 물리학 길라잡이

리처드 파인만, 마이클 고틀리브, 랠프 레이턴 공저 | 박병철 옮김

50년 『파인만의 물리학 길라잡이』가 드디어 국내에 출간됨으로써, 파인만 특유의 위트 넘치는 언변과 영감 어린 설명은 이 책에서도 그 진가를 유감없이 발휘하고 있다. 마치 파인만의 육성을 듣는 듯한 기분으로 한 문장 한 문장 읽어가다 보면 어느새 물리가 얼마나 재미있는 학문인지 깨닫게 될 것이다.

초끈이론의 진실

피터 보이트 지음 | 박병철 옮김

물리학계에서 초끈이론이 가지는 위상과 그 실체를 명확히 하기 위해 먼저, 표준 모형 완성에까지 이르는 100년간의 입자 물리학 발전사를 꼼꼼하게 설명한다. 초끈이론을 옹호하는 목소리만이 대중에게 전해지는 상황에서, 저자는 초끈이론이 이론물리학의 중앙 무대에 진출하게 된 내막을 당시 시대 상황, 물리학계의 권력 구조 등과 함께 낱낱이 밝힌다. 이 목소리는 초끈이론 학자들이 자신의 현주소를 냉철하게 돌아보고 최선의 해결책을 모색하도록 요구하기에 충분하다.

—2009 대한민국학술원 기초학문육성 '우수학술도서' 선정

무로부터의 우주

로렌스 크라우스 지음 | 박병철 옮김

우주는 왜 비어 있지 않고 물질의 존재를 허용하는가? 우주의 시작인 빅뱅에서 우주의 머나먼 미래까지 모두 다루는 이 책은 지난 세기 물리학에서 이루어진 가장 위대한 발견도 함께 소개한다. 우주의 과거와 미래를 살펴보면 텅 빈 공간, 즉 '무(無)'가 무엇으로 이루어져 있는지, 그리고 우주가 얼마나 놀랍고도 흥미로운 존재인지를 다시금 깨닫게 될 것이다.

거울 속의 물리학

로렌스 크라우스 지음 | 곽영직 옮김

이 책은 아인슈타인의 상대성이론에 대한 훌륭한 검토를 담고 있다는 데 큰 의의가 있다. 오늘날 상대성이론은 우주를 관측할 때뿐만 아니라, 시간과 공간을 정밀하게 측정해야 하는 모든 영역에서 그 영향력을 행사하고 있다. 또한 이 이론은 철학적 조작주의에 영향을 주었으며, 화이트헤드의 형이상학의 기초가 되었다. 이처럼 다양한 영역에 스며 있는 상대성이론을 완벽하게 이해하는 일은 매우 중요하다. 하지만 13년 전 이 책은 출간되었을 때 기대했던 만큼 많은 관심을 받지는 못했다. 승산은 이미 로렌스 크라우스의 도서 2권을 출간하였다. 리처드 파인만의 전기인 『퀀텀맨』과 우주의 과거와 미래를 흥미롭게 설명한 『무로부터의 우주』가 그것이다. 특히 『무로부터의 우주』의 경우, 당시 포항제철의 회장이 읽고서 감명을 받아 직원들에게 이 도서를 추천하기도 하였다. 크라우스의 도서를 성공적으로 출간했던 경험을 바탕으로 『거울 속의 물리학』을 재출간하게 되었다.

폴 디랙

그레이엄 파멜로 지음 | 노태복 옮김

양자물리학의 기초를 다진 주역이자 디랙 방정식을 통해 반전자를 처음으로 예측한 폴 디랙의 어린 시절부터 시작하여 그의 성장 과정과 교육환경, 그가 남긴 과학적 성취와 그 당시 양자물리학의 태동단계였던 과학적 시대상에 대해 세세히 다룬다. 더불어 공개적으로는 오직 과학에만 관심이 있다고 알려진 과학자 폴 디랙의 삶 이외에도 그의 사랑 이야기와 가족, 우정에 이르기까지 인간 폴 디랙의 삶 또한 빠짐없이 담겨 있다. 디랙의 찬란하고 열정적인 과학자로서의 삶의 이야기가 과학 팬들에게는 지적 탐구를 충족시켜주고 폴 디랙이라는 한 개인의 세밀한 인생사를 전해줄 것이다.

딥 다운 씽즈

브루스 A. 슘 지음 | 황혁기 옮김

우주를 구성하는 가장 기본이 되는 양자역학의 표준모형을 해설한 책이다. 물질의 기본 입자를 연구하는 물리학의 분야인 입자물리학에서 이 책은 원자 크기 이하의 그 좁은 영역에서 벌어지는 소립자들 사이에 광범위한 상호작용과 현상이 얼마나 질서정연하고 단순명료하며, 아름다운지 깨닫게 해 준다. 독자들이 기본적인 수학적 지식만 있어도 읽고 이해하는데 어려움이 없도록 쉽게 풀어내었다.

실체에 이르는 길 1, 2

로저 펜로즈 지음 | 박병철 옮김

현대 과학은 물리적 실체가 작동하는 방식을 묻는 물음에는 옳은 답을 주지만, "공간은 왜 3차원인가?"처럼 실체의 '정체'에는 답을 주지 못하고 있다. 『황제의 새 마음』으로 물리적 구조에 '정신'이 깃들 가능성을 탐구했던 수리 물리학자 로저 펜로즈가, 이 무모해 보이기까지 하는 물음에 천착하여 8년이라는 세월 끝에 『실체에 이르는 길』이라는 보고서를 내놓았다. 이 책의 주제를 한마디로 정의하자면 '물리계의 양태와 수학 개념 간의 관계'이다. 설명에는 필연적으로 수많은 공식이 수반되지만, 그 대가로 이 책은 수정 같은 명징함을 얻었다. 공식들을 따라가다 보면 독자들은 물리학의 정수를 명쾌하게 얻을 수 있다.

– 2011 아 · 태 이론물리센터 선정 '올해의 과학도서 10권'

대칭과 몬스터

1판 1쇄 인쇄 2021년 7월 12일
1판 1쇄 발행 2021년 7월 21일

지은이 마크 로난
옮긴이 마대건
펴낸이 황승기
마케팅 송선경
편집 오수민, 김진호
디자인 오수민
펴낸곳 도서출판 승산
등록날짜 1998년 4월 2일
주소 서울시 강남구 테헤란로34길 17 혜성빌딩 402호
대표전화 02-568-6111
팩시밀리 02-568-6118
전자우편 books@seungsan.com
블로그 blog.naver.com/seungsan_b
페이스북 https://www.facebook.com/seungsanbooks
트위터 https://twitter.com/BooksSeungsan
인스타그램 https://www.instagram.com/seungsan_publishers/

ISBN 978-89-6139-0798-93410